钱晓耀 周铭 陈卫民 张维刚 编著

电器产品质检技术

清华大学出版社

北京

内 容 简 介

本书系统阐述了电器产品质量检验中的产品标准、试验方法、检测仪器、检测原理、检测系统。同时为体现实践性和应用性,其内容与产品质量检验过程紧密结合,通过了解被检对象(产品)的特征(结构或工作原理),学习产品检验要求或产品标准、检验方法和数据分析处理,掌握产品质量检验仪器(或系统)设计知识,使读者具备产品质量检验、设计和管理的能力。

本书介绍了通用测试技术的基础理论,包括质量检验基础、测量误差基础、电参数测量的基本知识与电测仪表,然后介绍家用电器性能的测试,包括产品标准的运用、安全性能测试、通用性能测试和使用性能测试,最后介绍了家用电器性能检测的自动测试技术。本书是产品质量工程专业课程的教材,也可作其他相关专业设置电器产品质量检测类课程的教材。

图书在版编目(CIP)数据

电器产品质检技术/钱晓耀等编著.—北京:清华大学出版社,2012.7 (2022.7重印)
ISBN 978-7-302-28781-0

Ⅰ.①电… Ⅱ.①钱… Ⅲ.①电器—产品质量—质量检验 Ⅳ.①TM925

中国版本图书馆 CIP 数据核字(2012)第 090530 号

责任编辑:庄红权 孙 坚
封面设计:常雪影
责任校对:赵丽敏
责任印制:宋 林

出版发行:清华大学出版社
　　　　网　　址:http://www.tup.com.cn, http://www.wqbook.com
　　　　地　　址:北京清华大学学研大厦 A 座　　　邮　编:100084
　　　　社 总 机:010-83470000　　　　　　　　　邮　购:010-62786544
　　　　投稿与读者服务:010-62776969, c-service@tup.tsinghua.edu.cn
　　　　质量反馈:010-62772015, zhiliang@tup.tsinghua.edu.cn
印 装 者:三河市龙大印装有限公司
经　　销:全国新华书店
开　　本:185mm×260mm　　印　张:15.5　　　　字　数:370 千字
版　　次:2012 年 7 月第 1 版　　　　　　　　　印　次:2022 年 7 月第 7 次印刷
定　　价:45.00 元

产品编号:046951-05

前　言
FOREWORD

　　电器产品是人们日常生活中涉及最广泛的产品之一,其性能质量不仅关系到产品的功能是否可行、便利,而且还关系到使用时是否安全、可靠。随着国际、国内行业对电器产品质量的重视,从而开展了对电器产品质量认证的制度,如欧美国家开展有 UL、GS、CE 等的认证,我国对电器产品也实施 CCC 认证,这大大促进了对电器产品质量的重视,同时也对电器产品质量检测提出了更高的要求。

　　本书系统阐述了电器产品质量检验中的产品标准、试验方法、检测仪器、检测原理、检测系统。同时为体现实践性和应用性,其内容与产品质量检验过程紧密结合,通过了解被检对象(产品)的特征(结构或工作原理),学习产品检验要求或产品标准、检验方法和数据分析处理,掌握产品质量检验仪器(或系统)设计知识,使读者具备产品质量检验、设计和管理的能力。

　　本书重视理论与实际结合,在阐述基本概念的基础上,侧重讨论实际需要的检测手段和方法、检测系统开发中的具体方法与技巧,在各章中给出了相应的案例和插图,旨在使读者通过学习解决质量检验、检测系统设计开发中的实际问题。在编写本书过程中,应用了作者多年来从事电器产品检测方面教学和科研、开发的体会,还参考了很多产品相关标准、质量检验方面的著作和学术论文,在此对有关的作者表示衷心的感谢!

　　本书是产品质量工程专业课程的教材,也可作其他相关专业设置电器产品质量检测类课程的教材。本书共分 6 章,内容有:概述、电器产品参数测量、电气安全原理、电器产品的安全性能测试、电器产品使用性能的测试、电器产品质量智能测试系统。其中第 1、2 章由陈卫民编写,第 3、4 章由周铭编写,第 5、6 章由钱晓耀编写,书中涉及实践的内容由张维刚协助编写,全书由钱晓耀负责统稿。

　　配合课程的教学,本教材配套建有课程教学网站,网站内有相应的多媒体教学资料,欢迎登录网址 http://cjuldemo. ezhongmou. com/或 http://jwc. cjlu. edu. cn/ec/C147/kcms-1. htm。

目　录
CONTENTS

第1章　概述 …………………………………………………… 1

1.1　产品质量检验基础知识 …………………………… 1

1.2　产品质量检验方法设计与实施 …………………… 4

1.3　家用电器产品分类及其构成 ……………………… 7

1.4　电器产品质检特点 ………………………………… 11

本章小结 …………………………………………………… 13

思考题 ……………………………………………………… 13

第2章　电器产品参数测量 ………………………………… 14

2.1　电测量仪表 ………………………………………… 14

2.2　电压、电流测量 …………………………………… 22

2.3　功率、电能测量 …………………………………… 26

2.4　家用电器额定值的测量要求 ……………………… 30

2.5　噪声测量 …………………………………………… 31

本章小结 …………………………………………………… 42

思考题 ……………………………………………………… 42

第3章　电气安全原理 ……………………………………… 43

3.1　电气安全原理概述 ………………………………… 43

3.2　电器安全性的分类 ………………………………… 48

3.3　电器通用安全的基本要求 ………………………… 54

3.4　漏电保护 …………………………………………… 67

本章小结 …………………………………………………… 71

思考题 ……………………………………………………… 71

第4章　电器产品的安全性能测试 ………………………… 73

4.1　绝缘电阻测量 ……………………………………… 73

4.2　泄漏电流测量 ……………………………………… 78

4.3　电气强度试验 ……………………………………… 86

4.4　接地电阻测量 ……………………………………… 94

4.5 温升试验 ……………………………………………………… 98

4.6 残余电压试验 ………………………………………………… 104

4.7 电源线拉力、扭力和弯曲试验 ……………………………… 108

4.8 燃烧试验 ……………………………………………………… 112

本章小结 …………………………………………………………… 119

思考题 ……………………………………………………………… 119

第 5 章 电器产品使用性能的测试 …………………………… 120

5.1 电动器具 ……………………………………………………… 120

5.2 电热器具 ……………………………………………………… 139

5.3 制冷器具 ……………………………………………………… 156

本章小结 …………………………………………………………… 178

思考题 ……………………………………………………………… 179

第 6 章 电器产品质量智能测试系统 ………………………… 180

6.1 智能仪器系统基础 …………………………………………… 180

6.2 智能仪器的输入通道及数据采集系统 ……………………… 190

6.3 自动测试系统 ………………………………………………… 213

本章小结 …………………………………………………………… 236

思考题 ……………………………………………………………… 236

参考文献 ………………………………………………………… 238

第 1 章

概　　述

学习要点

（1）理解产品质量特性，了解产品质量检验的主要作用，熟悉质量检验的依据。

（2）掌握产品质量检验方法设计与实施要点。

（3）了解家用电器产品的分类及构成。

（4）了解电器产品质检的重要性、特点以及电器产品检验的主要技术指标。

21 世纪是一个知识经济和信息化的时代，新的电子电器产品不断涌现。随着我国对外开放不断深入和扩大，我国正在成为全球最大的电子电器产品生产和加工基地，广大工业企业面临着与国际市场竞争对象的激烈竞争局面，产品质量不仅是商品进入市场的通行证，更是企业生存竞争的永恒手段。不管是哪个国家，也不管是什么类型的企业，要想求得生存和发展，必须要不断地提高产品质量（包括服务质量），增强自身的竞争力，扩大国内、外市场占有率。

质量的优劣与企业的质量管理工作息息相关。随着国际技术交流的发展，许多世界知名企业的不断引入，不但给我们带来了资金和技术，还带来了符合国际惯例，代表国际最先进的现代化企业管理制度，使我们明白了产品质量的真正内涵和企业质量管理的全新理念。从 20 世纪 60 年代开始的全面质量管理（TQC）旨在建立一套完整的质量管理体系，控制产品从方案调研到产品售后服务的全过程。而质量管理是起源于质量检验的，产品质量检验是质量管理科学的一个重要组成部分，质量检验工作贯穿电子电器产品生产过程的始终。企业实施全面质量管理，尤其是加强产品生产各阶段的质量检验，可以降低成本，生产出高质量的产品，对提高企业核心竞争力有着至关重要的作用。

1.1　产品质量检验基础知识

1.1.1　产品质量特性

美国著名质量管理专家约瑟夫·朱兰（Joseph M. Juran）曾指出，21 世纪将是质量的世纪，世界质量大会也提出"质量第一，永远第一"的战略口号。"质量"作为我国经济建设的永恒主题，已成为企业生存的头等大事。产品质量是企业技术、管理和人员素质的综合反映。质量包含产品、过程及服务等方面，它反映实体满足规定和潜在需要能力的特性的总和。人们对质量的认识程度与对产品的要求以及时间、环境、条件等有关，一般可用定量或

定性指标表示,即产品质量特性。产品质量特性是指产品能够满足使用要求所具备的属性,它可以归结为以下六个基本目标:

1. 性能

性能是指产品为满足使用目的所具备的技术特性,即产品在不同目的、不同条件下使用时,其技术特性的适合程度。它可以是产品的使用性能、理化性能、外观要求等。

2. 可靠性

可靠性是指产品在规定时间内和规定条件下完成工作任务的概率指标。包括产品的平均寿命、失效率、平均维修时间间隔等。

3. 安全性

安全性是指产品在使用过程中保证安全的程度。

4. 适应性

适应性是指产品对自然环境条件而表现出来的适应能力。

5. 经济性

经济性是指产品的结构、用料、用工等生产费用,以及它在使用中动力燃料的消耗等运转维持费用。

6. 时间性

时间性是指产品进入市场的适时性、售后及时的技术支持和维修服务等。

1.1.2 产品质量检验

质量特性往往会按一定的规律不断变化,这就是所谓的质量波动性。许多产品可能由多个部件组成,而各部件质量又涉及其制造工艺、材料及制造者人为因素等,不同批次的产品,不同的生产时间,不同的管理要求等,都有可能产生不同质量的产品。因此,为保证稳定的产品质量,在产品设计完成以后,生产过程的技术工艺、严格的质量管理制度和各个环节尽可能地减少人为影响是十分重要的。

质量波动是客观存在而又无法完全消除的。为确定质量波动的大小,判断波动是否超过了允许的范围,以及判断哪些产品的质量波动超过了允许的范围,就必须进行检验。

质量检验的定义:通过观察和判断,适当地结合测量、试验所进行的复合性评价。

质量检验是对产品的一种或多种特性进行测量、检查、试验,并与指定要求进行比较,以确定每项特性是否合格的活动。因此,质量检验是一种符合性判断,上述定义又称为"判定性检验"。产品试验是产品检验的一种手段。就是按照规定的技术程序和方法,确定产品的一个或多个技术特性(性能),如老化试验,淋水试验等。

产品质量检验的主要作用有：

1. 评价作用

企业检验机构根据有关法规和技术标准进行检验，并将检验结果与标准对比，对产品质量水平进行评价，以指导生产活动。

2. 把关作用

检验人员通过对原材料、元器件、零部件、整机的检验，鉴别、分选、剔除不合格品，并决定该产品是否接收与放行，严格把住每个环节的质量关，做到不合格的产品不出厂；不合格的原材料、零部件不投料、组装，已规定淘汰的产品和质量不能保证的产品不生产、销售；假冒、次劣产品不进入市场销售。此外，通过检验，对合格品签发产品合格证，也是对内（原材料和半成品）和对外（成品）的一种质量保证。

3. 预防作用

通过入厂检验、首件检验、巡回检验和抽样检验，及早发现并排除原材料、外购件、外协件及半成品中的不合格品，以预防不合格品流入下道工序，造成更大的损失。同时，通过对工序能力的测定和控制，监测工序状态的异常变化，掌握质量动态，为质量控制提供依据，及时发现质量问题，以预防和减少不合格品的产生，防止发生大批产品报废的质量事故。

4. 信息反馈作用

通过质量检验，搜集数据，发现质量问题与现场质量波动情况，及时做好记录，进行统计、分析和评价，并及时报告领导，反馈给生产技术、工艺、设计等部门，以便采取相应措施，改进和提高产品质量。

5. 实现产品的可追溯性

当有要求时，检验部门可通过产品的检验和试验状态标识活动，实现产品的可追溯性。

1.1.3 质量检验的依据

国家制定的与产品质量有关的法律法规是产品质量检验机构（下称质检机构）设立、运作、管理和开展检验工作的法律依据。

根据国家积极采用国外先进标准的指导思想，我国制定和完善了一系列与产品质量有关的法律法规，初步形成了以《中华人民共和国产品质量法》（简称《产品质量法》）、《中华人民共和国标准化法》（简称《标准化法》）、《中华人民共和国计量法》（简称《计量法》）及国务院发布的相关法规为主体，以各部门、各地方与产品质量有关的规章和行政文件为辅的产品质量法律法规体系，使产品质量检验工作有了法律依据。

根据《标准化法》和有关规定，我国标准分成四级，即国家标准、行业标准、地方标准和企业标准。国家标准又分为强制性标准和推荐性标准，凡涉及环境、卫生、安全的标准属于强制性，必须强制执行和管理。行业标准是对国家标准的补充，是专业性、技术性较强的标准。行业标准不得与国家标准相抵触。地方标准是省、市质量技术监督主管部门批准的标准，地方标准的范围仅限于环境、卫生、安全等地方法规规定而必须制定的标准，凡已有国家标准的不能再制定地方标准。企业标准是由企业法人发布的仅适用于本企业的标准。

我国的家用电器标准基本以等同国际电工委员会 IEC 标准和国际标准化 ISO 标准为主,已形成比较完善、能与国际接轨的标准体系。现行家用电器安全标准与 IEC 标准体系一致,以 GB 4706.1 对应 IEC 60335.1 安全通用要求,以 GB 4706.2 等系列标准对应 IEC 60335.2 系列产品安全特殊要求。

在电工方面的国际标准主要是国际电工委员会制定的 IEC 标准,部分是国际标准化组织制定的 ISO 标准,前者侧重于电气方面的要求,后者侧重于机械方面的要求。两大国际标准化组织在许多项目上进行合作和分工,对同一产品制定统一的标准。

家用电器作为未经训练的外行人员使用的器具,IEC 在制定相应标准时的原则是:电器的安全及与安全有关的性能是最重要的,在标准中必须作出严格规定;而与安全无关的性能则不必明确规定,可由工厂自己规定,允许相互竞争。

我国目前已有 100 多个家用电器方面的国家标准,但由于标准化工作起步较晚,尚未形成完善的标准体系。国家积极鼓励采用国际标准和国外先进标准,多年来采用 IEC 标准,并已形成几个系列标准,例如 GB 4706 家用和类似用途电器的安全标准,该系列标准分为两部分:GB 4706.1 为通用标准,GB 4706.2、GB 4706.3……为各具体产品的特殊要求,现已批准发布了多个特殊要求标准。

无论是 IEC 标准还是国家标准,内容都不可能一成不变,事实上,更新和充实标准是一项经常性的工作。对标准使用者而言,相近版的标准,一般其核心内容变化不会很大,要使用好标准,关键还在于对标准的内容有一个全面的理解。在电器产品质量检验相关的标准中,某些检验项目给出的检验环境条件和检验方法是纲要性的,离实际的质检应用还有一定的距离。事实上,作为一种权威性的标准,不可能也没必要针对各种可能出现的环境条件给出全部完整的检验方法,这时就需要在对有关质量检验标准内容及条文等的全面正确理解以后,结合检验者自身的环境及设备等条件,设计与标准内容等价的检验方法及合格判定值。

1.2　产品质量检验方法设计与实施

1.2.1　产品质量检验的主要形式

产品检验形式可按不同的情况或从不同的角度进行分类,见表 1-1。

表 1-1　产品检验分类形式

分类方式	类　　型
按实施检验的人员分	自检、互检和专检
按被检产品的数量分	抽样检验和全数检验
按检验场所分	固定检验和巡回检验
按生产线构成分	线内检验和线外检验
按对产品是否有破坏性分	破坏性检验和非破坏性检验
按受检产品的质量特征分	功能检验和感官检验
按被检对象性质分	几何量检验、物理量检验、化学量检验

依照检验的目的和实施的主体,我国还规定了表 1-2 所示的产品质量检验形式分类。

表 1-2　依照检验的目的和实施主体质量检验形式分类表

检验形式	实施检验的主体与范畴	
生产检验	企业自身检验(含工序检验、半成品检验及成品检验)	
	企业各级主管部门检验	
验收检验	消费者、使用单位检验	
	经销企业和商业主管部门检验	
监督检验	国家质量检验检疫系统的法定检验	国家级检测中心
		各省,市、县检验所
		省市技术监督局授权检验站
	国务院各有关部门的专业检验机构的法定检验	药品检验
		船舶检验
		食品卫生检验

企业自身的检验,在诸多的检验形式中应有特殊的地位。这个类型的检验,意在验证产品性能,发现存在问题,促进产品改进设计,完善生产工艺,全面提高质量。

产品生产检验可以分为型式检验(试验)、定期检验(试验)和出厂检验(试验)。型式检验的目的是用以验证给定型式的电器的设计和性能是否符合基本标准以及有关产品标准的要求,它在新产品研制单位或新产品的试制和投产单位必须进行的试验,通常只需要做一次。另外,在产品设计更改调整后,或制造工艺、使用原材料及零部件结构更改后,可能影响其工作性能时,也需要重新进行有关项目的型式检验。型式检验项目内容是电器产品各种检验中最完善的,其中涉及安全方面的重大性能指标的检验项目是必须合格的,某些相对次要指标缺陷,如非设计因素造成,则允许复检。定期检验是在产品的型式检验合格,并进入稳定生产阶段后,为检查产品质量而做的定期抽样检验。定期试验的试验内容可以从型式检验项目中选择,检验周期可以是稳定投产的产品每隔 1~5 年一次。对于生产批量大、检验周期短、耗资少的产品可以间隔时间短一些。出厂检验又可以分为常规检验和抽样检验。常规检验是指产品出厂前制造厂必须在逐台产品上进行的检验项目和检查项目,其目的是检验材料及装配上的缺陷,是出厂检验的一种,它可以采用等效检验或快速检验方法进行。出厂抽样检验是指产品正式出厂前,制造厂必须进行的抽样检查和抽样试验。

上述检验项目,均应在产品标准或技术文件中规定。

1.2.2　产品质量检验方法设计

产品质量检验是依据产品的质量标准,利用相应的技术手段,对该产品进行的全面的检查和试验。尽管产品的质检项目和检验的实施方法在有关的国家标准中已经给出,但标准在实际应用时需要加以具体化,要使其具备可操作性,这一过程,就是质检方法设计的过程。质检方法设计的主要任务在一定程度上就是根据国家标准,制定各种结合实际条件,切实可行的直接试验或等效试验方法。如电子电器产品,检验的对象可以是元器件或零部件,原材料、半成品、单件成品或批量产品等;可以是单项指标检验,也可以是多项指标的综合检验。

显然,不同产品的质量检验各具特点,一般来讲,质量检验要素可以概括为以下几个方面：

（1）定标：针对实际检验的对象，明确其技术要求，掌握全部相关的质量标准，进而制定完善的检验方案。对检验的各个环节及实施细节，必须制定符合质量标准意图的详细计划，以保证整个检验活动的顺利进行。

（2）抽样：为了保证产品的质量，最理想的方法是对产品的各项指标逐个进行检查（称为定数检查），但这种做法必然会导致生产效率降低，在缺乏自动检验装置的情况下，工作量过大，这时，人们一般从一批产品中随机抽取少量样品进行测试。

（3）测定：由于产品质量特性的多样性，电器产品的指标往往涉及各种各样的指标，必须采用测试、试验、化验、分析和感官检验等多种方法实现产品的测定。

（4）比较：这一过程是将测定得到的结果与技术标准中的质量指标进行对照，明确结果与标准的一致性程度。

（5）判断：根据比较的结果，判断产品达到质量要求者为合格，反之不合格。

（6）处理：对被判为不合格的产品，视其性质、状态和严重程度，区分为返修品、次品或废品等。

（7）记录：记录测定的数据，填写相应的质量证明文件，以反馈质量信息，评价产品，推动质量改进。

根据质量检验的基本要素，要设计产品的质检方法主要内容有：

（1）参照国家标准或企业内部标准制定检验或试验项目（出厂试验或型式试验），明确检验指标标准；

（2）创造合适的试验环境，配备必要精度的测试设备；

（3）设计合理的指标测试方法，包括试验原理、试验线路等；

（4）列出详细的试验步骤，准备必要的数据记录表格；

（5）给出正确的数据处理分析方法和试验结果判断方法；

（6）设计标准的试验结果报表。

质检方法设计的原则是：测试精度必须符合标准要求，要尽可能地降低质检成本，要满足一定的检验速度要求，要有低的产品质量误判率，还要有对同类产品、同类指标的较宽的适用范围。简而言之，质检方法设计追求的目标是高效率、低成本、易实施的符合标准要求的质检方法。一个好的质检方法，是多方面因素的综合，也是多方面智慧的结晶。

1.2.3　产品质量检验的实施要点

针对不同的产品质量检验形式，产品质量检验的组织实施步骤可以有所不同，检验的侧重点也可以有所不同。但从有效地实施产品质量检验的角度出发，要把握以下几个共同的要点。

1.　明确检验原则和立场

产品质量检验应以保证质量为前提，将为用户服务的思想贯穿始终，严把质量关。要站在供需之外的第三方立场上，坚持原则，秉公办事，不徇私情，并以严格科学的态度和强有力的法律武器、合理的检验方法和准确的数据，切实维护质量监督的公正性、科学性和权威性。

2. 创造检验条件

必须有相应的质量标准,以便对检验结果进行判定。这些标准尽可能量化。此外,必须制定出相应的检验计划,规定检验程序、操作要点和取样部位等事项。还有,必须拥有较为完善的检验设施,一般包括进行检验的场所、试验室、精密测试室以及各种检验仪器、设备和手段。最后,检验所具有的环境条件应与质检方法设计中的等效环境相一致。

3. 落实检验人员

合格的检验人员应:①能熟悉被检产品的主要性能特点及技术标准,掌握产品的质量要求,了解有关工艺流程;②能正确使用并合理维护专用检测仪器和装置,通用的检测器具等;③能按照技术条件及图样提出的质量标准检验产品,并准确判断产品是否合格;④能按照规定准确及时地填写检验记录,签发合格证、报废单、返修单等原始记录和质量证明凭据;⑤能辅导、帮助自检与互检,提出改进产品质量的意见;⑥对现场废品进行隔离,杜绝合格品与废品相混。

4. 编制检验计划

为加强对检验工作的指导,尤其是对于复杂产品的检验,应在实施检验前制定检验计划,以作为检验活动的依据。

5. 估计检验水平

检验水平是指检验员对产品质量作出正确判断的程度。主要表现为检验人员按照质检方法规定,对产品的错、漏检率及适用性的判断力和分析能力。

1.3　家用电器产品分类及其构成

电器是指用来控制、调节或保护电路、电机等的设备,是电路中的负载。日常生活应用的称日用电器或家用电器。

1.3.1　家用电器产品的分类

1. 按颜色分类

目前国际上根据家用电器的惯用颜色将家用电器产品分为白色家电、灰色家电和黑色家电三大类。

白色家电:电器外壳常用白颜色,主要指由 GB 4706 系列标准规定的电器产品,如洗衣机、冰箱、空调、电风扇等。

灰色家电:电器外壳常用灰颜色,主要指由 GB 4943 标准规定的办公电器产品,如计算机、传真机等。

黑色家电：电器外壳常用黑颜色，主要指由 GB 8898 标准规定的电子电器产品，如电视机、音响等。

2. 按家用电器安装方式分类

驻立式器具：固定式非便携式器具，如电冰箱、洗衣机和电磁灶等。

固定式器具：紧固在一个支架上或在一个特定位置使用的器具，如空调器、抽油烟机、换气扇和吊扇等。

便携式器具：在工作时预计会发生移动的器具或质量少于 18kg 的非固定式器具，如室内加热器和换气扇。

手持式器具：在正常使用期间用手握持的便携式器具，如电吹风，电推剪等。

3. 按家用电器主要功能分类

电动器具：装有驱动电机而不带电热元件的器具，如洗衣机和电动按摩器等。

电热器具：装有电热元件而不带有电动机的器具，如电热毯和电水壶等。

组合式器具：同时装有电动机和电热元件的器具，如电风扇加热器、暖风机和饮水机等。

4. 按家用电器的工作时间分类

连续工作器具：指无限期地在正常负载或充分放热条件下进行工作的器具，如吊扇和空调器等。

短时工作器具：指在正常负载或充分放热条件下，从冷态开始按一特定周期工作的器具，在每个工作周期的间隔时间要足以使器具冷却到近似室温，如电吹风等。

断续工作器具：指在一系列特定相同的周期工作的器具，每个周期包括在正常负载下或充分放热条件下的一段工作时间和随后让器具空转或关闭的一段时间，如洗衣机。

1.3.2　家用电器产品的构成

家用电器的产品种类很多，就电气类产品而言，其可归纳为以下几个主要组成部件：

1. 电动部件

电动部件是许多电器产品的核心部件，家用电器产品用到的电动部件一般可以分为吸合电器类和驱动电机类。前者主要作为电磁开关、电磁阀用，后者主要作为电器产品的工作动力源。

吸合电器是利用线圈通电后产生电磁吸力而吸动导磁体动作的，电磁吸力的大小与磁场的强度直接相关。这类部件的体积较小，动作单一。如洗衣机的进水电磁阀门，交流接触器等，都只完成一个开关动作。这类部件一般是生产家用电器产品的厂家的外协件，其自身的质量要由专门的检验项目来保证。吸合电器不正常，将直接带来整机某一部分功能的丧失或异常。有时，吸合电器还会因质量问题而产生较大的工作噪声。

电动机是机电一体化产品的主要部件之一，其应用面相当的广泛。在家用电器产品中主要用到的是输出功率 750W 以下的电动机,这类电动机一般称为小功率电动机或分马力电动机。就其类型看,家用电器中的电动机有单相交流电动机(如洗衣机用异步电动机),小功率直流电动机(如玩具用电动机)及小功率单相串励电动机等。电动机自身的质检检验项目很多,但作为家用电器产品中对电动机质量的要求,一般检验项目要少一些,但作为电器的核心部件这些项目却十分关键。如电风扇之类的产品,一旦电动机故障则电器的功能将全部丧失。

2. 电热元件

将电热材料做成一定的形状和尺寸并与其他材料组合,使之具有特定的结构,可作为一个独立的零部件,称之为电热元件。常用的电热元件有以下一些类型:

1) 裸露型开启式电热元件

传统的开启式电热元件是直接以合金电热丝(或带)绕制成,如在开启式电炉中用的电热丝。设计中选择它的负荷,往往以其单位表面积所分担的功率数为依据,如 $300\sim1200\mathrm{W}$ 的电炉要选择 $4\sim7\mathrm{W/cm^2}$ 的电阻丝。当然实用中电阻丝表面的温度的高低会与其使用寿命直接有关。

2) PTC 热元件

一种具有正电阻温度系数的半导体材料,利用模压、烧结等陶瓷工艺制成各种不同形状的电热元件。它具有温度自限的能力,即当温度达到某一特定值时,其电阻便急剧上升,从而控制功率下降,降低元件温度。这种恒温值还可以通过在制造中掺杂微量元素的办法得到人为控制(一般元件的"居里点"控制在 $100\sim350℃$ 范围内)。当温度较低时,由于对应的电阻较小,恒压下就会表现出较大的功率;而当温度较高时,电阻值变大,功率下降则自动得到控制。这种特性,使得 PTC 元件有较好的节能特性。

3) 封闭式电热元件

封闭式电热元件有多种类型。

金属管状电热元件又称电热管。它由金属护套管、电热丝填充料和封口材料组成,管内螺旋形电热丝被绝缘的填充料紧实地保护起来,不致发生移动,始终保持在管子中央位置并不与外界空气接触。这一措施可使电热丝的寿命明显加长(可使用 $20\,000\sim25\,000\mathrm{h}$ 以上),且使表面负荷较之裸露在空气中的电热丝大为提高。填充料的绝缘性还使元件的安全性能得以提高。众多的优点,使金属管状电热元件成为很理想的一种电热元件而被广泛使用。

与封闭式管状电热元件相似,还可以按不同的应用要求,制成板状、片状和带状封闭式电热元件。当然,绝缘材料和封闭形式上并不局限与金属电热管的方法,但在封闭的目的基本是一致的。

4) 其他电热元件

除了热传导方式以外,热辐射也是一种高效的热交换方式,石英辐射管就是采用了辐射方式向外供热的元件之一。还有,电磁灶是利用电磁感应的方式产生铁磁材料内的涡流而加热,这种加热方式效率高,且安全性好,但它对加热器具材质有特殊的要求。此外,利用微波技术可以实现食物的加热功能。

3. 检测与控制元件

1）检测控制功能一体化元件

热双金属温控元件是一种较为典型的检测控制功能一体化元件。它是利用两种温度膨胀系数相差悬殊的金属或合金构成复合材料，制成特定的形状，将热量转变成机械位移量的变化，从而带动电触点实现接通或断开的功能。

磁性温控元件利用磁性元件的温度上升到接近软磁体的居里点时，感温软磁的磁力急剧减弱的原理制成的。此时温控机构的弹簧拉力大于磁性吸力，于是开关触点断开。

热敏电阻温控元件利用热敏电阻来作温度控制元件，这种温控元件没有机械结构，具有结构简单、体积小、坚实耐用以及温度控制精度高等优点。

2）定时器

在家用电器中完成某一工作过程的定时功能。常用的有机械式定时器和电子式定时器等。定时器分单段定时（如电风扇定时器）和多段定时（如洗衣机用定时器）。

3）传感器

热电偶及半导体温度传感器用于温度测量，这类传感器在家用电器中用得最为普遍。随着电器智能化程度的提高，其他类型的传感器也已较多地用于电器产品。如带模糊化功能的洗衣机，利用称重传感器检测洗衣桶的负载，利用光电传感器检测水的清洁度，利用水位传感器检测洗衣桶的水位等。

4）智能化控制器

传统的"自动"功能，大多建立在定时、定量、定程序的基础上，尽管这也是专家经验的体现，但在电器工作过程中无法根据不同的情况作动态调整，如洗衣机的机械式定时器所规定的洗衣程序是固定不变的。这种控制器与智能化概念还有一定差距。真正意义的智能化控制器，不仅能感知电器自身的运动状态，正确地接收和处理来自传感器的信息，还能针对实际情况，作出相应状态下的合理对策，使控制目标的运行效率最高，效果最好。目前，电器产品中，结合计算机技术设计的控制器已具有智能化的功能，如智能型电饭锅的模糊控制器等。

5）安全保护元件

超温保护器（又称热断器）是一种在一定时间内达到其设定温度时就会发生开路而不再复位的一次性器件。它广泛应用于各种工业和家用电器、电子器具，以防止由于设备处于非正常工作状态下，因局部过热导致烧毁和火灾危险的发生。

报警器具是一种通过检测各种形式的危险信号，以声、光等信号提醒人们注意或发出相应电控信号的一种器具。

家用电器市场的高度竞争，促使家用电器制造商不断将新技术应用于产品上，以期增强产品的市场竞争能力。制造商不断地开发新产品，以满足消费者不断增长的需要。近几年家用电器技术发展将集中在下面几个方面：

（1）将电子与控制技术应用于传统的"强电"类产品；

（2）将互联网技术应用于家用电器产品；

（3）利用新技术使电器更加节能和环保。

1.4　电器产品质检特点

1.4.1　电器产品质检的重要性

家用电器进入家庭,把人们从繁重的家务劳动中解放出来,为人们创造卫生、舒适的环境,这对提高人民生活水平起到了很重要的作用。凡是有电的地方,几乎家家都有家用电器,说明了家用电器的普及性及使用的频繁性。家用电器正是实现家庭生活电气化的根本手段。

根据人们的需要和科技发展,新的家用电器层出不穷。没有大量的试验、测量、检验,新的家用电器产品的设计、开发和制造是不可能的。为适应国际贸易的需要,国际电工委员会与世界各有关电器组织成立了一个家用电器质量认证机构(CB 组织),只要是 CB 成员单位,它们的质量认证就互相有效,以避免重复试验,为扩大出口、发展外向型经济开拓了道路。

此外,家用电器在家庭中大量普及使用,与人朝夕相处,而使用者不一定熟悉电工知识,所以一定要确保人们在使用家用电器时的安全。这就要求工厂在生产家用电器时必须进行严格的安全测试和试验,对每一个家用电器产品按国家规定的标准进行安全性测试。

各国政府为保护广大消费者人身安全、保护环境、保护国家安全,要求产品必须符合国家标准和技术法规,并建立了强制性认证制度。凡列入强制性产品认证目录的产品,没有获得指定认证机构的认证证书,没有按规定加施认证标志,一律不得进口、不得出厂销售和在经营服务场所使用。

2001 年 12 月,我国国家技术监督检验检疫总局发布了《强制性产品认证管理规定》,实行中国强制性产品认证(China Compulsory Certification,CCC,简称 3C 认证)。2002 年 5 月,国家质量监督检验检疫总局和国家认证认可监督管理委员会发出联合公告,将 19 类 132 种产品列入《第一批实施强制性产品认证的产品目录》。它们分别是电线电缆,电路开关及保护或连接用电器装置,低压电器,小功率电动机,电动工具,电焊机,家用和类似用途设备,音视频设备类,信息技术设备,照明设备,电信终端设备,机动车及安全附件,机动车轮胎,安全玻璃、农机产品,乳胶制品,医疗器械产品、消防产品以及安全技术防范产品。

1.4.2　电器产品的主要技术指标

1. 目标功能指标

每一个实用化产品的设计目标都是明确的,产品的整机功能就是设计目标的体现,一个产品的魅力往往在很大程度上反映为产品的功能上。功能的有无是一种明确的概念,功能实现的程度则对于一般的使用者而言是一种模糊的概念,但作为技术指标,必须为其赋予清晰的内涵。

2. 安全性能指标

电器产品的安全性始终是第一位的,没有安全性,产品也就失去了其实用的价值。产品的安全性能指标都是强制性的要求,这一点与功能指标有着本质上的区别。

产品的安全性能是根据防触电、防机械损伤、防火等要求,针对各种可能的应用环境而提出的。在电器产品中,最为重要的是对产品及其某些部件的电气绝缘性能的要求,它们在不同的温度、湿度及粉尘下都有不同的性能表现。

3. 其他指标

电器产品性能指标的高低,往往与多方面的因素有关。洗衣机的洗净率,就与其磨损率在一定的条件下形成矛盾。一个产品在实现了设计功能以后,人们不希望的某些影响也会随之而来,如噪声等。因此,产品的质量应是产品各种性能指标的综合体现。

1.4.3 家用电器产品质检特点

电器产品的功能要求、原理设计、使用环境条件等等因素,决定了电器产品的质量检验特点:

1. 技术指标多,要求检验人员有较宽的知识面

家用电器产品的种类繁多,涉及日常需要的方方面面,现代工作和生活中,家用电器产品几乎无处不在。不同类型、不同功能、不同用途的电器产品,其技术指标显然是无法完全统一的。并且,单一家用电器产品的功能特征、外在表现和内在的代用质量特性,往往是多科学知识综合的产物,不可避免地要涉及电学、机械、热学、声学等一系列学科的物理量、概念和技术方法。

2. 功能组合实现,要求检验人员对产品的工作原理有相应的了解

在家用电器的电气类产品中,机电组合、电热组合等等方式很多,电器的某一种功能实现,往往是组合或交叉组合实现的结果。了解待检产品的工作原理,有助于更好地认识有关标准给出的性能指标的实质意义,把握产品检验的全过程。这一点,对企业内的产品检验过程设计,以及生产线的质量控制尤其重要。有时,即使是同一种相同功能的电器,由于其设计的工作原理等的不同,其产品的技术性能指标要求也可不同。

3. 检验手段多,要求检验人员有较强的动手能力

众多不同技术指标,必然需要借助不同的检测设备。除了一些常用的电量、非电量基本检测仪器仪表外,还有一些专用或组合检测设备。熟练掌握常用仪器设备的使用是作为一个合格检验人员的基本要求。

4. 依据的标准多,要求检验人员能正确地使用标准

电器产品质量检验的组织过程,是贯彻实施标准的过程。从技术角度看,一般的电器产

品检验,应按"通用要求"和"特殊要求"内容来组织。由于电器产品的安全性能直接关系到人身安全,因此对相关指标检验应放在重要位置。学会按标准对产品检验过程的设计和组织实施,是检验人员综合能力的较全面体现。

本 章 小 结

(1) 论述了产品的基本质量特性,对产品进行质量检验的依据,介绍了电器产品质检的有关标准。

(2) 介绍了产品质量检验方法设计以及实施要点,为建立产品质量检验体系提供了思路。

(3) 介绍了家用电器产品的分类及其构成,为质检人员了解电器产品的整体结构提供参考,有利于质检人员对被检产品进行分类,选用合适标准。

(4) 介绍了家用电器产品质检的重要性,产品主要技术指标以及其特点,有利于质检人员对电器产品质检的完整了解。

思 考 题

1. 产品质检的主要环节有哪些?
2. 简述产品质量检验与质量控制的关系?
3. 什么是产品的型式检验(试验)? 它与定期检验、出厂检验有何区别?
4. 简述生产检验和监督检验的意义和作用。
5. 从产品性能指标角度简述国际标准、国家标准、行业标准、企业标准之间的关系?
6. 编制检验计划的主要内容有哪几方面?
7. 简述电器产品质检的特点?
8. 电器产品质量检验的实际意义何在?
9. 谈谈你对电器产品通用要求、特殊要求与企业内部质量要求三者相互关系的认识。

第 **2** 章

电器产品参数测量

学习要点

（1）了解电工仪表的一般原理，熟练掌握电压、电流、功率、电能的测试方法。

（2）理解并掌握家用电器额定值的测量要求。

（3）了解噪声测量仪的基本原理，理解噪声的评价方法，熟练掌握家用电器噪声测试的方法。

在自然界中，对任何不同的研究对象，如要从定量方面对它进行研究和评价，都是通过测量代表其特性的物理量来实现的。例如，要评价某电器的质量，要通过测量其功率、泄漏电流、绝缘强度等来对它进行综合的评价。电器测试的主要技术手段是利用电测仪表和以电测仪表为基础的非电量电测仪器进行测试。

2.1 电测量仪表

2.1.1 电测指示仪表

1. 电测指示仪表的一般原理

电测仪表的测量对象是电学量和磁学量，如电流、电压、功率、电能、频率、电阻、电容、电感、磁场强度和导磁系数等。在与传感器配合使用时，电测仪表可用于非电量的测量。

指示仪表虽然各种各样，各系列仪表的具体结构和工作原理不尽相同，但它们的组成原理却有着许多共性的内容，都是由测量机构和测量线路组成的。一般情况下，指示仪表的可动部分的位移反映为偏转角度，简称偏转。这个偏转相应于仪表所接受的被测量的大小。每一个仪表为了把所测的电量转换成偏转，必须具有接受电量以后能产生转动的机构，这个机构称为测量机构。测量机构中，有可动部分和固定部分。

为了使指针能够偏转，测量机构在接受输入量后能产生一个转动力矩（简称转矩），去驱动与指针相连的活动部分，使之发生偏转。为了能从指针的偏转角反映出测量机构所接受的量的大小，这个转矩还要和机构所接受的量有一定的函数关系。同时这个转矩也与指针的偏转角有关系，即

$$M = F_1(y, \alpha) \tag{2-1}$$

式中：M——作用于活动部分的转矩；

y——测量机构所接受的量，与被测的量有一定关系；

α——指针偏转角。

另外,从能量转换的角度看,M 将取决于测量机构系统中可动部分偏转时系统能量的变换率,即

$$M = \frac{\mathrm{d}A}{\mathrm{d}\alpha} \tag{2-2}$$

式中: A——系统能量。

测量机构中产生转矩的部分称为驱动装置。

如果只有转矩作用在活动部分上,它就会在转矩的作用方向上一直偏转,直到受到阻挡为止。这就无法用指针的偏转来反映所接受的量的大小。因此,除了转矩之外,还要有一个反作用力矩作用在机构的活动部分上,并且希望反作用力矩的方向与转矩的方向相反,其大小则与指针的偏转角成正比,即

$$M_\alpha = D \times \alpha \tag{2-3}$$

式中: M_α——反作用力矩;

　　　D——反作用力矩系数。

由式(2-3)可见,若机构的活动部分没有偏转,则反作用力矩为零;若活动部分在转矩驱动下开始转动,则随着偏转角的增加,反作用力矩也成正比例地增大,直到它等于转矩时,指针才能平衡在一定的偏转角上。此时

$$M = M_\alpha$$

即

$$F_1(y, \alpha) = D \times \alpha$$

因此有

$$\alpha = F(y) \tag{2-4}$$

这时从偏转角的大小,就可以反映测量机构所接受的量的大小,产生反作用力矩的部分称为控制装置。

只有上述两个力矩作用于测量机构的活动部分还是不够的。因为活动部分到达式(2-4)所确定的平衡位置时,还具有一定的动能,必然要在平衡位置左右摆动,直至这部分动能被消耗掉,才能稳定下来。这将需要较长时间,因而增加了读数困难。所以还要有一个阻尼力矩作用在机构的活动部分上。这个力矩的特点是,其大小与活动部分的偏转速度成正比,其方向要与该速度的方向相反,即

$$M_\mathrm{P} = P \frac{\mathrm{d}\alpha}{\mathrm{d}t} \tag{2-5}$$

式中: M_P——阻尼力矩;

　　　P——阻尼系数。

由式(2-5)可知,当活动部分偏转得很快时,阻尼较大,它使活动部分的偏转慢下来;当活动部分静止了,这个阻尼作用也就消失了。适当选择阻尼系数,活动部分就能较快地稳定到平衡位置上。产生阻尼力矩的部分称为阻尼装置。

仪表的测量机构在一定电量的作用下,使可动部分产生偏转。这里电量是电流、电压或者两个电流的乘积。一定的测量机构所能借以产生偏转的电量是一定的,如果被测量的性质或大小不能直接被测量机构所接受,则必须根据所采用的测量机构进行变量转换或量值转换。完成这种转换的线路称为测量线路。

被测量 x 通过测量线路后,转换为某一种(或某一数量级的)可以为测量机构接受的中间量 y,因此有

$$y = \varphi(x) \tag{2-6}$$

函数 $y = \varphi(x)$ 的关系式取决于测量线路的性质。

中间量 y 作用于测量机构,使可动部分产生偏转,设稳定平衡时的转角为 α,则有

$$\alpha = F(y) = F[\varphi(x)] = G(x) \tag{2-7}$$

为了在某一被测量作用下,仪表只能有一个唯一的与其对应的偏转角,要求 $\alpha = G(x)$ 为单值函数。

综上所述,被测量 x,中间量 y 以及它们和指示仪表的测量线路、测量机构的关系,可以用图 2-1 所示的框图来表示。

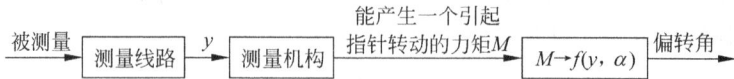

图 2-1　电测量指示仪表的组成框图

从各类仪表的具体情况看,可将指示仪表的构成原理归纳为:

直读指示仪表的测量机构从结构特点来说主要是由固定部分(磁铁或线圈)和可动部分(磁铁或线圈或软铁片等)组成。这两个部分通过电磁力的相互作用来产生力矩,给出偏转指示,构成所谓驱动机构。为了和这个电磁力矩取得平衡从而得到稳定偏转,在可动部分上必须有反作用力矩(一般用游丝、张丝、吊丝等产生,有些特殊仪表也有用另一个通电电流的线圈来产生,反作用力矩用于控制可动部分的偏转,故又称控制力矩)。从结构上说,除了上述基本部件外,尚有轴与轴承、指针、标尺、阻尼器、调零器、支架和表箱等,所有以上部件组成了仪表的测量机构。

从工作原理上说,最基本的两个力矩是由电磁力矩产生的作用力矩 M 和游丝等产生的反作用力矩 M_α。这两个力矩构成稳定偏转的基本依据。至于阻尼力矩 M_P,除感应系电能表需要利用阻尼力矩参与工作原理外,其他系列仪表利用阻尼力矩的目的是为了消除或减少可动部分,达到稳定偏转前所出现的振荡现象,这一力矩只与可动部分的运动速度有关而与最终偏转值无关,因此它与工作原理无关。轴与轴承的摩擦力矩 M_f 只影响误差,也不影响工作原理。

2. 电测仪表的分类

电测指示仪表按其工作方式的不同,可分为磁电系、电磁系和电动系三种类型。

1) 磁电系仪表

利用可动线圈中电流产生磁场与固定的永久磁铁磁场相互作用而工作的仪表称为磁电系仪表。图 2-2 所示为磁电系仪表的结构原理图。当被测电流通过可动线圈时,线圈产生的磁场与永久磁铁的磁场相互作用,产生转矩,带动仪表指针偏转。当转矩与游丝反作用力矩平衡时,指针停止转动,指示出被测量的值。

磁电系测量机构的阻尼力矩由两部分产生:一部分是铝框架,另一部分是由线圈和外电路构成的闭合回路。这两部分在转动时,其各自的两个侧边要对永久磁铁的磁力线做切割运动,由于两个部分都是闭合的,在其回路中将产生感生电流,载有该电流的导体在磁场中同样会受到转动力矩,该转动力矩的大小与导体运动速度成正比,而方向与导体运动方向相反,可以阻止铝框及其在平衡位置周围的摆动,实现了阻尼作用。

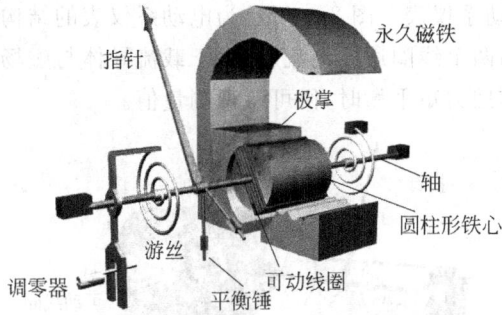

图 2-2　磁电系仪表结构原理图

　　由于永久磁铁的磁场方向是恒定的,因此磁电系测量机构只能测量直流,对于周期性电流也只能反应它们的直流分量。测量机构靠电流来偏转,故其基本测量是电流的平均值,该机构中的气隙处磁场感应强度 B 很强,故机构有较高的电流平均灵敏度,辐射均匀的磁感应强度又使读数方程为线性,从而使标尺刻度均匀分格。因此,该仪表极为准确,目前已能生产 0.05 级标准表。此外,由于气隙中 B 强而稳定,故这种仪表很强的抗外磁干扰能力,且自身功耗小。

　　2) 电磁系仪表

　　利用一个可动软磁片与固定线圈中电流产生的磁场间吸引力而工作的仪表或利用一个(或多个)固定软磁片与可动软磁片(两者均由固定线圈的电流磁化)间排斥(吸引)力而工作的仪表称为电磁系仪表。图 2-3 所示为电磁系仪表的结构原理图。在线圈内有一块固定铁片和一块装在转轴上的可动铁片,当线圈中被测电流通过时,两铁片同时被磁化并呈现同一极性,根据同性相斥的原理,可动铁片便带动转轴一起偏转。在游丝的反作用力矩平衡时,便可得到所测量的值。

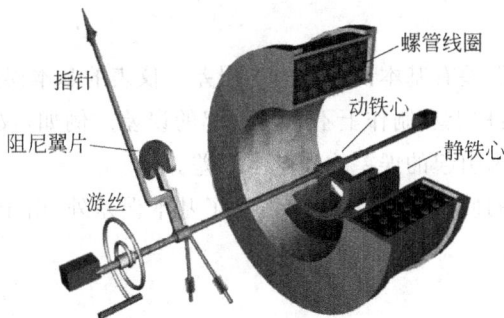

图 2-3　电磁系仪表结构原理图

　　电磁系测量机构中,由于铁片的磁滞损耗使表头频率范围不宽,多用于测量交流工频或几倍于工频交流测量。又由于铁磁铁的存在,仪表的准确度不高,一般为 1.5 到 2.5 级,灵敏度较低,功耗大且抗干扰能力较差。但这种仪表转动部分无需通入电流,结构简单、成本低,非常适用于工业上交流电压和电流的测量。

　　3) 电动系仪表

　　利用可动线圈中电流所产生的磁场与一个或几个固定线圈中电流所产生的磁场相互作

用而工作的仪表称为电动系仪表。图 2-4 所示为电动系仪表的结构原理图。仪表由可动线圈和固定线圈所组成,当两个线圈通入电流后,由于载流导体与磁场的相互作用而使可动线圈偏转,当与游丝的反作用力矩平衡时,便可获得测量值。

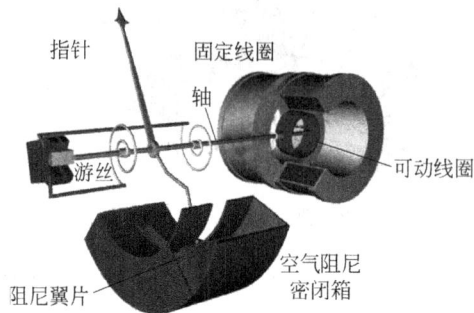

图 2-4   电动系仪表结构原理图

电动系仪表是交直流两用表,其基本量测量是 $I_1I_2\cos\phi$,即为两个电流的乘积有关的量,并且具有能察知相位的所谓相敏机构性质。由于表头无铁磁物质,因此在测量交流量时不存在磁滞和涡流现象,使这种机构成为交流系列仪表最为准确的一种。

但表头无铁磁物质的磁路要产生足够的转矩所需的磁势(安匝)比较大,从而使机构灵敏度较低,随之而来的使功耗较大,作为电压表内阻较小。由于动圈电流由游丝等引入,因此过载能力小。由于电感和互感的存在,一般机构的频率范围较窄(0~100Hz),对于某些具有频率补偿的仪表,其频率范围可扩展到 5000Hz。机构工作在弱磁场,因此抗外磁场能力弱,需要外加磁屏蔽进行改善。

3. 电测仪表的误差和准确度

1)误差

电测量指示仪表的误差有基本误差和附加误差。仪表的基本误差是指仪表在规定的使用条件下测量时,由于结构上和制作上不完善引起的误差。例如,仪表的可动部分的摩擦、刻度尺刻度不均匀等原因引起的误差均属基本误差。

当仪表不能在规定的使用条件下工作时,除了基本误差外,由于温度、外磁场等因素的影响,还将产生附加误差。

2)准确度

仪表的基本误差通常用准确度来表示,准确度越高,仪表的基本误差就越小。

对于同一只仪表,测量不同大小的被测量,其绝对误差变化不大,但相对误差却有很大变化,被测量越小,相对误差就越大,显然,通常的相对误差概念不能反映出仪表的准确性能,所以,一般用引用误差来表示仪表的准确度性能。

仪表测量的绝对误差与该表量程的百分比,称为仪表的引用误差。

仪表的准确度就是仪表的最大引用误差,即仪表量程范围内的最大绝对误差与仪表量程的百分比。显然,准确度等级表明了仪表基本误差最大允许的范围。表 2-1 所列是 GB 776—76 中对仪表在规定的使用条件下测量时,各准确度等级的基本误差范围。

表 2-1　准确度等级和基本误差表

准确度等级	0.1	0.2	0.5	1.0	1.5	2.5	5.0
基本误差/%	±0.1	±0.2	±0.5	±1.0	±1.5	±2.5	±5.0

无论用怎样完善的测量仪表进行测量,都会产生误差。引起测量误差的原因,除了仪表的基本误差外,还会因为仪表使用不当和选择不合理而产生。为减小仪表的测量误差,必须合理地选择仪表。

电测指示仪表的选择原则为:

根据被测量的性质选择仪表类型:根据被测量是直流电还是交流电来选择直流仪表或交流仪表。测量交流时,应区别是正弦波还是非正弦波,还要考虑被测量的频率范围。根据工程实际,合理地选择仪表的准确度等级:仪表的准确度越高,测量误差越小,但价格贵,维修也困难,因此在满足准确度要求的情况下,不选用高准确度仪表。

根据测量范围选用量限:测量结果的准确程度,不仅与仪表准确度等级有关,而且与它的量限也有关。一般应使测量范围在仪表满刻度的 1/2～2/3 区域内。

2.1.2　数字式仪表

1. 数字仪表的组成结构

随着电测技术、计算机技术、通信技术的飞速发展,对测量仪器和测量技术也提出了更新的要求,数字化测量就是近 30 年来发展起来的新技术。利用数字化技术不仅可以对各种参数进行测量,而且可以通过接口技术与计算机配合实现自动化测量和生产过程的自动控制,数字测量仪表的应用越来越广泛。

数字化测量技术的基本内容是指将连续的被测物理量转换成相应的量子化了的断续量,即将模拟量自动地转换成数字量,然后予以数字编码,进行传输、存储、显示、打印(即用仪器仪表仪数字形式显示和打印测量结果)。

各种物理量从理论上都存在着这种处理的可能性,但最方便、最直接、最容易实现的还是电量,即直流电压和频率,易于实现数字化。其他物理量则可通过中间手段,如传感技术、转换技术将其转换为直流电压和频率后再对其进行数字化测量。

自然界中许多物理量都是随时间而连续变化的,如电压、电流、频率、温度等。这些随时间连续变化的量统称为“模拟量”。但数字式仪表却是以数字显示的。而数字又是一种“断续量”。因此,数字式仪表要实现数字测量必然有一种能把模拟量转换为断续量即数字量的转化器,这种转换器称为模/数转换器,简称 A/D 转换器。这样才能实现模拟量的数字化测量,其关系可以用图 2-5 表示。

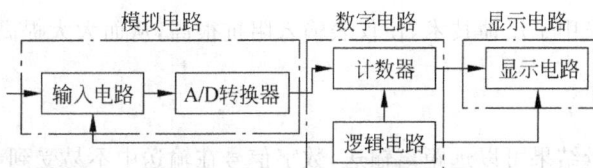

图 2-5　数字仪表的原理框图

由图 2-5 可知,数字仪表由模拟电路、数字电路、显示电路三大部分组成。其中模拟电路中的 A/D 转换器、数字电路中的十进制电子计数器为数字仪表的主要组成部分。

数字仪表内部结构和工作原理因所测量参数不同而有所差别,但都包含以下主要部件:衰减器、切换开关、前置放大器、基准电源、A/D 或 D/A 转换器、时钟脉冲发生器、十进制电子计数器(包括计数器、译码器、显示器)以及逻辑控制电路等。

随着数字技术、传感技术和计算机技术的发展,尤其是单片机技术的发展,数字技术已成为现代检测与测量的最为普遍的工具。图 2-6 是基于单片机的数字测量系统。

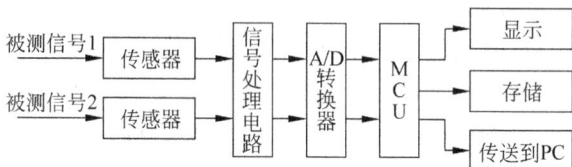

图 2-6　基于单片机的数字测量仪表

传感器将被测信号转换成电信号(电压、电流等)输出。信号调理部分将传感器的输出信息转换成易于处理的形式。对信号进行调整,如信号的放大与滤波:将传感器输出信息加强,削弱噪声,减少干扰,提高信噪比,保证测量准确度。另外是阻抗调整为下一环节提供一个较低的相匹配的输入阻抗,以提高抗干扰能力。A/D 转换器将模拟信号转换成数字信号送到单片机微处理器,单片机对信号进行处理,线性化等,输出显示以及存储数据,或者通过通信的方式将数据传送到 PC 上。

现代的数字仪表的稳定性和准确度已和经典的电测仪器相近,大部分技术特性已超过了指针式仪表。其电路采用了大规模集成电路,将被测模拟信号转换成数字信号,通过显示屏直接读数,省掉了永久磁铁和偏转机构,具有以下优点:

(1) 读数方便,没有视差

由于测量结果直接用数字给出,所以不会有读数误差。

(2) 准确度高

数字仪表内没有机械转动部分,没有摩擦误差,且不易受噪声等外界干扰,因此能达到很高的准确度,目前直流电压数字电压表测量直流电压误差一般可控制在 $\pm 0.0001\%$。

(3) 测量速度快

数字仪表的采样速度可通过采样时间灵活控制。其测量速度可达 1 次/10s～10 000 次/s 以上,远远超出了电测指示仪表的测量速度。

(4) 灵敏度高

现在生产的普通数字仪表其电压分辨率可达到 $0.1\mu V$,甚至更小。

(5) 输入阻抗高,仪表功耗小

数字仪表由于采用了反馈技术,使仪表输入阻抗很高,从而大大提高了输入信号的抗干扰能力。

(6) 便于输送

数字仪表的测量结果可以远距离输送,数字信号在输送中不易受到干扰,准确度也不受损失。

2. 数字仪表的主要技术指标

由于电测仪器、仪表的检测技术、制造工艺的快速发展，根据其基本原理产生的型号/类别很多。早期的一些技术术语、表示方法，已不适应现代技术的发展。本节主要以数字电压表为例，针对数字仪表在检定、测试中部分技术术语及表示方法进行介绍。

1) 直流数字电压表的测量范围

指数字表能达到的测量被测量的范围。能满足误差极限要求的那部分测量范围称为有效测量范围。数字仪表的测量范围就一个，而有效测量范围不止一个。这是因为数字仪表为了扩大测量范围，一般采用多量程测量。有时各量程的误差极限不同，有时某些量程的误差极限相同，所以测量范围的概念以量程来划分较易理解。

基本量程：测量误差最小的量程称为基本量程。此量程通常不加衰减器和放大器。

非基本量程：数字仪表除基本量程外，其他量程为非基本量程。现代数字仪表有些非基本量程的测量误差表达式与基本量程的测量误差表达式相同，但数字仪表的有效测量范围不止一个，且每一个量程有一个测量范围，因此，这并不说明某些有效量程的误差极限相同。

2) 数字仪表的分辨率(灵敏度)

一台数字仪表有多少个量程就有多少个相对应的分辨率，即数字表能显示出的该量程被测电压的最小变化值，但数字仪表还有一个最高分辨率，此分辨率往往只能在其最小量程内实现。通常，分辨率是用其显示末位变化一个字所代表的电压值来确定，即用显示器显示出来的末位数字代表的输入被测值作为该数字表的分辨率。不同量程其分辨率也不同。对于最小量程的分辨率称为该数字表的最高分辨率，又称灵敏度，通常以其灵敏度为数字表的分辨率指标。如：最小量程 $0\sim0.6000$V，则此表五位显示末位等效电压为 10μV，那么，该表的分辨率为 10μV。

3) 工作误差

在额定工作条件下的误差极限。

4) 标准条件

为了检定和校准试验，对影响量所规定的一组有允许偏差的数值范围。

5) 测量速度

在单位时间内，以规定的准确度完成的最大测量次数，即仪表每秒显示次数。

6) 满度值和最大值

JJG 315—1983《直流数字电压表检定规程》中给出了满度值的定义为各量程有效测量范围的上限值的绝对值。数字仪表的误差表达式为

$$\Delta=\pm(a\%U_x+b\%U_m) \tag{2-8}$$

式中：U_x——数字表检定时，被检表的读数值；

U_m——数字表检定时，被检表的满度值(满刻度值)，即各量程有效测量范围的上限值；

a、b——与 U_x 和 U_m 有关的误差系数。

这里需要注意的是仪表的实际量程可能远大于有效量程的上限值，因此从满度值增加到能够显示出来的电压范围为量程的最大值，过去人们习惯把它称为超量程。它和有效量程的最大值的概念不同，仪表允许的基本误差是用有效量程的最大值来参与计算的。

7）显示位数

数字仪表的显示位数通常有两种方法，一种为整位数表示，如6位、8位；另一种为半位表示，如 $6\frac{1}{2}$ 位，$8\frac{1}{2}$ 位，称为六位半，八位半等。其显示位数的含义为：整位数即为能显示 $0\sim9$ 所有数字。半位是指满量程最高位只能显示 0 或 1。如最大显示值为 1999，满度值为 2000 的数字仪表称为 $3\frac{1}{2}$ 表。

抗干扰特性：用串模抑制比（KSMR）和共模抑制比（KCMR）表示。

此外，还有额定工作条件、输入电阻、零电流、响应时间等。

2.2　电压、电流测量

电器产品检验中，电压、电流、功率以及电能是最基本的检测电量，下面介绍电压、电流的测量方法。在家用电器产品中，以单相交流供电方式居多，如空气调节器，电熨斗等，也有部分为蓄电池供电，如电动剃须刀，电动玩具类产品等。因此，对产品工作电压、电流的测量存在交直流的区别，交流信号采用交流表，直流信号采用直流表。

2.2.1　电压的测量

1. 交流电压的基本参数

1）峰值

以零电平为参考的最大电压幅值（用 V_p 表示）。以直流分量为参考的最大电压幅值则称为振幅，通常用 U_m 表示，如图 2-7 所示。图中：V_p——峰值，U_m——振幅，$\bar{U}$——平均值，并有 $V_p=\bar{U}+U_m$，$u(t)$ 可表示为 $u(t)=\bar{U}+U_m\sin\omega t$，式中：$\omega=\dfrac{2\pi}{T}$；$T$ 为 $u(t)$ 的周期。

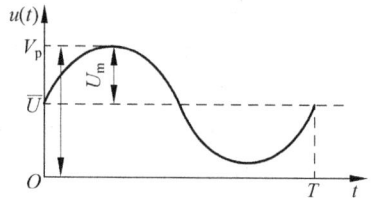

图 2-7　交流电压的峰值

2）平均值

数学上定义为

$$\bar{U}=\frac{1}{T}\int_0^T u(t)\,\mathrm{d}t \tag{2-9}$$

式中：T——$u(t)$ 的周期。相当于交流电压 $u(t)$ 的直流分量。

交流电压测量中，平均值通常指经过全波或半波整流后的波形（一般若无特指，均为全波整流）。

$$\bar{U}=\frac{1}{T}\int_0^T |u(t)|\,\mathrm{d}t \tag{2-10}$$

3）有效值

定义：交流电压 $u(t)$ 在一个周期 T 内，通过某纯电阻负载 R 所产生的热量，与一个直流电压 V 在同一负载上产生的热量相等时，则该直流电压 V 的数值就表示了交流电压 $u(t)$

的有效值。

　　4）波峰因数

　　波峰因数定义：峰值与有效值的比值，用 K_p 表示

$$K_p = \frac{V_p}{V} = \frac{\text{峰值}}{\text{有效值}} \tag{2-11}$$

　　5）波形因数

　　波形因数定义：有效值与平均值的比值，用 K_F 表示

$$K_F = \frac{V}{\overline{V}} = \frac{\text{有效值}}{\text{平均值}} \tag{2-12}$$

2. 交流电压表

1）均值电压表

（1）原理：

均值响应，即 $u(t) \rightarrow$ 放大 $\rightarrow$ 均值检波 $\rightarrow$ 驱动表头。

二极管桥式整流（全波整流和半波整流，图 2-8）电路完成。

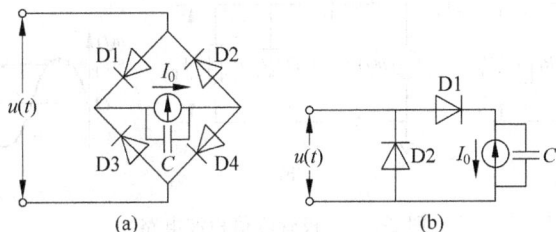

图 2-8　均值电压表电路拓扑图

(a) 全波整流电路图；(b) 半波整流电路图

（2）刻度特性：

表头刻度按（纯）正弦波有效值刻度。

因此，当输入 $u(t)$ 为正弦波时，读数 α 即为 $u(t)$ 的有效值 V（而不是该纯正弦波的均值）。

对于非正弦波的任意波形，读数 α 没有直接意义（既不等于其均值也不等于其有效值 V）。但可由读数 α 换算出均值和有效值。

由读数 α 换算出均值和有效值的换算步骤如下：

① 把读数 α 想象为有效值等于 α 的纯正弦波输入时的读数，即 $V_\sim = \alpha$。

② 由 $V_\sim$ 计算该纯正弦波均值

$$\overline{V}_\sim = \frac{V_\sim}{K_{F\sim}} = \frac{V_\sim}{\dfrac{\pi}{2\sqrt{2}}} = \frac{\alpha}{1.11} = 0.9\alpha \tag{2-13}$$

③ 假设均值等于 $\overline{V}_\sim$ 的被测波形（任意波）输入，即

$$\overline{V}_{\text{任意}} = \overline{V}_\sim = 0.9\alpha \tag{2-14}$$

注：对于均值电压表，（任意波形的）均值相等，则读数相等。

④ 由 $\overline{V}_{\text{任意}}$，再根据该波形的波形因数（查表可得），其有效值。

上式表明，对任意波形，欲从均值电压表读数 α 得到有效值，需将 α 乘以因子 k。（若式中的任意波为正弦波，则 $k=1$，读数 α 即为正弦波的有效值）。

综上所述,对于任意波形而言,均值电压表的读数 α 没有直接意义,由读数 α 到峰值和有效值需进行换算,换算关系归纳如下:

$$\left.\begin{array}{l}(任意波)均值 \ \overline{V} = 0.9\alpha \\ (任意波)有效值 \ V = K_F \times 0.9\alpha\end{array}\right\} \quad (2\text{-}15)$$

式中:α——均值电压表读数;

K_F——波形因数。

(3)均值电压表的波形误差

若将读数 α 直接作为有效值,产生的误差

$$\gamma = \frac{\alpha - K_F \times 0.9\alpha}{K_F \times 0.9\alpha} = \frac{1 - K_F \times 0.9}{K_F \times 0.9} = \frac{1.11}{K_F} - 1 \quad (2\text{-}16)$$

2)峰值电压表

(1)原理:峰值响应,即:$u(t)$→峰值检波→放大→驱动表头。由二极管峰值检波电路完成。有二极管串联和并联两种形式,如图 2-9 所示。

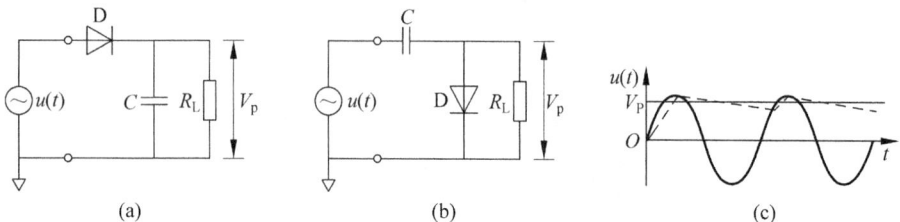

图 2-9 二极管峰值检波电路
(a)串联式;(b)并联式;(c)波形

二极管峰值检波电路工作原理:通过二极管正向快速充电达到输入电压的峰值,而二极管反向截止时"保持"该峰值。为此,要求:

$$(R_s + r_d)C \ll T_{\min}, \quad R_L C \gg T_{\max} \quad (2\text{-}17)$$

式中:R_s 和 r_d——等效信号源 $u(t)$ 的内阻和二极管正向导通电阻;

C——充电电容(并联式检波电路中 C 还起到隔直流的作用);

R_L——等效负载电阻;

$T_{\min}$ 和 $T_{\max}$——$u(t)$ 的最小和最大周期。

从波形图可以看出,峰值检波电路的输出存在较小的波动,其平均值略小于实际峰值。

(2)刻度特性:表头刻度按(纯)正弦波有效值刻度。因此:当输入 $u(t)$ 为正弦波时,读数 α 即为 $u(t)$ 的有效值 V(而不是该纯正弦波的峰值 V_p)。对于非正弦波的任意波形,读数 α 没有直接意义(既不等于其峰值 V_p 也不等于其有效值 V)。但可由读数 α 换算出峰值和有效值。

由读数 α 换算出峰值和有效值的换算步骤如下:

① 把读数 α 想象为有效值等于 α 的纯正弦波输入时的读数,即 $V_{\sim} = \alpha$。

② 将 $V^\sim$ 转换为该纯正弦波的峰值,即

$$V_{p\sim} = \sqrt{2}V_\sim = \sqrt{2}\alpha \quad (2\text{-}18)$$

③ 假设峰值等于 $V_{p\sim}$ 的被测波形(任意波)输入,即

$$V_{p任意} = V_{p\sim} = \sqrt{2}\alpha \quad (2\text{-}19)$$

注：对于峰值电压表，(任意波形的)峰值相等，则读数相等。

④ 由 $V_{p任意}$，再根据该波形的波峰因数(查表可得)，其有效值

$$V_{任意} = \frac{V_{p任意}}{K_{p任意}} = \frac{\sqrt{2}\,\alpha}{K_{p任意}} \tag{2-20}$$

式(2-20)表明：对任意波形，欲从读数 α 得到有效值，需将 α 乘以因子 k。(若式中的任意波为正弦波，则 $k=1$，读数 α 即为正弦波的有效值)。

综上所述，对于任意波形而言，峰值电压表的读数 α 没有直接意义，由读数 α 到峰值和有效值需进行换算，换算关系归纳如下：

$$\left. \begin{array}{l} (任意波)峰值\ V_p = \sqrt{2}\,\alpha = 1.41\alpha \\[2mm] (任意波)有效值\ V = \dfrac{\sqrt{2}\,\alpha}{K_p} = \dfrac{1.41\alpha}{K_p} \end{array} \right\} \tag{2-21}$$

式中：α——峰值电压表读数；

K_p——波峰因数。

(3) 峰值电压表的波形误差。

若将读数 α 直接作为有效值，产生的误差。

$$\gamma = \frac{\alpha - \dfrac{\sqrt{2}\,\alpha}{K_p}}{\dfrac{\sqrt{2}\,\alpha}{K_p}} = \frac{K_p - \sqrt{2}}{\sqrt{2}} = \frac{K_p}{\sqrt{2}} = -1 \tag{2-22}$$

3) 有效值电压表

(1) 利用二极管平方律伏安特性检波。小信号时二极管正向伏安特性曲线可近似为平方关系。缺点：精度低且动态范围小。因此，实际应用中，采用分段逼近平方律的二极管伏安特性曲线图的电路。

(2) 利用模拟运算的集成电路检波，如图 2-10 所示。通过多级运算器级连，实现模拟乘法器(平方)→积分→开方→比例运算。理论上不存在波形误差，因此又称其为有效值电压表(读数与波形无关)。

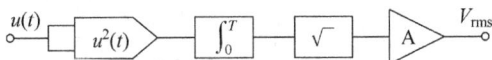

图 2-10　集成电路检波有效值电压表

3. 数字多用表

数字多用表的主要特点，可进行直流电压、交流电压、电流、阻抗等测量。测量分辨力和精度有低、中、高三个挡级，位数三位半至八位半。一般内置有微处理器。可实现开机自检、自动校准、自动量程选择，以及测量数据的处理(求平均、均方根值)等自动测量功能。一般具有外部通信接口，如 RS-232、GPIB 等，易于组成自动测试系统。

4. 电压测量方法

合理地选用仪表，在保证测量准确度的前提下，确定测量仪表的类型、准确度和量程。电压测量时应做到：

（1）正确接线，电压表应与被测负载或电源并联。直流电压表的正极（＋）端应与电源或负载的高电位连接；负极端钮接低电位端，在测高压交流电压时（大于 600V）也要注意极性。

（2）正确选择仪表的内阻，在测量电路中电压表与被测电源或负载并联。为了不影响电路的工作状态，电压表支路的分流应尽量小，为此应选内阻大的电压表。

2.2.2　电流的测量

无论是交流还是直流，小电流量的测量都可采用电流表直流接入法（图 2-11）。由于电流表必须与负载直接串联，为避免仪表接入电路后改变电路原工作状态，则要求电流表的内阻尽可能小，且量程越大，内阻应越小。

当电流较大而不能采用直接接入法时，一般电流可采用外附分流器的接法；交流可采用外附测量用电流互感器的接法，如图 2-12 所示。

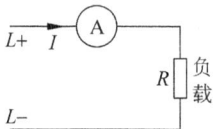

图 2-11　电流表直接接入法测量　　　　图 2-12　大电流的间接测量

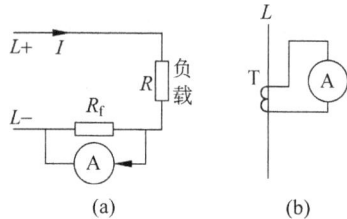

测量直流电流时，要注意仪表的极性和量程。

在自动检测系统中，可以采用分流器及互感器联接的方法取出电流量信号，也可以采用其他的电流传感器取出信号。如霍尔型电流传感器，某些产品的适用对象可以从直流到交流的较大范围，且可与负载之间没有直接的电联接而以磁耦合方式得到信号。

2.3　功率、电能测量

2.3.1　功率的测量

功耗是电子电器产品的综合经济指标之一。可以这样说，某种家用电器能否取得广泛的市场，是否适合一个国家的国情，将主要取决于这种电器能耗的大小。因此功率测试是电子电器产品的必测项目。

就电功率测量而言，其方法是多样灵活的。比如测直流功率的方法有电流表、电压表法，功率表法，直流电位差计法及数字功率表法等；测单相交流功率的方法有功率表法，交流电位差计法，热电比较仪表法和数字功率计法等。测量功率的其他方法还有不少，这里不再一一列举了。

绝大多数家用电器使用的是单相工频交流电，最方便实用的功率测量方法就是电动系功率表法。这里对功率表的原理和使用方法进行讨论过,并介绍几种家用电器功率测量的特殊要求。

在直流电路中,功率定义为被测电路电压和电流的乘积 $P=UI$。在交流电路中,除了这个乘积,还反映被测电路的电流与电压之间的相位差的余弦,即电路的功率因数 $\cos\varphi$:

$$P = UI\cos\varphi$$

1. 电动系功率表

利用载流的可动线圈和固定线圈的相互作用而产生转动力矩的测量机构称为电动系测量机构。

电动系测量机构的工作磁场靠采用一对分开放置的静止线圈(定圈)通入电流来产生,如果可动线圈和固定线圈(定圈)通过直流或都通以同一频率的正弦交流,则作用力矩方向将保持不变。定圈分为两个部分以便于安装动圈,且能使工作磁场较为平行且均匀;动圈的电流由游丝或张丝引入。图 2-13 为其结构和工作原理示意图,电动系表头的动作原理是基于载流导体的相互作用而工作的。当定圈通以电流时,建立起磁场,动圈中通以电流时,将在定圈中受力 F 的作用,从而产生转动力矩。

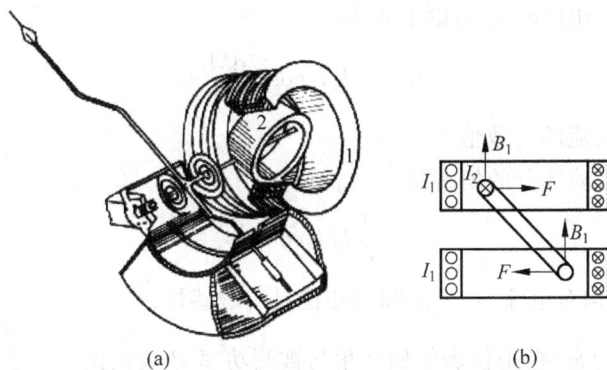

图 2-13　电动系仪表结构和原理

(a) 结构示意图;(b) 转矩的产生

图 2-13 中 1 为固定线圈,流过的电流 I_1 为负载 R 的电流。可转动的线圈 2,由游丝支撑,游丝产生反作用力矩,动圈 2 流过的电流 I_2。该系统的总能量 A 可用下式表示:

$$A = \frac{1}{2}L_1 I_1^2 + \frac{1}{2}L_2 I_2^2 + M_{12} I_1 I_2 \tag{2-23}$$

式中:L_1、L_2——固定线圈和动圈的电感;

M_{12}——固定线圈和动圈间的互感。

能量 A 对动圈的转角 α 求导即为转矩:

$$M = \frac{\mathrm{d}A}{\mathrm{d}\alpha} = \frac{1}{2}I_1^2\frac{\mathrm{d}L_1}{\mathrm{d}\alpha} + \frac{1}{2}I_2^2\frac{\mathrm{d}L_2}{\mathrm{d}\alpha} + I_1 I_2\frac{\mathrm{d}M_{12}}{\mathrm{d}\alpha} \tag{2-24}$$

转动过程中 L_1、L_2 保持常数,其微分等于零。因此

$$M = \frac{\mathrm{d}A}{\mathrm{d}\alpha} = I_1 I_2\frac{\mathrm{d}M_{12}}{\mathrm{d}\alpha} \tag{2-25}$$

力矩 M 与游丝产生的反作用力矩 M_f 相等时,达到动态平衡:

$$M = \frac{\mathrm{d}A}{\mathrm{d}\alpha} = I_1 I_2 \frac{\mathrm{d}M_{12}}{\mathrm{d}\alpha} = M_\mathrm{f} = W\alpha \qquad (2\text{-}26)$$

式中：W——系数。

$$\alpha = \frac{1}{W} I_1 I_2 \frac{\mathrm{d}M_{12}}{\mathrm{d}\alpha} \qquad (2\text{-}27)$$

由式(2-27)可知，I_1 和 I_2 同时改变方向时，力矩保持不变，因此电动系功率表既可用于测量直流功率，又可用于测量交流功率，其接线图如图 2-14 所示。

当线圈通入交流时，作用于可动部分的力矩为

$$M_i = i_1 i_2 \frac{\mathrm{d}M_{12}}{\mathrm{d}\alpha} \qquad (2\text{-}28)$$

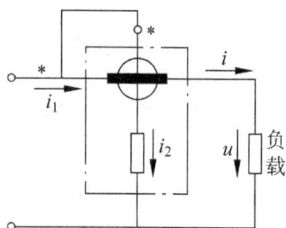

图 2-14　功率表接线图

式中：i_1、i_2——流进固定线圈 1 和动圈 2 电流的瞬时值。

可动部分的惯量较大，来不反对瞬时力矩反应，所以可动部分的偏转角取决于力矩在一个周期内的平均值 M_P：

$$M_\mathrm{P} = \frac{1}{T} \int_0^T M_i \mathrm{d}t = \frac{\mathrm{d}M_{12}}{\mathrm{d}\alpha} \frac{1}{T} \int_0^T i_1 i_2 \mathrm{d}t \qquad (2\text{-}29)$$

设 i_1、i_2 按正弦变化，相位差为 φ，则上式为

$$M_\mathrm{P} = I_1 I_2 \cos\varphi \frac{\mathrm{d}M_{12}}{\mathrm{d}\alpha} \qquad (2\text{-}30)$$

式中：I_1 和 I_2——电流的有效值。

对比式(2-19)可动部分的偏转角

$$\alpha = \frac{1}{W} I_1 I_2 \cos\varphi \frac{\mathrm{d}M_{12}}{\mathrm{d}\alpha} \qquad (2\text{-}31)$$

可见，电动系测量机构对电流 i_1、i_2 之间的相位具有敏感性。

设计时使 $\dfrac{\mathrm{d}M_{12}}{\mathrm{d}\alpha}$ 为常数，则仪表的偏转角与被测功率 P 成正比。

2. 电动系功率表的使用

电动系功率表力矩方向与两线圈电流方向有关。要规定一个电流方向，使指针正向偏转，即功率表接线要遵守"电源端"守则。

"电源端"用"＊"号表示。接线时要使两线圈的"电源端"接在电源的同一极性上，以保证两线圈电流都能从该端子流入。

电动系功率表的量程扩展包括扩大功率表的电流量程和电压量程改变：

改变电流量程可以用两个电流线圈串并联实现，例如一个线圈时电流量程为 I_N，两个线圈并联时电流量程为 $2I_\mathrm{N}$。也可以用电流互感器扩展电流量程。

改变电压量程可以将动圈 2 的附加电阻 R 用多个电阻代替，这样可选择不同的电压。也可以用电压互感器来扩展量程。

必须掌握功率表的正确读数方法，通常功率表都有几种额定电压和额定电流，但只有一条标尺。读数时，读了多少分格后，根据功率表常数 C，再换算出功率数。功率表常数的定义为

$$C = \frac{U_N I_N}{\alpha_m}(\text{W/div}) \tag{2-32}$$

式中：U_N——所用量程的额定电压；

$\qquad I_N$——所用量程的额定电流；

$\qquad \alpha_m$——功率表标尺的满刻度格数。

根据读出的格数（div 数）乘以功率表常数，求出被测功率为 $P = C\alpha$。式中，α 为被测功率产生的指针偏转格数。

2.3.2　电能的测量

1. 感应式电能表原理

电能表是一种计量电能的仪表，其主要部件分为以下几个部分（图 2-15）：

（1）电磁元件。电磁元件又称驱动元件，用来产生转动力矩，包括电压线圈、电流线圈和铝制转盘。

（2）转动元件。转动元件由铝质圆盘和转轴组成。轴杆上装有传递转数的蜗轮，以带动记度器工作。

（3）制动机构。用来产生制动力矩，由永久磁铁和转盘组成。

（4）积算机构。用来计算电能表转盘的转数，以实现电能的测量和计算。转盘转动时，通过蜗杆及齿轮等传动机构带动字轮转动，从而直接显示出电能的度数。

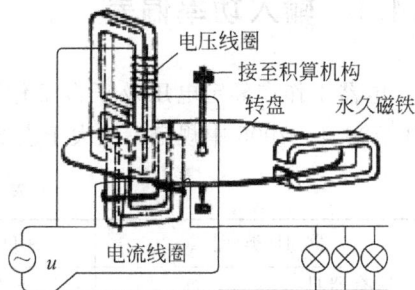

图 2-15　感应式电能表结构图

当电压线圈和电流线圈通过交流电流时，就有交变的磁通穿过转盘，在转盘上感应出涡流，涡流与交变磁通相互作用产生转矩，从而使转盘转动。转盘转动后，涡流与永久磁铁的磁场相互作用，使转盘受到一个反方向的磁场力，从而产生制动力矩，致使转盘以某一转速旋转，其转速与负载功率的大小成正比。

2. 电能表的使用方法

选择电能表时，应根据负载的电压电流值选择。在电能表的铭牌标有额定电压值和标称电流值，所选择的电能表的额定电压应等于被测负载的电压值，负载电流应在标称电流的 20%～120%之间。

电能表的接线方法必须遵守"发电机端"接线规则。电流线圈与负载串联接入相线（火线）中，电压线圈和负载并联。电能表的"发电机端"都应接到电源侧相线上。单相电能表上有四个接线柱：两个接电源，另两个接负载。四个接线端均在表的接线盒内，其编号分别为 1、2、3、4 四个端子直接接入电路的方法如图 2-16 所示。

从图 2-16 可见，1 端子是电压线圈和电流线圈的公共端，电压线圈的端子 1、3 接电源，端子 2、4 接负载；电流线圈的端子 1 和 2 分别接入电源侧相线和负载侧相线。如

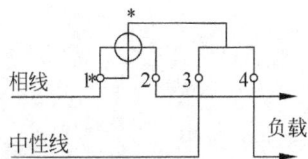

图 2-16　单相电能表的接线方法

果错误接线,会出现反转、短路或停转的情况。

2.4　家用电器额定值的测量要求

在电器额定电压以及规定的环境条件下,家用电器输入功率和输入电流必须在标定的额定值偏差范围之内,如输入功率偏差、输入电流偏差。功率、电流偏差会造成器具的不安全,如功率偏差大使电器发热的温升超差或流过电源线的电流过大等等,这些都会危及电器的安全,甚至发生火灾。

器具的功率、电流偏差定义为

$$偏差 = (实测输入值 - 额定输入值) / 额定输入值 \tag{2-33}$$

2.4.1　输入功率偏差

电器工作在额定电压及正常工作温度下,其输入功率相对其额定输入功率的偏离在GB 4706.1—2005 中规定不应大于表 2-2 中所列的偏差。

表 2-2　输入功率偏差

器 具 类 型	额度输入功率/W	允 许 偏 差
所有器具	≤25	+20%
电热器具,联合型器具	>25~200	±10%
	>200	−10%~+5%或+20W(选较大者)
电动器具	>25~300	+20%
	>300	+15%或+60W(选较大者)

还须注意:

(1)对于联合器具,如果电动机的输入功率大于总额定输入功率的50%,则标准中规定的电动器具的偏差适用于该器具。

(2)对于标有一个或多个额定电压范围的器具,在这些范围的上限和下限值上都要进行试验。除非标称的额定输入功率与相关电压范围的平均值有关,在此情况下,要在该范围的平均值下进行试验。

(3)对于标有一个额定电压范围,且该电压范围的上、下限的差值超过该范围平均值10%的器具,则允许偏差适用于该范围的上、下限值两种情况。

(4)对于电动器具和额定输入功率等于或小于 25W 的所有器具,不限定负偏差。

(5)在有疑问时,应单独测量电动机的输入功率。

测量时,输入功率必须处于稳定状态,并且:

(1)所有能同时工作的电路都处于工作状态。

(2)器具按额定电压供电。

(3)器具在正常工作状态下工作。

如果输入功率在整个工作周期内是变化的,则按一个具有代表性期间出现的输入功率的平均值来决定输入功率。如测洗衣机在洗衣时的功率,因为此时电动机处于频繁的正转、停、反转状态,则只能测量一个洗衣周期的平均功率。

测量后,将测量值与表 2-2 进行比较,在范围内判断为合格,否则判定为不合格。

2.4.2　输入电流偏差

如果器具标有额定电流,其在正常工作温度下的电流对额定电流的偏离,GB 4706.1—2005 规定不应超过表 2-3 中所列的相应偏差值。

表 2-3　电流偏差

器 具 类 型	额度输入电流/A	允 许 偏 差
所有器具	≤0.2	+20%
电热器具,联合型器具	>0.2~1.0	±10%
	>1.0	−10%~+5% 或 0.1A(选较大者)
电动器具	>0.2~1.5	+20%
	>1.5	+15% 或 0.3A(选较大者)

还须注意:

(1) 对于标有一个或多个额定电压范围的器具,在这些范围的上限和下限值都要进行试验,除非标称的额定电流与相关的电压范围的平均值有关,在这种情况下,在等于电压范围的平均值的电压下进行该试验。

(2) 对于标有一个额定电压范围,且该电压范围的上、下限差值超过该范围平均值的 10% 的器具,则允许偏差适用于该范围的上、下限值两种情况。

(3) 对于电动器具和额定电流等于或小于 0.2A 的所有器具,不限定负偏差。

测量时,电流必须处于稳定状态,并且:

(1) 所有能同时工作的电路都处于工作状态。

(2) 器具按额定电压供电。

(3) 器具在正常工作状态下工作。

如果电流在整个工作周期内变化,则按一个有代表性的期间中出现的电流的平均值来决定该电流。

测量后,将测量值与表 2-3 进行比较,在范围内判定为合格,否则判定为不合格。

2.5　噪 声 测 量

噪声也是一种声音,实际上它并不具有特殊的声学上的意义或特征。所谓噪声往往是从生理学的意义上来说的,凡是使人感到烦躁、厌恶的声音都可称为噪声。即使是交响乐,对于需要睡眠的人来讲,也可以认为是噪声。

在工业化社会,噪声严重影响人们的正常生活和工作,也影响建筑物和仪器的使用寿命,因而噪声也是一种环境公害。

　　家用电器的普及给人们的生活带来了方便,但由于家用电器用于家庭生活环境中,它所产生的噪声也给人们的生活带来了烦恼。所以用户对家用电器噪声大小非常关注。因此,包括我国在内的世界各工业化国家对家用电器的噪声都制定了严格的标准,从而使噪声测试成为家用电器产品检验的一项重要工作。

　　从另一个角度来说,噪声测量工作也是噪声控制工作的一个重要组成部分。只有将测得的噪声数据及频谱成分进行分析、综合,才能根据实际情况采取相应的措施来控制噪声。

　　噪声是机械振动在弹性介质中传播的波。只有频率范围在20Hz～20kHz的声音作用于人耳时方能产生听觉,这频率范围内的声音称为可听声。频率低于20Hz的声音称为次声;高于20kHz的声音称为超声。人的听觉系统感受不到次声和超声(并不意味着这两种声音对人体无害),所以研究噪声实际上是研究人耳能感觉到的可听声。

2.5.1　噪声的基本量度

　　噪声测量的目的在于评价噪声,对噪声的评价分为客观评价和主观评价。所谓客观评价就是要确定声源所辐射的噪声的大小和性质,即对噪声的物理特征进行评价和估计。噪声的客观评价参数有声压、声压级、声强、声强级、声功率和声功率级。

　　对噪声的主观评价就是评价和估计噪声对人体的影响,也即评价人对噪声的主观感受,常用响度和响度级来评价。

1. 噪声的客观评价

　　(1) 声压:声音在传播过程中使空气密度时而变密,压强增高;时而变疏,压强降低。空气中没有声波扰动时的大气压强称静压强。当有声音传播时,大气压强与静压强就产生了差别,这个压强称为声压,用 p 表示。

　　显然,声波的特点使得声压也是波动的,所谓声压是指这个波动声压的有效值。声压的单位为帕(Pa),$1Pa=1N/m^2$;旧的单位是微巴(μbar),$1\mu bar=0.1Pa$。声音强弱变化的范围很大,一般谈话的声压是 $2\times10^{-2}\sim7\times10^{-2}Pa$;汽车、摩托车行驶产生的声压为 $0.2\sim1Pa$;喷气式飞机发动机的声压则高达几百帕,可引起鼓膜损伤。

　　将正常人耳刚刚能听到的1000Hz的声音的声压称为听阈声压,其大小为 $2\times10^{-5}Pa$;将能使人耳产生疼痛感觉的1000Hz的声音的声压称为痛阈声压,其值为20Pa。

　　从听阈到痛阈,声压的绝对值相差100万倍,因而用声压的绝对值评价声音的强弱很不方便。实验表明:人耳的听觉(对声音强弱的感觉)刚好是和声压值呈对数关系,而不是线性关系,所以噪声测量中常以声压级作计量单位。

　　(2) 声压级:一个声音的声压级 L_P,等于这个声音的声压和基准声压比值的常用对数的20倍,单位是分贝(dB),即

$$L_P = 20\lg\frac{p}{p_0}(dB) \tag{2-34}$$

式中:p——声音的声压;

　　　p_0——基准声压,在空气中定为 $2\times10^{-5}Pa$,是频率为1000Hz声音的听阈声压。

　　引入声压级的概念后,就可以把听阈到痛阈的声压的绝对值的数百万倍的变化范围改

变为 0～120dB 的变化范围了。

（3）声强和声强级：声波具有一定的能量，不仅可以用声压和声压级来表示声音的强弱，也可以用能量的大小来表征声波的强弱，即用声强和声功率来表示。

① 声强：在声场中，单位时间内，在垂直于声波传播方向的单位面积上所通过的能量，用 I 表示，单位为 W/m^2。

一般人的听阈声强到痛阈声强的范围为 $1 \times 10^{-12} \sim 1 W/m^2$。这么大的范围也不便于用线性尺度来度量，因而也同样引入声强级来描述声波的强度。

② 声强级：声音的实际声强 I 和基准声强之比的常用对数的 10 倍称为声强级，用 L_I 表示，即

$$L_I = 10 \lg \frac{I}{I_0} (dB) \tag{2-35}$$

式中：I_0——基准声强，基准声压对应的声强，其大小为 $10^{-12} W/m^2$。

（4）声功率和声功率级：

① 声功率：声源在单位时间内辐射出的能量，用 W 表示，单位为 W。

由于类似的原因，声功率常用声功率级描述。

② 声功率级：声音的实际声功率相基准声功率之比的常用对数的 10 倍称为声功率级，用 L_w 表示，即

$$L_w = 10 \lg \frac{W}{W_0} \tag{2-36}$$

式中：W_0——基准声功率，$W_0 = 10^{-12} W$。

如前所述，声音有宽广的频率范围，频率低时，声音低沉；频率高时，声音尖锐。在噪声测量中，为进一步分析、研究的需要，不仅要测量噪声的声压级，还要研究总噪声中各种频率的噪声分布状况，以寻找产生噪声的根源，提出控制噪声的方法。

以频率为横坐标，以测得的声压级（或声强级、声功率级）为纵坐标，绘出噪声的测量图形，称为噪声的频谱图。

可听声的频率范围是 20～20 000Hz，范围较宽，若每个频率都要测声压级，则工作量相当大。为了简化测量，将这个宽阔的音频范围划分成几个小的频率段，这就是通常所说的频带频程，在噪声测量中常用的是倍频程和 1/3 倍频程。一般可把可听声的频率范围划分成 10 个倍频程如表 2-4 所列。

表 2-4　倍频程频率范围　　　　　　　　　　　　　Hz

中心频率	31.5	63	125	250	500
频率范围	22.4～45	45～90	90～180	180～355	355～710
中心频率	1000	2000	4000	8000	16 000
频率范围	710～1400	1400～2800	2800～5600	5600～11 200	11 200～22 400

在画频谱图时，横坐标的各频率点为各频程的中心频率每个倍频程段对应的中心频率如表 2-4 所列。1/3 倍频程各中心频率和对应的频率范围如表 2-5 所列。

用声级计和倍频程滤波器测出每频段中心频率的声级值，再将各中心频率对应各点声压级值连起来，就得出被测噪声的倍频谱图。若要进行更详细的频谱分析，在声级计和倍频程滤波器后面可接频率分析仪。

表 2-5　1/3 频程中心频率和频率范围　　　　　　　　　Hz

中心频率	频率范围	中心频率	频率范围
25	22.4～28	800	710～900
31.5	28～35.5	1000	900～1120
40	35.5～45	1250	1120～1400
50	45～56	1600	1400～1800
63	56～71	2000	1800～2240
80	71～90	2500	2240～2800
100	90～112	3150	2800～3550
125	112～140	4000	3550～4500
160	140～180	5000	4500～5600
200	180～224	6300	5600～7100
250	224～280	8000	7100～9000
310	280～355	10 000	9000～11 200
400	355～450	12 500	11 200～14 000
500	450～560	16 000	14 000～18 000
630	560～710		

2. 噪声的主观评价

人对声波的感觉是以听觉系统为传感器,由脑神经作最后评价的。实验表明,人对声音强弱的主观感觉,不仅与声压有关,而且还与声音的频率有关。声压级虽然相同,而频率不同的声音听起来的感觉是不同的。因此,常用既与声压级有关,又与频率有关的"响度级"来评价人对噪声的主观感受。

1) 响度级

判断某个声音的响亮程度,最简单的方法是把它同另外一个标准声音加以比较。国际标准化组织(ISO)1936 年决定采用 1000Hz 纯音作为标准参考纯音,所谓纯音就是单一频率的声音。

调节 1000Hz 纯音的声压级,使它和所研究的声音听起来一样响,则这时 1000Hz 纯音的声压级的值就是所研究声音的响度级,单位是方(phon)。例如某噪声听起来与声压级为85dB,频率为 1000Hz 的纯音一样响,则此噪声的响度级就是 85phon。

响度级将声压级和频率统一起来,作为评价噪声对人的影响的指标。

2) 等响曲线

利用与标准声压级比较的方法,可以得到整个可听频率范围内的纯音的响度级,即等响曲线,如图 2-17 所示。从图中可以看出,凡是在同一条曲线上的各点,虽然它们代表着不同的频率和声压级,但却有着共同的响度级,因此称为等响曲线,每条等响曲线所代表的响度级(phon)的大小是由该曲线在 1000Hz 时的声压级(dB)值决定的。

曲线中最下方的一条是正常人听觉可以听到的最轻微声,称为听阈曲线。最上面一条曲线具有很刺耳的响度,称为痛阈曲线。

等响曲线反映了人耳对各种频率声音的敏感程度。从等响曲线上可以看出,人的听觉最敏感的是高频音,特别是频率范围在 2000～5000Hz 的声音。而对低频声音不敏感。例

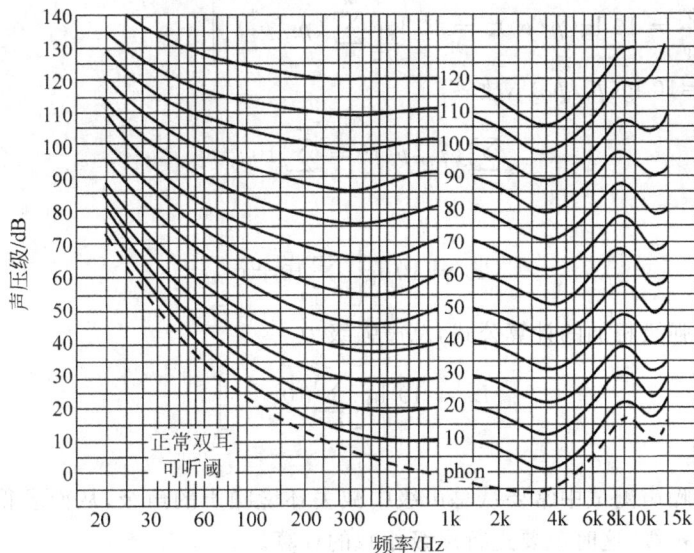

图 2-17　等响曲线

如 4000Hz 的声音,其声压级在 8dB 时就能听到;而 500Hz 的声音在 16dB 时才能听到,由此可见,人耳对低频反应不敏锐,在噪声控制中,首先应将高频音的声压级降低。

3) 响度

响度级虽然定量地确定了响度感觉与声音频率和强度的关系,但不能定量地确定一个声音比另一个声音响多少。为了确定响度关系,引出了响度 N 的概念,其单位为宋(son)。并规定声压级为 40dB 的 1000Hz 纯音的响度为 1son,以后响度级每增加 10phon,响度增加一倍。例如 50phon 为 2son;60phon 为 4son。显然,响度与响度级之间有如下关系:

$$N = 2^{(L_N-40)/10} \tag{2-37}$$

或

$$L_N = 33.3 \lg N + 40 \tag{2-38}$$

式中：N——响度;

　　L_N——响度级。

总之,响度和响度级都是主观评价声音强度的量度,二者间既有密切联系,又有重要差别。响度级则是把声级和频率统一起来评价声音强度的量度。

3. 声级的相加、相减及求平均值

在噪声测量中,常常会遇到几个噪声的声级相加、相减及求平均值的问题。根据前述的声压级、声强级的定义,显然不能用简单的算术运算方法将它们的值直接做加、减运算,而必须通过声压或声强来进行运算,由此求得相应的计算方法。

1) 声级相加

现已知 n 个声压 $P_i(i=1,2,\cdots,n)$ 的声压级为 L_{Pi},求总声压级 L_P。由前所述的声压的定义,可以得到总声压 P 为

$$P = \sqrt{\sum_{i=1}^{n} p_i^2} \tag{2-39}$$

故 $L_{Pi} = 20 \lg \dfrac{p}{p_0} = 10 \lg (p/p_0)^2 = 10 \lg \left[\displaystyle\sum_{i=1}^{n} (p_i/p_0)^2 \right]$

又因为 $L_{Pi} = 10 \lg (p_i/p_0)^2$，故

$$\sum_{i=1}^{n} (p_i/p_0)^2 = \sum_{i=1}^{n} 10^{0.1 L_{Pi}}$$

最后得到

$$L_P = 10 \lg \left[\sum_{i=1}^{n} 10^{0.1 L_{Pi}} \right] \qquad (2\text{-}40)$$

同理可得声强级相加的计算公式，总声强级为

$$L_i = 10 \lg \left[\sum_{i=1}^{n} 10^{0.1 L_{Pi}} \right] \qquad (2\text{-}41)$$

2）声级相减

在家用电器噪声测试中常要从总声级中减去环境噪声的声级，从而求得被测家用电器产品本身的噪声声级，这时就要进行声级相减的计算。

设 P_t、L_{Pt} 分别为总声压和总声压级；P_b、L_{Pb} 分别为背景声压和背景声压级；P_s、L_{Ps} 分别为从总声压级中去除背景声压级后的声压和声压级，则

$$L_{Ps} = 10 \lg \left[\dfrac{P_s^2}{p_0^2} \right] = 10 \lg \left[\dfrac{P_t^2}{p_0^2} - \dfrac{P_b^2}{p_0^2} \right] = 10 \lg \left[10^{0.1 L_{Pt}} - 10^{0.1 L_{Pb}} \right] \qquad (2\text{-}42)$$

（3）声级的平均值运算

有时要求在同一测试点或不同的几个点重复做几次测量后求声压级的平均值，计算公式如下：

$$\overline{L_p} = 10 \lg \left[\dfrac{1}{n} \sum_{i=1}^{n} 10^{0.1 L_{Pi}} \right] (\text{dB}) \qquad (2\text{-}43)$$

式中：$\overline{L_p}$——平均声压级；

n——测量次数或测量点数。

2.5.2 噪声测量仪器的基本原理

为了研究和控制噪声，必须对噪声进行测试和分析，一套噪声测试仪器包括传声器、声级计和倍频程滤波器。一般将这三部分合称为声级计。

要做更详细的频谱分析，可在声级计后面接频谱分析仪，若需要记录分析结果，还可以接记录器。这里主要介绍声级计的原理。声级计是噪声测量中最常用的基本仪器，它可以单独用来测量声级，也可以与其他仪器配合对噪声进行频谱分析等。声级计一般分为普通声级计和精密声级计，它们是由传声器、衰减器、放大器、频率计权网络、有效值检波以及电表指示等部分所组成，其原理框图如图 2-18 所示。

被测噪声的声压信号经过传声器转换成电信号，由放大器放大后，再经过频率计权网络以及两级衰减和放大，最后通过有效值检波及表头指示读出被测噪声的分贝值。

衰减器分为三组嵌入各级放大器是为了使各级放大器在最大信号输入时，能得到近似相同的动态范围。

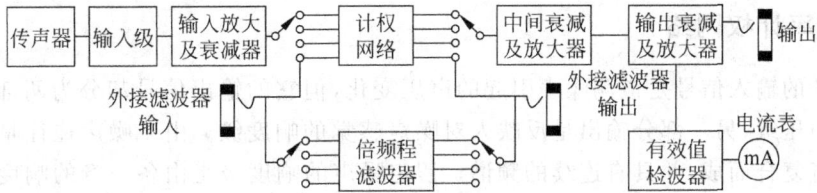

图 2-18　声级计原理框图

若要对噪声进行频谱分析,可通过输入输出插孔接入倍频程滤波器,或任何输入及输出阻抗值符合仪器技术要求的各种倍频程或 1/3 倍频程滤波器。当要求对测量结果进行自动记录时,可将电平记录仪接到声级计的输出端。

1. 传声器

传声器是将声压信号转换成电信号的声电转换器件,又称麦克风、话筒。声级外的频率响应、灵敏度、测量准确度以及测量范围等均主要取决于传声器的性能。所以,传声器是声级计中一个十分重要的部分。噪声测量中常用的传声器有动圈式、压电式和电容式三种。

1) 动圈式传声器

在动圈式传声器中有一个线圈与隔膜连接。声压作用于传声器的隔膜,使线圈在磁场中运动,从而产生电信号。这种传声器的固有噪声低,能在高温或低温环境中工作,有比较低的阻抗,可用长电缆与读出仪器相连接。但这种传声器的灵敏度较低,频率响应不够平直,不宜于在有磁场的设备附近使用,一般用于普通声级计中。

2) 压电式传声器

压电式传声器是利用晶体受压时产生表面电荷这种压电效应来实现声电能量转换的,又称晶体传声器,它具有结构简单、可靠、价廉、灵敏度高等优点,但它不耐高温和低温,只能在 0～45℃ 的环境中使用。此外,它的高频响应较差。

3) 电容式传声器

电容式传声器是目前比较理想的一种传声器。其原理结构如图 2-19 所示。膜片与后极板间形成一个平板电容器。当声压作用于膜片,使其在平衡位置两侧振动,于是膜片与后极板之间的距离发生变化,电容量也随之改变,从而将声压转换成电信号输出。

电容传声器的金属零件大多用镍制作;绝缘体则用石英材料。由于这两种材料的温度膨胀系数较接近,故温度变化对传声器影响较小。电容传声器的主要优点是体积小,动态范围宽,在 20Hz～20kHz 的频率范围内响应特性平坦,灵敏度高且具有长期的稳定性,可在高

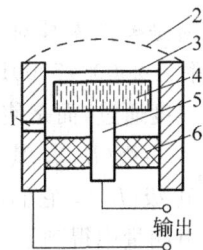

图 2-19　电容式传声器结构示意图
1—空气平衡孔;2—保护罩;3—膜片;
4—后极板;5—导体;6—绝缘体

温和温度变化较大的条件下工作。但它的输出阻抗高,需经过前置放大器进行阻抗变换后再和测量放大器连接。电容式传声器的价格较贵,多用于精密声级计中。

2. 频率计权网络

声级计的输入信号是被测噪声引起的声压变化,但它的输出信号却分为两部分。其中一部分是声压级,另一部分输出是反映人对噪声感觉的响度级。由于噪声往往是由频率不同的各纯音复合而成,并具有连续的频谱。假定噪声的响度级是由各纯音的响度级相加而成,各纯音的响度是从等响曲线上查得,则对于频谱连续的噪声,需要按等响曲线对频率计权。为此设置了 A、B、C 三种计权网络。这三种网络实际上是三套滤波器,滤波器的设计则参考了等响曲线,模拟人耳对声音的感觉,对人耳敏感的频域将加以突出;对人耳不敏感的频域则加以衰减。经过这样的处理后,仪器的输出特性与人耳对声音的感觉持性相似。图 2-20 给出了这三种计权网络的频率特性曲线。

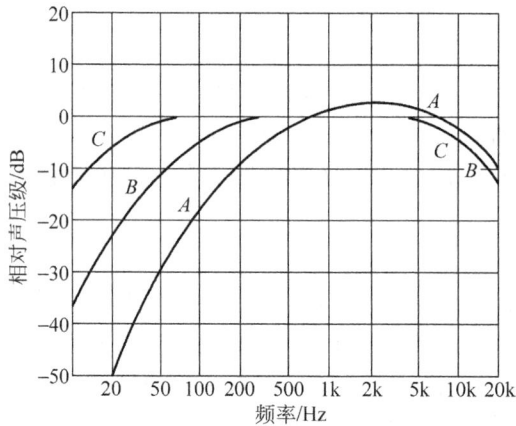

图 2-20 A、B、C 三种频率计权网络的特性

C 网络是模拟人耳对 100phon 纯音的响应,它在整个可听单频范围内有近乎平坦的特性;让各频率的声音以近乎同样的衰减程度通过,因此,它可以反映噪声的总声压级。

B 网络是模拟人耳对 70phon 纯音的响应设计的,当接收的音频信号超过时,低频段(500Hz 以下)有较大的衰减。

A 网络是模拟人耳对 40phon 纯音的响应设计的,它较好地反映了人耳对低频段不敏感;对频率为 2000~5000Hz 的高频音敏感的特性。A 网络不是使各种频率的声音都以同样的衰减程度通过,而是使低频段声音衰减。因而 A 网络的输出不代表总的声压级。将其输出称为 A 声级(L_A);其分贝数称为 dB(A)。同样,将 B、C 网络的输出分别称为 B 声级(L_B)和 C 声级(L_C);它们的分贝数分别称为 dB(B)和 dB(C)。A 声级与入耳的特性接近,因而在噪声测量中得到了广泛应用。

2.5.3 家用电器的噪声测定

1. 声功率级的测量

声级计测得的是噪声的声压级,而声压级的测量与被测噪声源的周围环境密切相关。当测量环境变化时,测得的声压级也随之而变。

声功率是一个基本量,它是发声体在单位时间内发射出的声能量,与测量面无关。这样就避免了用声压级进行评价时带来的误差。声功率级可以表征声源的辐射能量,在声学分析和噪声控制中都显示出了它的优越性。因此以声功率来评价家用电器的噪声指标是适宜的。

测量声功率级的方法很多,这里介绍自由声场法,这种方法对测试环境的要求可以是半消声室或开阔平坦的室外空地。

在自由声场中,若声源的噪声辐射功率为 W,则其声功率级为

$$L_\mathrm{w} = 10 \lg \frac{W}{W_0} = 10 \lg \left[\frac{IS}{I_0 S_0} \right] = 10 \lg \left[\frac{P^2 S}{p_0^2 S_0} \right]$$

$$= 10 \lg \left[\frac{P^2}{p_0^2} \right] + 10 \lg \left[\frac{S}{S_0} \right] = L_\mathrm{p} + 10 \lg \left[\frac{S}{S_0} \right] \tag{2-44}$$

式中: W_0——基准声功率, $W_0 = 10^{-12}$ (W);

I——声强, $I = P^2 / \rho C$ (W/m^2);

ρ——空气密度(kg/m^3);

C——空气中的声速(m/s);

S——测量面面积(m^2);

S_0——基准表面面积, $S_0 = 1$m^2;

I_0——基准声强, $I_0 = 10^{-12}$ W/m^2;

P——声压(N/m^2);

p_0——基准声压, $p_0 = 0.0002$N/m^2;

L_p——声压级(dB)。

由式(2-44)可看出,声功率级可以通过测量表面上的平均声压级 $\overline{L_\mathrm{p}}$ 和测量表面面积进行计算,即

$$L_\mathrm{w} = \overline{L_\mathrm{p}} + 10 \lg \left[\frac{S}{S_0} \right] \text{(dB)} \tag{2-45}$$

但是在反射面上自由声场中实际测得的声压级,既有声源直接传来的,也有多次反射形成的,总声压级是二者合成的结果,因此,声压级与声功率级的关系为

$$L_\mathrm{w} = \overline{L_\mathrm{p}} + 10 \lg \left[\frac{S}{S_0} \right] - K_2 \tag{2-46}$$

式中: K_2——由于环境反射引起的声压附加值,又称环境修正值。

2. 家用电器噪声功率级的测定

家用电器噪声测量就是在自由声场条件下测量噪声的 A 声功率级。

1) 测量面与测量点的确定

在决定测量点(即传声器放置点)前,必须首先确定噪声测量面,测量点是分布在测量面上的。家电产品噪声测试的误差,与测量面的选择有一定关系,所以应根据声源的大小、形状、发声特点以及音量大小等因素来选定测量面。对家用电器来讲,可归纳为三种测量面:矩形六面体,半球面和球面。

(1) 矩形六面体及其测量点:矩形六面体适用于体积较大、形状为矩形体的各类家用

电器,如洗衣机、电冰箱。测量点一般规定为九点,其位置坐标如图 2-21 所示。图中:

$$\left. \begin{aligned} a &= \frac{1}{2}L_1 + d \\ b &= \frac{1}{2}L_2 + d \\ c &= L_3 + d \end{aligned} \right\} \tag{2-47}$$

式中：L_1、L_2、L_3——基准体的长、宽、高；

　　　d——测量距离,取 $d=1\text{m}$。

该测量面的面积为

$$S = 4(ab + ac + bc) \tag{2-48}$$

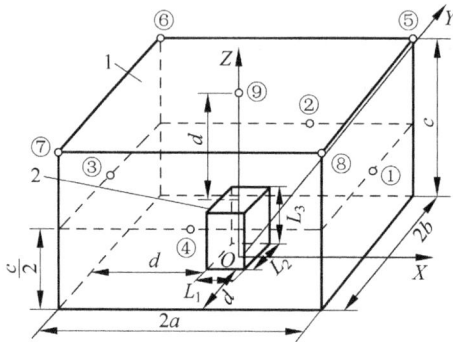

图 2-21　矩形六面体测量表面上的测点位置及坐标
1—测量表面；2—基准体

表 2-6　矩形六面体测量上测点坐标

N	X	Y	Z
1	a	0	$c/2$
2	0	b	$c/2$
3	$-a$	0	$c/2$
4	0	$-b$	$c/2$
5	a	b	c
6	$-a$	b	c
7	$-a$	$-b$	c
8	a	$-b$	c
9	0	0	c

(2) 半球面：半球面适合于体积较小(基准体长、宽、高分别小于 0.7m),圆形或扁形的放置在地板上或台面上使用的各类家用电器,如台扇、吸尘器。测量面及测量点如图 2-22 所示。

r 为球面半径,一般取 $r=1\text{m}$,对较大电器可取 $r=1.5\text{m}$;对尺寸较小及辐射声能较小的电器,r 可适当减小,但必须满足 $r>2L[L=(L_1,L_2,L_3)_{\text{MAX}}]$。半球面测量面的面积为 $S=2\pi r^2$。测量点一般规定为十点,各点坐标如表 2-7 所列。

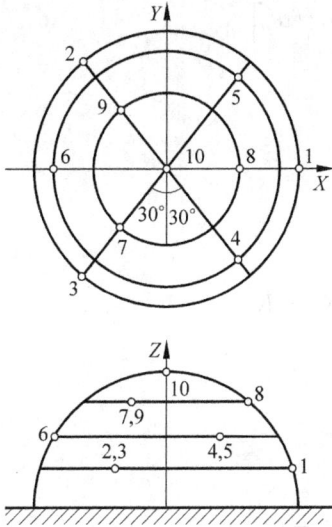

表 2-7　半球面测量点坐标

N	X/r	Y/r	Z/r
1	0.99	0	0.15
2	−0.5	0.85	0.15
3	−0.5	−0.85	0.15
4	0.45	−0.77	0.45
5	0.45	0.77	0.45
6	−0.89	0	0.45
7	−0.33	0.57	0.75
8	0.66	0	0.75
9	−0.33	0.57	0.75
10	0	0	1.0

图 2-22　半球测量面及其测量点位置坐标

（3）球面：球面适用于各类悬吊式、手提式家用电器，如吊扇、吹风机。测量点如图 2-23 所示。测量点一般为八个，各测量点坐标见表 2-8，r 为球面半径，取 $r=1\mathrm{m}$。对于小家电的 r 可取小些，但要求 $r>2L\ [L=(L_1,L_2,L_3)_{\mathrm{MAX}}]$。测量面面积为 $S=4\pi r^2$。

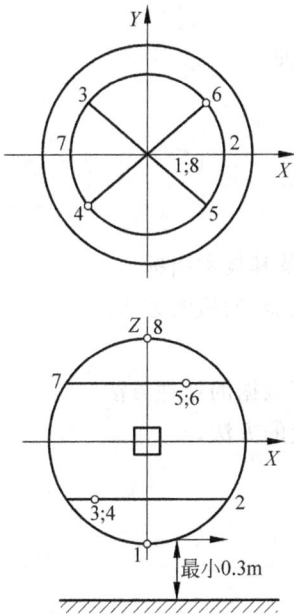

表 2-8　球形测量体测量点坐标

N	X/r	Y/r	Z/r
1	0	0	−1
2	0.89	0	−0.45
3	−0.45	0.77	−0.45
4	−0.45	−0.77	−0.45
5	0.45	−0.77	0.45
6	0.45	0.77	0.45
7	−0.89	0	0.45
8	0	0	1.0

图 2-23　球形表面上的测量点位置及坐标

2）测量计算

首先算出测量表面平均 A 声级：

$$\bar{L}_{PA} = 10 \lg\left[\frac{1}{N}\sum_{i=1}^{N}10^{0.1(L_{PAi}-K_{Li})}\right] \tag{2-49}$$

式中：$\bar{L}_{PA}$——测量表面的平均 A 声级(dB)；

L_{PAi}——第 i 点上的测得的 A 声级(dB)；

K_{Li}——第 i 点上的背景噪声修正值(dB)；

N——测量点数。

然后计算 A 声功率级：

$$L_{WA} = \bar{L}_{PA} + 10\lg\frac{S}{S_0} - K_2 - K_3 \tag{2-50}$$

式中：L_{WA}——A 声功率级(dB)；

S——测量面面积(m^2)；

S_0——基准表面面积，$S_0 = 1m^2$；

K_3——温度、气压修正值；

K_2——环境修正值(dB)，在消声室或半消声室 $K_2 = 0$。

在近似一个反射面上的自由声场中，K_2 用标准声源法确定。将标准声源放置在近似于一个反射面上的自由场中的被测器具的测试位置上，用测出数据求是 K_2：

$$K_2 = L_W - L_{W0} \tag{2-51}$$

式中：L_W——标准声源在近似于一个反射面上的自由声场中与被测器具采用相同测量面时测得的 A 声功率级(dB)；

L_{W0}——标准声源标定的 A 声功率级(dB)。

标准声源是一种标准声学器具，有定型产品，使用方便。

本 章 小 结

（1）介绍了电测指示仪表和数字式仪表的设计原理及其技术指标。

（2）介绍了电器产品电参数(电压、电流、功率以及电能)的检测方法。

（3）介绍了家用电器额定值的测量要求。

（4）介绍了噪声的评价方法，主、客观评价指标，噪声数据的处理方法。

（5）介绍了噪声仪器的设计原理，电器产品噪声测量的方法。

思 考 题

1. 功率表使用时，如将同名端接反会有什么结果，为什么？

2. 如何选用仪表的量程，才可得到应有的指示精度，为什么？

3. 噪声测量仪由哪几部分组成。

4. 现测得四点噪声分别为 72dB、78dB、76dB、75dB，试计算其平均值为多少？

第 3 章

电气安全原理

学习要点

(1) 了解日用电器安全原理、概念。

(2) 掌握电器安全对电器材料的绝缘、过热、防火等方面的要求。

(3) 理解漏电保护工作原理。

要保证电器产品安全,首先要弄清楚电器产品有什么危险。通常来讲,电器安全的内容,应该包括不发生触电、火灾、机械外伤以及对环境和食物的污染等方面。这不仅在正常使用时要能充分保证安全,而且在误操作或各种故障条件下,也应确保安全。安全危险种类可分:

(1) 电击危险:人接触带电部件而引起的直接触电,以及由于保护措施失效使产品漏电而引起的间接触电;

(2) 火灾危险:产品本身的着火危险以及产品会引起周围环境火灾的危险;

(3) 机械危险:由于机械原因对人或周围环境造成的危险;

(4) 过热危险:由于产品过热对人、周围环境以及绝缘造成的危险;

(5) 辐射、有毒物质的危险:由于电器产品产生的电磁波、各种有毒有害物质等对人体或周围环境造成的危险。

电器产品要实现其安全性,就应针对以上设计中危险性作出相应的保护措施,尽量避免这些危险对人以及周围环境造成危害。经过多年的实践和研究,世界上多数国家都对产品安全要求做出了详细规定,综合各方面的因素以及实际的科技发展水平,制定了相应的产品安全标准,以规范本国电器产品的生产和使用。

本章首先对家用电器安全原理、概念进行阐述,然后分别讨论电器安全对电器材料的绝缘、过热、防火等方面的要求,及漏电保护工作原理。

3.1 电气安全原理概述

电对人身的危害是多方面的:电流通过人体会造成电击(通称触电),电的热效应会引起人身灼伤,电的化学效应会使身体上造成电烙印,电磁场的辐射会导致人头晕、乏力等症状。

3.1.1 触电

触电危险是电器产品最主要的危险之一。触电对人伤害的严重程度,与通过人体的电流大小和种类、通电时间、电流通过人体的部位和途径,以及当时人的生理状况等多种因素有关。当有电流从外部流向体内,如果其数值很小,仅仅使人能够感觉到刺痛,这个通过人体能引起任何感觉的电流的最小值称为感知阈。增大电流,手和脚的肌肉就会发生不自觉的收缩,这个电流的最小值称为反应阈,一般情况下反应阈是 0.5mA。如果通过人体的电流进一步增大,直至手和脚的肌肉发生痉挛,人就不能再靠自己的力量脱离这种状态,手握电极的人能自行摆脱电极的最大电流就称为摆脱阈,摆脱阈的平均值是 10mA。如果再增大电流,将引起心室纤维性颤动,引起心室纤维性颤动的最小电流称为心室颤动阈,心室颤动阈是一个变化值,通电时间越长其值越小,当通电时间超过一个心搏周期时,其值显著变小。对于 20～100Hz 正弦波电流通过人体的效应见表 3-1。

表 3-1　20～100Hz 正弦波电流通过人体的效应

通过电流/mA	通电持续时间	对人体的影响
0～0.5	连续通电	无感觉
0.5～5	连续通电	有感觉(但无痛苦)
5～30	数分	痉挛,不能摆脱带电体,忍受极限
30～50	数秒	心脏跳动不规则,强烈痉挛
50 至数百	低于心脏搏动周期	强烈冲击,可能导致心室颤动
	大于心脏搏动周期	心室颤动
≥数百	低于心脏搏动周期	心室搏动,昏迷
	大于心脏搏动周期	心脏停止跳动,昏迷

上述表明,引起人感觉的最小电流(即感知阈)值,成年男性平均约为 1.1mA,成年女性约为 0.7mA。而当人触电后能自力摆脱电源的最大电流(即摆脱阈)值,成年男性约为 16mA,成年女性约为 10.5mA,儿童都较上述数值为小。人的触电时间(t)如超过 1s 而电流值达到 50mA,即可致命;时间不超过 1s 的致命电流值约为 $50/t$(mA)。电流通过心脏最危险,由手到手、由手到脚也是危险的,而从脚到脚则危险性较小。直流电和高频电(1000Hz 以上)对人体的伤害程度一般较工频电流为轻,其影响见表 3-2。同时,通过人体电流的大小还与人体的电阻值有关,一般取决于皮肤状态(干、湿等)以及手和电极接触的方式,IEC 标准中规定测试用模拟人体电阻值为(1750 ± 250)Ω,随着电压的升高,人体电阻值将相应地降低,一般呈非线性状态。

表 3-2　直流电和高频电对人体的影响

电流种类	感知电流/mA		摆脱电流/mA		平均致命电流/mA	
	男	女	男	女	通电时间短	通电时间长
直流电	5.2	3.5	76	51	0.3s/1300	3s/500
高频电	12	8	75	50	0.03s/1100	3s/500

电容器放电电流通过人体的效应,装有电容的电器在绝缘故障时可能通过人体放电,例如电子控制电路、电动机辅助绕组中的电容器。也有一些电容的引线是人在正常使用时可能触及的,例如用于电磁干扰抑制的电容器直接并联于电源线两极等。这些电容放电可能是一种危险源,属非正弦波电流效应,主要有全波整流、半波整流、相位触发控制等产生的电流波形,对于全波整流和半波整流,当电击持续时间大于 1.5 倍心搏周期时(约为 1.2s),其

心室颤动阈为(峰-峰值)$I_{\text{p-p}}/2\sqrt{2}$；当电击持续时间小于 0.75 倍心搏周期时(约为 0.6s)，其心室颤动阈为(峰值)$I_{\text{p}}/2\sqrt{2}$；当电击持续时间在 0.75～1.5 倍心搏周期之间时，其心室颤动阈幅值参数由峰值向峰-峰值变化。相位控制的电流波形，通常为对称控制，即在正负半波的控制相位都相同，当电击持续时间大于 1.5 倍心搏周期时，其心室颤动阈为(方均根值)I_{rms}；当电击持续时间小于 0.75 倍心搏周期时，其心室颤动阈为 I_{p}；当电击持续时间在0.75～1.5 倍心搏周期之间时，其心室颤动阈幅值参数由峰值向均方根值变化。

3.1.2　触电的防护

对触电的防护简单来讲就是防止接触带电部件，其本质是将通过人体的电流限制在危险值(危险值一般为反应阈或摆脱阈)。根据上述对人体电气特性的讨论知道，人体阻抗是随着电压的降低而升高，在电压小于一定程度时，即使触摸到该部件也不会发生危险，此时可以认为该部件处于安全电压。有时候电压虽然很高，比如在干燥的天气里毛衣带有的静电电压超过几千伏，可以形成电火花，但由于其在短时间内放电量非常小，因此对人体没有危险。在讨论触电之前首先要对带电部件进行定义。

1. 带电部件的概念

在我国众多的产品标准中，对带电部件的定义并不完全一致，在 GB 4706.1 中规定带电部件是指正常使用时通电的导线或者导电性部件，包括中性线，但不包括保护接地导线。而下列情况则认为带电部件安全：

(1) 带电部件由安全特低电压供电，且对交流而言其电压峰值不超过 42.4V(在正弦波情况下有效值为 30V)，对直流而言其空载电压不超过 50V。例如由两节干电池供电的电动剃须刀，内部直流电压最高仅为 3V；手机充电器输出直流电压 3.7V。

(2) 某部件通过保护阻抗与带电部件断开，该部件与电源之间的电流对直流不超过2mA(直流的反应阈)，对交流峰值不得超过 0.7mA(有效值 0.5mA，50/60Hz 交流的反应阈)。而且，对于峰值电压大于 42V 但不超过 450V 的，电容量不超过 $0.1\mu F$；对于峰值电压大于 450V 但不超过 15kV 的，其放电量不超过 $45\mu C$。例如，电子灭蚊器的电极，通过电子电路产生几千伏的高电压，但只要其流过人体的电流足够小，且放电量不超过 $45\mu C$ 即是安全的。

2. 触电事故的分类

电器产品的触电事故大都可以分为直接触电事故和间接触电事故。直接触电事故是指人体触及正常运行的设备或线路的带电体造成的触电事故，其示意图见图 3-1。

间接触电事故是指人体触及正常情况下不带电而故障时意外带电的导体(设备或线路发生故障时，电器产品的绝缘老化而电阻下降，回路中流经人体的电流将超过危险值，即发生漏电)而造成的触电事故，在这种情况下，若触摸到电器的非带电部件也会发生触电事故，因此叫做间接触电事故，示意图见图 3-2。

直接触电事故即使电器没有故障，在正常运行、有误操作的情况下也会发生。而间接触电事故则是在机器出现老化、故障时才可能发生。根据一些资料的统计，间接触电事故是更常见的。

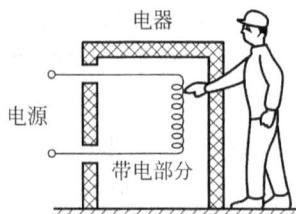

图 3-1　直接触电事故图

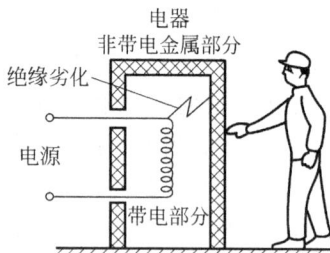

图 3-2　间接触电事故图

3. 防止触电事故的原则

GB/T 12501《电工电子设备防触电保护分类》和 GB/T 14821.1《建筑物电气装置电击防护》,对电气装置电击防护做了基本要求,也规定了防护措施的应用要求。

1) 防止触电事故发生的基本原则

防触电保护的基本原则是:在正常情况(正常操作和无故障情况下),或在单一故障情况下,易触及的可带电部件均应是无危险的。如果防护措施的某些条件不能满足,则必须采取补充措施保证不降低其安全水平。

在正常情况下实现对直接触电的防护,需要有基本触电防护,它可由一种防护措施来提供,例如基本绝缘、限制稳态接触电流、限制电压等。对于基本触电防护,现实当中可以举出很多例子,例如,电动机是利用基本绝缘实现的,电蚊拍则是通过限制稳态接触电流实现的,手机充电器的电压输出端则是通过限制电压来实现的。

在正常情况下能够实现对触电的防护之后,还要考虑在出现单一故障的场合下,也能提供足够的防护。什么是单一故障条件呢? 通常考虑以下方面:

(1) 正常情况下不带电的易触及部件变为危险的带电部分(例如电动机槽绝缘的失效,使得电动机外壳由不带电变为带电);

(2) 易触及的无危险的带电部件变为危险的带电部件(例如手机充电器的输出插口由于内部绝缘的失效,由输出低压变为危险的高压);

(3) 正常不易触及的危险的带电部件变为易触及的(例如电吹风出风口的格栅损坏使得发热元件变得可触及)。

为什么仅考虑单一故障条件呢? 首先要明确的是,单一故障是指多个故障不同时出现,实际工作只出现一种故障。作为电器产品来讲,一般都有一定的预期使用寿命,其设计以及零部件的选择都是按照这个预期使用寿命来考虑的,在正常的使用条件下电器是不应该发生故障的。但是为了避免在误操作、零部件失效或者使用条件不当的情况下产生触电、火灾等重大危险,必须具备一定的保护措施,使得一旦有故障条件发生,将实现对电器防护。正常的使用者在发现电器工作不正常时,应立即通知专业人士进行处理。从这个方面,排除了因为强行使用继续出现第二种故障的可能性。从实际经验来看,故障总是在最薄弱环节发生的,两个或以上故障同时出现的概率极小。因此,在标准制定时通常只考虑单一故障条件。这一原则不仅在触电防护中采用,在其他方面也被采用,例如考核电子线路故障条件下的着火危险时,每一次仅短路或者开路一个电子元件。

2）触电防护的实现

对于单一故障条件下要实现防护的目的,就要求电器有基本的触电防护之外,还需要增加另外的附加防护措施。附加防护可以通过两个独立的防护措施实现,也可以通过一个加强的防护措施实现。

对于由两个独立的防护措施提供的防护,其基本要求是:

（1）两个独立的防护措施中的任何一个,在设计、制造、测试和安装时均应能保证在该设备规定的条件（如外部影响、使用条件、设备的预期寿命内）下不会失效;

（2）两个独立的防护措施应互不影响,一个措施失效不会使另一个措施也失效。

对于两个独立的防护措施,最直观的例子就是双重绝缘,比如带护套的电源线,导体线芯有一层绝缘作为基本绝缘,外表还有一层护套作为附加绝缘,基本绝缘和附加绝缘这两个独立的防护措施共同构成双重绝缘。还有带有接地措施的 I 类电器也是一个例子,例如电冰箱的金属外壳与带电部件之间是以基本绝缘隔离的,同时外壳可靠地连接到电源线的接地插脚（或接地端子）,通过电源线与供电电源的保护导体连接,形成"接地"电路,从而达到触电保护的目的,这个"接地"电路就是附加防护措施。

在某些场合,不可能提供两个独立的防护,这时,也可以提供一个加强的防护措施,对于这种防护措施,其基本要求是不仅能够保证正常使用时的防护,还要保证:

（1）加强的防护措施在设计、制造、测试和安装时,应能保证在更加严酷的条件下不会失效,但这种严酷情况是偶然发生的;

（2）加强的防护措施在性能上相当于两个独立的防护措施。

加强绝缘就是一个例子。如某些电器开关的非金属按键,其底部直接与开关的触头——带电部件相接触,而将此非金属按键做成两个独立的部分显然是不合理的。因此,可以使用一个整体的绝缘材料,也就是加强绝缘,但这个加强绝缘的防护效果与双重绝缘是相当的,对电气间隙、爬电距离、电气强度等方面的要求都是等效的。

4. 触电防护的要求

根据 GB/T 12501.2《电工电子设备按电击防护分类　第 2 部分:对电击防护要求的导则》,对于直接接触防护、设备的设计应使手操作不会有无意的直接接触危险。主要考虑对用手操作或更换部件的防护,以及切断电源以后的残余电荷（电压）不得超过限值。

1）用手操作或更换的部件

在这一类部件中,可以分为两类:一类是普通人员操作的,一类是熟练或者经过培训人员操作的,对于前者的要求自然要严格一些。

对于由普通人员操作或更换的部件,应该尽可能地安装在电器的外表面,或者设备中不易触及危险带电部件的位置。例如,电风扇的调速旋钮,就应该安置在电风扇外壳上。有时安装在外部不大可能,就像某些电冰箱的调温装置,要打开箱门进行设置,这时可以安装在箱内,但是其内部结构设计应该保证调温时不能接触带电部件。

也有一些电器,由于其功能所限,利用上述的防护措施是不可能的,例如一种电极型的加湿器,直接将电极放在水中,利用水的电阻产生热量,使水被加热而产生蒸汽,在使用过程中必须要不断地加水,而水又是和带电部件直接相连的,因此不可能利用上述方式进行防护。在这种情况下,应在触及带电部件之前自动切断电源,这里所讲的切断电源包括切断火线和中性线。具体到这种加湿器,就应该带有连锁装置,使得在打开容器进行加水时,电源已经被切断了。

还有一些电器,在操作器件或更换部件的接近途径与危险的带电部分之间,应具备适当的安全距离、阻挡物或等效手段的防无意直接接触的措施。例如电吹风的出风口,后面是电热丝,我们要在电热丝通电时使用电吹风、安装转换风嘴等装置,既不能把出风口封闭,也不应将其电源切断。在这种情况下,就要求电器的外壳防护等级不低于 IP 2× 或者 IP××B,意思是能够防止手指接触带电部件。

对于由熟练或者经过培训人员操作的部件来说,主要的防护要求是避免操作人员在无意中直接接触带电部件。要求操作部件的安装位置应使得操作人员容易看到、容易接近、方便安全地操作或者更换,操作部件与危险带电部件之间,应设置阻挡物,围绕带电部件的阻挡物的防护等级应达到 IP 2× 或者 IP××B,围绕其他方向的阻挡物的防护等级应达到 IP 1× 或者 IP××A(防止手背接触)。

2) 断电后的电参数值

当直接接触防护依赖于切断危险带电部件的电源时,在自动切断电源后的 5s 内,放电电量不得超过 $50\mu C$ 或者不超过 60V(不同的产品标准根据使用条件的不同,可能有另外的规定)。如果由于设备功能、结构所限,放电时间将大于 5s,那么一定要有明显的警示标志,指出放电时间大于 5s。

通常,对于拔下插头以后的放电危险,在产品标准中都有更加严格的规定,例如在家用电器和电动工具的标准中规定,插头各插脚间的电压断开后 1s 时不应超过 34V。

3.2　电器安全性的分类

各种电器产品的应用环境、方式以及所使用的功能不同,对其安全性的要求也是不一样的,如果过分强调提高产品的各种安全因素,这样显然会造成不必要的浪费。因此有必要对电器产品从安全性观点进行分类,以便在设计、制造和使用时选择相适应的产品类型,既达到安全要求而又经济适用。家用电器从安全观点出发,一般有两种分类方法,一种是按防触电保护程度来分,另一种是按外壳防护等级分。

3.2.1　关于安全技术的名词术语

电器产品与安全相关的标准,大多是强制性标准,其中的名词术语较多,这里参照依据 GB 4706.1—2005《家用和类似用途电器的安全　第 1 部分:通用要求》,着重介绍以下几个基本术语。

1. 基本绝缘

施加于带电部件对电击提供基本防护的绝缘,称为基本绝缘。基本绝缘不必包括专门用于功能目的的绝缘。从组成结构上看,这种绝缘一般置于带电部件上直接与带电体相接触。如套有绝缘材料的铜、铝等金属导线,洗衣机、电风扇用电动机内的槽绝缘,电饭锅部件之一的电热管内对电阻丝和管壁起绝缘作用的氧化镁粉材料等。一般的油漆层、珐琅层等不能视作基本绝缘。

2. 附加绝缘

万一基本绝缘失效,为了对电击提供防护而对基本绝缘另外施加的独立绝缘称附加绝缘(又称补充绝缘)。附加绝缘是一种非独立使用的绝缘。这种绝缘是在基本绝缘外加的防止触电的第二道防线。它在电气性能上比基本绝缘要求更高,在结构上与基本绝缘是相对独立的,能够完全分离开,一种绝缘损坏不会涉及另一种绝缘。因此,附加绝缘可以单独进行绝缘性能试验。如电热毯电热丝外敷的塑料套,电动机转子铁心与转轴之间设置的绝缘层,一般日用电器的绝缘塑料外壳,电缆的外护套等。

若在相应部位使用附加绝缘,应加以可靠固定,使之在不严重损坏的情况下不能轻易拆除。

3. 双重绝缘

双重绝缘就是由基本绝缘和附加绝缘同时起防触电作用的绝缘。一旦基本绝缘失效,还有附加绝缘起到防触电保护作用。这两种绝缘结构在同一台产品上可以分开,单独按照通用安全标准规定的要求,进行绝缘性能试验。例如:电视机的电源线就采用双重绝缘;电源线的双重绝缘(见图 3-3)。

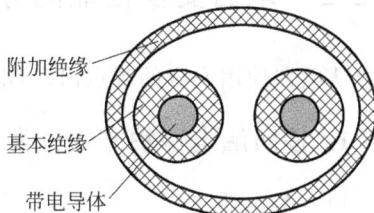

图 3-3　电源线的截面图(最简单的双重绝缘系统)

4. 加强绝缘

所谓加强绝缘,就是其绝缘水平相当于双重绝缘保护程度的单独绝缘结构。这种绝缘在电气和机械性能方面都得到了加强,但与基本绝缘又有所区别。它是一种单独的绝缘结构,置于带电部件与可触及的金属部件之间,或直接置于带电部件上,在标准规定的条件下,防触电保护作用相当于双重绝缘,但又不能构成两种独立的绝缘系统进行单独的试验。例如开关与手柄之间的绝缘等。

这种绝缘结构,可以由单一材质的绝缘物构成,也可以由几种不同材质的绝缘构成,也可以由几层组成(见图 3-4)。这种绝缘不常采用,除非在提供基本绝缘和附加绝缘明显不能单独分离时才采用。

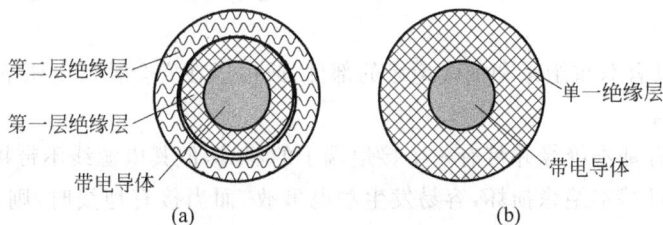

图 3-4　加强绝缘系统

在日用电器中,除了以上几种绝缘方法外,还有利用空气作绝缘物质的情况。只要能起到隔离带电部件与可触及金属表面的作用,除达到标准要求的固体外,液体和气体绝缘介质都可以采用。

5. 特低电压

从电源供给日用电器的单相电压,以及电器在其额定电压下工作时,导线与导线之间,或者导线与地线之间不超过 42V;三相电源时,导线与中性线之间电压不超过 24V。这种工作电压要求称为特低电压。特低电压电路要用基本绝缘与其他电路隔离。

6. 安全特低电压

通过安全隔离变压器或具有独立绕组的变流器与供电干线隔离开的电路中,导线之间或任何一个导体与地之间有效值不超过 50V 的交流电压,称为安全特低电压。我国规定安全特低电压额定值等级为 42V、36V、24V、12V、6V。

3.2.2　电器安全性能的分类方式

从电器使用安全的观点出发,电器产品的安全性可从防触电和防潮湿两方面加以区分。

1. 按防触电保护方式分类

1) 0 类电器

依靠基本绝缘来防止电击的电器,如图 3-5 所示。这类电器无接地保护,即它没有将导电性易触及部件(如有的话)连接到设施的固定布线中保护导体的措施,万一该基本绝缘失效,电击防护则依赖于环境。如果绝缘损坏,外壳极易触及带电体而带电,易引起触电事故。

如老式单速拉线开关控制的吊扇是 0 类电器。

图 3-5　0 类电器

0 类器具或有一个可构成部分或整体基本绝缘的绝缘材料外壳,或有一个通过适当绝缘与带电部件隔开的金属外壳。如果装有绝缘材料外壳的器具有内部部件接地的措施则认为是Ⅰ类器具,或是 0Ⅰ类器具。

这类器具的安全性能不高,仅适用于工作条件较好的场所,例如空气干燥、木质地板的室内。这类器具正在日益减少,许多国家已规定不允许使用。我国在相应的标准中也明确指出,无可靠的绝缘环境,不得采用此类电器。

0 类电器可以有双重绝缘和加强绝缘的部件,或可以在安全特低电压下工作。

2) 0Ⅰ类电器

至少整体具有基本绝缘并带有一个接地端子的器具,但其电源线不带接地导线,插头也无接地插脚。一旦基本绝缘损坏,容易发生触电事故,而当接有地线时,则不会发生触电危险。因此,在必要时,用户可以加接地线,增加接地保护。如老式国产家用电动洗衣机大多是 0Ⅰ类电器。

当不接地时,这类器具情况和 0 类电器相同,而接了地线后,与Ⅰ类电器相同。我国等许多国家也不推荐使用此类标准。

0Ⅰ类电器可以有双重绝缘或加强绝缘的部件,或者可以在安全特低电压下工作。

3)Ⅰ类电器

其电击防护不仅依靠基本绝缘而且包括一个附加安全防护措施的器具。其防护措施是万一基本绝缘失效,将易触及的导电部件连接到设施固定布线中的接地保护导体上,使易触及的导电部件不会带电。即既有基本绝缘隔离带电体,又有外壳通过电源线接地防止触电的电器(见图 3-6)。如器具的绝缘损坏,电流直接经外壳导入大地,不危及人身。通过插头连接的电器应保证拔出插头时接地极最后断开。

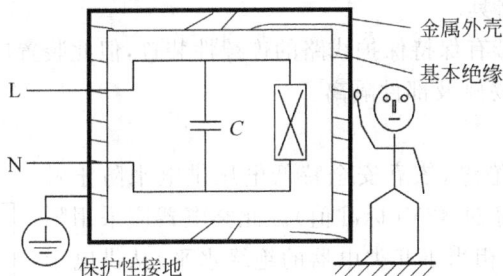

图 3-6　Ⅰ类电器

这是最常见的电器结构,这类电器的安全等级较高,规定接地或接零使用。我国大多数日用电器产品均属于此类,如洗衣机、电冰箱、电风扇等大件产品。

Ⅰ类电器可以有双重绝缘或加强绝缘的部件,或者可以有在安全特低电压下工作的部件。

4)Ⅱ类电器

其电击防护不仅依靠基本绝缘,而且提供如双重绝缘或加强绝缘那样的附加安全防护措施的器具。该类器具没有保护接地或依赖安装条件的措施。这类电器防触电保护,不仅依靠基本绝缘,而且有后备的补充绝缘,万一前者损坏,后者仍可起绝缘作用(图 3-7)。

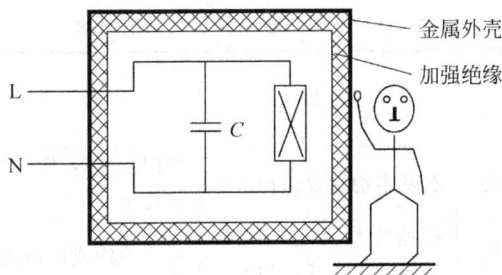

图 3-7　Ⅱ类电器

此类电器的安全等级高,一般塑料外壳带护套电源线的产品都可视为双重绝缘。适用于使用环境条件较差或与人经常接触的器具。该类电器最显著的特征是没有接地装置,例如电吹风、手机充电器等。Ⅱ类电器上标有特殊符号"回"。

Ⅱ类电器有可以在安全超低电压下工作的部件。Ⅱ类电器还具有以下几个特征。

(1)该类器具可以是下述类型之一:

① 具有一个耐久的并且基本连续的绝缘材料外壳的器具,除铭牌、螺钉和铆钉等小零

件外,其外壳能将所有的金属部件包围起来,这些金属小零件至少要用相当于加强绝缘的绝缘将其与带电部件隔离。该型器具被称为带绝缘外壳的Ⅱ类器具。

② 具有一个基本连续的金属外壳,其内各处均使用双重绝缘或加强绝缘的器具,该型器具被称为有金属外壳的Ⅱ类器具。

③ 由①型和②型联合而成的器具。

(2)带绝缘外壳的Ⅱ类器具,其壳体可构成附加绝缘或加强绝缘的一部分,或构成附加绝缘或加强绝缘的整体。

(3)如果一个各处均具有双重绝缘或加强绝缘的器具又带有接地的防护措施的器具,被认为是Ⅰ类或0Ⅰ类器具。

(4)Ⅱ类器具可以带有保持保护线路的连续性装置,但此装置应装在器具内,并且用附加绝缘将其与导电性的易触及部件隔离。

5)Ⅲ类电器

Ⅲ类电器是有基本绝缘,依靠安全特低电压供电来防止触电的电器。最高电压不超过42V(标准值)。此类电器应采用隔离变压器(二次侧的绝缘相当于Ⅱ类电器的绝缘水平)从供电干线上获得安全特低电压供电(见图3-8)。

这类器具的安全程度最高,适合于经常与人体皮肤、头发等接触的产品,如理发推剪、电热梳、电热毯等。

在安全特低电压下工作,但带有非安全特低电压下工作的内部电路的器具,不包括在该类范围内,它们应符合另外的要求。

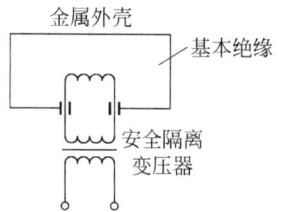

图 3-8　Ⅲ类电器

6)各种防触电保护类别的对比

值得注意的是,防触电保护类别并不代表其安全等级,并不能简单地说Ⅰ类电器比Ⅱ类电器更加安全,它只是反映了防触电保护的方式,这些方式是结合周围环境、电器本身以及供电系统而共同提供的。其主要特征以及安全措施对比如表3-3所列。

表 3-3　不同防触电保护类别的对比

类别 项目	0 类	Ⅰ 类	Ⅱ 类	Ⅲ 类
主要特征	没有保护接地	有基本绝缘及保护接地	有附加绝缘不需要保护接地	由安全特低电压供电
安全措施	依靠使用环境	接地线与固定布线中的保护接地导体相连	双重绝缘或加强绝缘	安全特低电压

2. 按外壳防护等级分类

外壳防护主要是防止固体异物进入外壳内部和防止水进入外壳内部,关于电器外壳防护等级(IP代码),GB 4706.1—2005《家用和类似用途电器的安全　第1部分:通用要求》及GB 4208—2008《外壳防护等级》作了相应的规定。

1)IP代码的组成及含义

IP就是外壳防护等级代号的特征字母,IP代码由代码字母IP(国际防护 International

Protection)、第一位特征数字、第二位特征数字、附加字母和补充字母组成。IP 的第一个特征数字表示防止固体异物进入外壳内部的性能等级,如表 3-4 所列。IP 的第二个特征数字表示防止水进入外壳内部的性能等级,如表 3-5 所列。外壳防护等级附加字母的含义如表 3-6 所列;外壳防护等级补充字母的含义如表 3-7 所列。

表 3-4　第一位特征数字所代表的防护等级

第一位 特征数字	防护等级	
	简短说明	含义
0	无防护	没有专门防护
1	防大于 50mm 的固体异物	能防止直径大于 50mm 的固体异物进入壳内;能防止人体的某一大面积部分(如手)偶然或意外地触及壳内带电部分或运动部件,不能防止有意识的接近
2	防大于 12mm 的固体异物	能防止直径大于 12mm、长度不大于 80mm 的固体异物进入壳内;能防止手指触及壳内带电部分或运动部件
3	防大于 2.5mm 的固体异物	能防止直径大于 2.5mm 的固体异物进入壳内;能防止厚度(或直径)大于 2.5mm 的工具、金属线等触及壳内带电部分或运动部件
4	防大于 1mm 的固体异物	能防止直径大于 1mm 的固体异物进入壳内;能防止厚度(或直径)大于 1mm 的工具、金属线等触及壳内带电部分或运动部件
5	防尘	不能完全防止尘埃进入,但进入量不能达到妨碍设备正常运转的程度
6	尘密	无尘埃进入

表 3-5　第二位特征数字所代表的防护等级

第二位 特征数字	防护等级	
	简短说明	含义
0	无防护	没有专门防护
1	防滴	滴水(垂直清水)无有害影响
2	15°防滴	当外壳从正常位置倾斜在 15°以内时,垂直滴水无有害影响
3	防淋水	与垂直成 60°范围以内的淋水无有害影响
4	防溅水	任何方向溅水无有害影响
5	防喷水	任何方向喷水无有害影响
6	防猛烈海浪	猛烈海浪或强烈喷水时,进入外壳水量不致达到有害程度
7	防浸水影响	浸在规定压力的水中经规定时间后进入外壳水量不致达到有害程度
8	防潜水影响	能按制造厂规定的条件长期潜水

表 3-6　外壳防护等级附加字母的含义

附加字母	含义
A	防止手背接近
B	防止手指接近
C	防止工具接近
D	防止金属线接近

表 3-7　外壳防护等级补充字母的含义

补充字母	含义
H	高压设备
M	防水试验在设备的可动部件(如电机转子)运行时进行
S	防水试验在设备的可动部件(如电机转子)静止时进行
W	适用于规定的气候条件和有附加防护特点或过程

2）IP 代码举例

例 1：IP 3 4

- └── 第二位特征数字，防止由于在外壳各个方向溅水对设备造成有害影响。
- └── 第一位特征数字，防止人手持直径不小于 2.5mm 的工具接近危险部件；防止直径不小于 2.5mm 的固体异物进入设备外壳内。
- └── 代码字母

例 2：IP×5——不要求第一位特征数字。

IP2×——不要求第二位特征数字。

IP×5/IP×7——针对不同的作用，给出防喷水和防短时间浸水的两种不同防护等级。

例 3：IP 2 3 C S

- └── 补充字母，防止进水造成有害影响的试验是在所有设备部件静止时进行。
- └── 附加字母，防止人手持直径不小于 2.5mm、长度不超过 100mm 的工具接近危险部件。
- └── 第二位特征数字，防止淋水造成对外壳内设备的有害影响。
- └── 第一位特征数字，防止人用手指接近危险部件；防止直径不小于 12.5mm 的固体异物进入外壳内。
- └── 代码字母。

例 4：IP20C——使用附加字母。

IP××C——不要求两位特征数字，使用附加字母。

IP×1C——不要求第一位特征数字，使用附加字母。

IP3×D——不要求第二位特征数字，使用附加字母。

IP23S——使用补充字母。

IP21CM——使用附加字母和补充字母。

3.3   电器通用安全的基本要求

家用和类似用途电器的设计、制造都应符合 GB 4706.1—2005，它是家用电器产品在设计、制造时必须遵照执行的标准文件，是保证使用者的人身和财产不致受到任何危害的文件。安全要求除防触电外，还有机械损伤和防火灾。

3.3.1   绝缘方面的安全要求

1. 电气间隙、爬电距离和固体绝缘

论构成绝缘材料的性质来讲，绝缘可以分为气体绝缘、液体绝缘和固体绝缘，一般的民用电器产品，很少使用特殊气体绝缘和液体绝缘，主要是空气绝缘和固体绝缘。

为了避免电气在运行中因过电压、故障过电流、泄漏电流或类似作用而引起绝缘体表面

爬电或空气击穿放电,在两导电部分之间或一个导电部件与器具的易触及表面之间的空气应该保持一个使之不会发生击穿的安全距离。

什么是电气间隙?电气间隙是两个导电部件之间或一个导电部件与器具的易触及表面之间的空间最短距离,如图 3-9 中虚线所示。

爬电距离则是两个导电部分之间沿着绝缘材料表面允许的最短距离。爬电距离过小,有可能使两个导电部分之间发生击穿,在有灰尘或水汽集聚的情况下,沿着绝缘物表面会形成导电通路,使绝缘失效,如图 3-10 中虚线所示。

图 3-9　电气间隙　　　　　　　　　　　图 3-10　爬电距离

潮湿、污渍、选材、距离等都是保留必要电气间隙和爬电距离的相关因素。为了能获得良好的绝缘和隔离,最有效的办法是保持与可能意外导电部位之间足够的距离。但过大了也会使产品的耗料增多,体积加大,应当遵循相应的标准规定。不同的电器在不同情况下的电气间隙和爬电距离是不同的,GB 4706.1—2005 中有相应的规定。电气间隙和爬电距离一般用量具来测量。

固体绝缘是电气设备中在不同导电部分之间使用固体材料作为绝缘,其绝缘性能远远好于空气,但其绝缘性能仍然应该满足电气设备的总体要求。在一些标准中对固体绝缘的厚度有要求,称为穿通绝缘距离。与气体绝缘不同的是,固体绝缘材料在击穿后是不能恢复的,而且正常使用中许多不利因素(高温、腐蚀、污染等)会加速其老化。

在一些产品标准当中,针对基本绝缘、附加绝缘和加强绝缘,对电气间隙和爬电距离作出了详细的规定,比如在 GB 4706.1—2005 中,规定在额定电压为 130～250V 时,对于没有防止污物沉积的场合,基本绝缘的电气间隙不应小于 4mm、爬电距离不应小于 3mm,附加绝缘的电气间隙和爬电距离均不应小于 4mm,加强绝缘的电气间隙和爬电距离均不应小于 8mm。对于固体绝缘来讲,要求附加绝缘的穿通绝缘距离不应小于 1mm,对于加强绝缘要求不应小于 2mm。对于这些数值的规定,是在考虑了正常使用的电压应力、环境、机械、经验数据等各方面的因素之后做出的。但是,随着电气产品制造业的不断发展,产品变得越来越小型化,人们也在寻求更为经济和有效率的绝缘方法,尤其对于固体绝缘材料,出现了很多体积小但绝缘性能很好的新材料。因此,对电气间隙、爬电距离和固体绝缘的研究不断有新的发现,相应的产品标准也在利用这些新成果。

在总结各种研究成果的基础上,IEC 的绝缘配合技术委员会(TC 28)提出了标准 IEC 60664—1《低压系统内设备的绝缘配合　第 1 部分:原理、要求和试验》,我国也等同转化为 GB/T 16935.1。在该标准中,绝缘配合指电气设备根据其使用和环境条件来选择的电器绝缘,它由电气间隙、爬电距离以及固体绝缘组成,是对电气设备绝缘的统称。对于绝缘配合中的各个部分,都可以利用相关的试验来判定,而不是仅仅依赖于经验数据。

1) 电气间隙

电气间隙是与其可能承受的过电压以及环境的污秽程度相关的。因此,在解释电气间隙要求之前应该明确过电压、过电压类别、额定冲击电压、污染等级等概念。

（1）过电压

在理想的环境（没有由于雷电、开关造成的过电压，干燥条件等）下，如果单从实现绝缘功能来讲，很小的电气间隙就足够了。试验表明，在接近海平面处，1mm 的电气间隙可以承受近 2kV 的工频电压而不发生击穿。但是，在现实当中，存在各种过电压情况，电气间隙应该能够承受这些过电压，而不仅仅是电器的额定电压。过电压按照其时间长短可分为瞬态过电压和暂态过电压，瞬态过电压通常为高阻尼的，持续时间只有几毫秒甚至更短，表现形式是振荡或非振荡。而暂态过电压指持续时间相对长的工频过电压，通常由于电网波动或线路故障（比如供电系统单相接地、断相）引起。瞬态过电压可以分为雷电过电压、操作过电压和功能过电压。其中雷电过电压由自然界中的雷电放电现象引起，包括直接雷击、雷电感应和雷电波侵入三种形式，具有时间短暂（微秒级）、冲击电压幅值高的特点，是危害最大的过电压，可能造成设备短路、触电等危害；操作过电压可能由于正常操作（比如开关操作）、线路故障引起；而功能过电压则是由于功能所需而设置的（比如负离子发生器和电子灭虫器的高压部分）。因此，在确定电气间隙时，必须考虑这些过电压的影响。

为了限制过电压幅度，通常在供电线路中都安装了过电压的保护装置，比如避雷器、放电管等。但是，除了这些保护装置，电器本身也应按照其经受过电压的严酷程度来提供足够的绝缘保护。为了表征经受过电压的严酷程度，将所有的直接由低压电网供电的电气设备分成四个过电压类别，如表 3-8 所列。

表 3-8　过电压类别

过电压类别	含　　义	举　　例
Ⅰ	信号水平级，使用在电力系统末端的电器或部件	具有过电压保护的电子电路，该电路将瞬态过电压限制在相当低的水平等
Ⅱ	负载水平级，是由配电装置供电的耗能设备	家用电器、电动工具、照明灯具等
Ⅲ	配电及控制水平级，是安装在配电装置中的设备	配电装置中的开关电器等
Ⅳ	电源水平级，是使用在配电装置电源端的设备	电表、前级过流保护设备等

（2）额定冲击电压

对于电器来讲，其电气间隙能够承受多大的过电压才认为是合格呢？通常，是以冲击电压的形式来模拟过电压的。因此，就要确定电器的额定冲击电压。对于绝缘配合，将不造成击穿、具有一定形状和极性的冲击电压最高峰值称为冲击耐压。制造厂为电器规定的冲击耐压叫做额定冲击电压。额定冲击电压的选取如表 3-9 所列。以额定电压为 220V 的电冰箱为例，相电压小于 300V，过电压类别为Ⅱ类，其额定冲击电压应为 2500V。

（3）污染等级

在电器的使用过程中，大气中的固体颗粒、尘埃和水能够完全桥接小的电气间隙，而且在潮湿的环境下，非导电性污染也会转化为导电性污染。因此，必须考虑到电器使用环境中的大气污染程度对电气间隙的影响。将电气间隙所处微观环境按照污染等级分为四级，如表 3-10 所列。

表 3-9 直接由低压电网供电的设备的额定冲击电压

基于 IEC 38(GB 156)电源系统的标称电压/V		从交流或直流标称电压导出的线对中性点的电压	设备的额定冲击电压/V			
三相	单相		过电压(安装)类别			
			I	II	III	IV
		≤50	330	500	800	1500
		≤100	500	800	1500	2500
	120～240	≤150	800	1500	2500	4000
230/400		≤300	1500	2500	4000	6000
277/480		≤300	1500	2500	4000	6000
400/690		≤600	2500	4000	6000	8000
1000		≤1000	4000	6000	8000	12 000

表 3-10 污染等级

污染等级	含 义	举 例
1	表示无污染或者仅有干燥的、非导电性的污染,该污染没有任何影响	如果有防止污物沉积的保护措施,例如电路板的隔离放置,可以认为是属于该污染等级
2	一般仅有非导电性污染,或者有凝露等偶然发生的导电性污染	多数家用电器被认为属于该污染等级
3	有导电性污染或者由于预期的凝露使得干燥的非导电性污染变为导电性污染	冰箱中可能承受凝露的某些绝缘材料、风扇加热器中空气流经的绝缘材料、干衣机中的绝缘材料等
4	会造成持久的导电性污染	由于导电尘埃或雨雪引起的,该等级对一般的家用电器不适用,通常在户外使用的电器属于该污染等级

(4) 电气间隙的确定

根据绝缘配合要求的冲击耐压和污染等级,GB/T 16935.1—2008《低电系统内设备的绝缘配合 第1部分:原理、要求和试验》给出了最小电气间隙要求(见表 3-11)。对于由电网供电的电器,一般属于非均匀电场,即情况 A 适用。

表 3-11 绝缘配合的最小电气间隙

要求的脉冲电压/kV	最小电气间隙/mm	要求的脉冲电压/kV	最小电气间隙/mm
300	0.5	4000	3.0
500	0.5	6000	5.5
800	0.5	8000	8.0
1500	0.5	10 000	11.0
2500	1.5		

对于基本绝缘和附加绝缘,电气间隙应不小于表 3-11 中的规定,冲击耐压按照其额定冲击电压选定。

对于加强绝缘,应该按照比基本绝缘高一级额定冲击耐压来确定,冲击耐压按照其额定冲击电压选定。

对于功能绝缘,电气间隙应不小于表 3-11 中的规定,但是冲击耐压按照跨电气间隙两端预期可能发生的最大冲击电压。在实际的产品标准中,出于机械方面的考虑,可以增大电气间隙的限值要求。

2) 爬电距离

爬电距离与其所处的微观环境、电压、方向和位置、绝缘表面的形态、电压作用的时间以及绝缘材料的种类都有密切关系,其中绝缘材料的种类影响很大。

(1) 绝缘材料组别

当绝缘表面污染到一定程度时,带电部件之间的漏电流已经比较大,这时由于水蒸发等原因会使得漏电流分断,并形成闪烁。闪烁过程中释放的能量使绝缘表面遭到损伤。在长时间作用下,绝缘性能逐渐劣化,并形成导电通道(漏电起痕),从而使得绝缘失效。为了表征绝缘材料的耐损伤特性,设计了耐漏电起痕的试验,并且以"相比漏电起痕指数(CTI)"的大小来进行分级。具体为:绝缘材料组别Ⅰ,600≤CTI;绝缘材料组别Ⅱ,400≤CTI<600;绝缘材料组别Ⅲ,175≤CTI<400;绝缘材料组别Ⅳ,100≤CTI<175。(注:CTI值可以看成是不发生漏电起痕的最高电压值,其试验方法在 GB 4207—2003《固体绝缘材料在潮湿条件下相比电痕化指数和耐电痕化指数的测定方法》中有详细的规定。)作为材料的固有特性之一,漏电起痕与爬电距离结合在一起才更有意义。对于 CTI 低的材料,只要其爬电距离足够大,仍然能够满足整个绝缘系统的要求。

(2) 爬电距离的确定

根据绝缘配合要求的长期承受电压、污染等级以及绝缘材料组别,GB/T 16935.1 给出了最小爬电距离(见表 3-12)。对于基本绝缘和附加绝缘,爬电距离应不小于表中的规定;通过测量确定其是否合格。对于加强绝缘,应该按照基本绝缘电压的两倍来确定电压;对于功能绝缘,爬电距离应不小于表 3-13 中的规定(表中的工作电压为所考核部分的实际工作电压)。

表 3-12 基本绝缘的最小爬电距离

工作电压/V	爬电距离/mm						
	污染等级 1	污染等级 2			污染等级 3		
		材料组别			材料组别		
		Ⅰ	Ⅱ	Ⅲ	Ⅰ	Ⅱ	Ⅲ
≤50	0.2	0.6	0.9	1.2	1.5	1.7	1.9
>50 且 ≤125	0.3	0.8	1.1	1.5	1.9	2.1	2.4
>125 且 ≤250	0.6	1.3	1.8	2.5	3.2	3.6	4.0
>250 且 ≤400	1.0	2.0	2.8	4.0	5.0	5.6	6.3
>400 且 ≤500	1.3	2.5	3.6	5.0	6.3	7.1	8.0
>500 且 ≤800	1.8	3.2	4.5	6.3	8.0	9.0	10.0
>800 且 ≤1000	2.4	4.0	5.6	8.0	10.0	11.0	12.5
>1000 且 ≤1250	3.2	5.0	7.1	10.0	12.5	14.0	16.0
>1250 且 ≤1600	4.2	6.3	9.0	12.5	16.0	18.0	20.0
>1600 且 ≤2000	5.6	8.0	11.0	16.0	20.0	22.0	25.0
>2000 且 ≤2500	7.5	10.0	14.0	20.0	25.0	28.0	32.0
>2500 且 ≤3200	10.0	12.5	18.0	25.0	32.0	36.0	40.0
>3200 且 ≤4000	12.5	16.0	22.0	32.0	40.0	45.0	50.0

工作电压/V	爬电距离/mm						
	污染等级 1	污染等级 2			污染等级 3		
		材料组别			材料组别		
		Ⅰ	Ⅱ	Ⅲ	Ⅰ	Ⅱ	Ⅲ
>4000 且≤5000	16.0	20.0	28.0	40.0	50.0	56.0	63.0
>5000 且≤6300	20.0	25.0	36.0	50.0	63.0	71.0	80.0
>6300 且≤8000	25.0	32.0	45.0	63.0	80.0	90.0	100.0
>8000 且≤10 000	32.0	40.0	56.0	80.0	100.0	110.0	125.0
>10 000 且≤12 500	40.0	50.0	71.0	100.0	125.0	140.0	160.0

注：(1) 绕组漆包线认为是裸露导线，但考虑到 29.1.1 的要求，爬电距离不必大于表 3-11 规定的相应电气间隙。

(2) 对于不会发生漏电起痕的玻璃、陶瓷和其他无机绝缘材料，爬电距离不必大于相应的电气间隙。

(3) 除了隔离变压器的次级电路，工作电压不认为小于器具的额定电压。

表 3-13　功能性绝缘的最小爬电距离

工作电压/V	爬电距离/mm						
	污染等级 1	污染等级 2			污染等级 3		
		材料组别			材料组别		
		Ⅰ	Ⅱ	Ⅲ	Ⅰ	Ⅱ	Ⅲ
≤50	0.2	0.6	0.8	1.1	1.4	1.6	1.8
>50 且≤125	0.3	0.7	1.0	1.4	1.8	2.0	2.2
>125 且≤250	0.4	1.0	1.4	2.0	2.5	2.8	3.2
>250 且≤400	0.8	1.6	2.2	3.2	4.0	4.5	5.0
>400 且≤500	1.0	2.0	2.8	4.0	5.0	5.6	6.3
>500 且≤800	1.8	3.2	4.5	6.3	8.0	9.0	10.0
>800 且≤1000	2.4	4.0	5.6	8.0	10.0	11.0	12.5
>1000 且≤1250	3.2	5.0	7.1	10.0	12.5	14.0	16.0
>1250 且≤1600	4.2	6.3	9.0	12.5	16.0	18.0	20.0
>1600 且≤2000	5.6	8.0	11.0	16.0	20.0	22.0	25.0
>2000 且≤2500	7.5	10.0	14.0	20.0	25.0	28.0	32.0
>2500 且≤3200	10.0	12.5	18.0	25.0	32.0	36.0	40.0
>3200 且≤4000	12.5	16.0	22.0	32.0	40.0	45.0	50.0
>4000 且≤5000	16.0	20.0	28.0	40.0	50.0	56.0	63.0
>5000 且≤6300	20.0	25.0	36.0	50.0	63.0	71.0	80.0
>6300 且≤8000	25.0	32.0	45.0	63.0	80.0	90.0	100.0
>8000 且≤10 000	32.0	40.0	56.0	80.0	100.0	110.0	125.0
>10 000 且≤12 500	40.0	50.0	71.0	100.0	125.0	140.0	160.0

注：(1) 对于工作电压小于 250V 且污染等级 1 和 2 的 PTC 电热元件，PTC 材料表面上的爬电距离不必大于相应的电气间隙，但其端子间的爬电距离按本规定。

(2) 对于不会发生漏电起痕的玻璃、陶瓷和其他无机绝缘材料，爬电距离不必大于相应的电气间隙。

3) 爬电距离和电气间隙的关系

从定义中可以看出，爬电距离不能小于相关的电气间隙。通常，爬电距离是大于电气间隙的，但是对于不会发生漏电起痕的玻璃、陶瓷和其他无机绝缘材料，爬电距离可以等于相应的电气间隙。

4）固体绝缘

它是应用最广泛的绝缘材料，包括无机绝缘材料，如云母、瓷件、石棉等；有机绝缘材料，如棉纱、纸、橡胶等；混合绝缘材料，如绝缘压塑料、绝缘薄膜、复合材料等。

固体绝缘材料的损伤主要是电击穿和热击穿。在均匀电场中，固体绝缘材料的击穿电压与绝缘物的厚度成正比。机械损伤会使绝缘物变薄而易被击穿，化学腐蚀则使绝缘物变质使厚度减少。热击穿往往是在工作很长时间后发生。长时间承受电压，通过电流温度升高，使绝缘材料绝缘性能下降以致击穿，几种常用固体绝缘材料的介电强度如表 3-14 所列。

表 3-14   几种常用固体绝缘材料的介电强度

绝缘材料名称	介电强度/(kV/mm)
沥青漆	55～90
有机硅浸渍漆	65～100
油性漆布	35
聚酰胺-酰亚胺浸渍漆	90～100
聚酯薄膜	130～230
云母	100～250
酚醛塑料	10～16
聚苯乙烯	20～28
聚氯乙烯	>20
聚乙烯	18～28
云母带	16～45
云母箔	16～50
云母板	>15

（1）影响固体绝缘性能的因素

固体绝缘材料绝缘性能的损坏是不可恢复的，偶尔发生的高压峰值就可能出现破坏性效果，比如正常使用中的过电压或者出厂的耐压试验。通过研究发现，对绝缘的不利影响是可以积累的，电场强度、热和环境等不利因素的叠加造成了绝缘的老化。值得注意的是，在 GB/T 16935.1 中指出，只有通过试验评价绝缘材料的性能，而规定固体绝缘的最小厚度来求得长期耐电能力是不合适的。但是在有些产品标准中，由于考虑使用以及制造过程中的影响因素，对于穿通绝缘距离进行了规定。

外加电压的频率会极大地影响绝缘材料的电气性能。在施加电压不变的情况下频率升高，则失效时间变短。然而，在较高频率下，也存在其他的失效机理，比如发热增加。大多数情况下，器具绝缘承受的电压等于其电源电压。因此，根据电源电压以及使用寿命可以选择合适的材料。但是，在某些情况下，内部工作电压可能超过电源电压，也要引起注意。例如电动机因为二次绕组中的电容器会产生谐振电压、负离子发生器的高压电场等。

发热会造成绝缘材料性能下降，例如挥发、氧化和长期化学反应，但是失效通常由于物理原因造成，例如断裂、变脆和击穿等，这个过程是个长期的过程。任何绝缘都有温度限制，当温度超过时，绝缘性能将急剧变差。其他方面，机械应力（如振动、冲击）会造成绝缘材料脱落、断裂；湿度会使得表面污染恶化形成漏电起痕，从而降低吸湿材料的性能；紫外线可以使橡胶老化；化学溶剂会造成应力裂纹；温度升高可能使非金属材料变形等，都是影响绝缘性能的因素。

（2）电气强度试验

对于绝缘性能的要求是其在电器的正常工作条件下，能保持长期有效。在实际的检验过程中，不可能长时间模拟正常工作条件，因此采用升高绝缘耐受电压、缩短施加耐压时间的方法对绝缘的电气强度进行评价。

在标准中对固体绝缘的电气强度试验都做出了规定，试验电压根据绝缘类型（基本绝缘、附加绝缘、加强绝缘、功能绝缘等）有所区别，在 GB 4706.1—2005 中规定，基本绝缘的试验电压为 1250V，附加绝缘的试验电压为 2500V，加强绝缘的试验电压为 3750V，试验时间通常为 1min。但是由于各种因素的影响，不同的产品标准对某类绝缘规定的试验电压值可能不同。在有些产品标准当中（例如：IEC 60335—1），还规定冲击电压试验，用来验证小于规定值的电气间隙，意味着只要能够通过该试验，标准要求的电气间隙可以进一步减小。

（3）固体绝缘材料的击穿

固体绝缘材料在电场的作用下，会产生极化，并有漏电流，在电场场强高处会发生局部放电，这些都将引起损耗发热，在交流的情况下比直流的发热更厉害。当电场强度到达某一值时，会在绝缘中形成导电通道而使绝缘破坏，这种现象称为击穿。绝缘击穿后，会出现烧痕、裂缝或熔化的通道。与气体或者液体不同的是，即使去掉电压，也不能恢复其绝缘性能。

固体绝缘的击穿，有电击穿、热击穿、电化学击穿等形式。电击穿的特点是时间短、击穿电压高，与周围温度几乎无关；热击穿由于绝缘局部温度骤增，使局部烧焦炭化，形成导电通道从而击穿，特点是击穿电压较低，时间较长，绝缘温升高；电化学击穿是由于游离、发热和化学反应的综合作用而击穿，击穿电压很低，时间极长，冲击电压试验波形如图 3-11 所示。

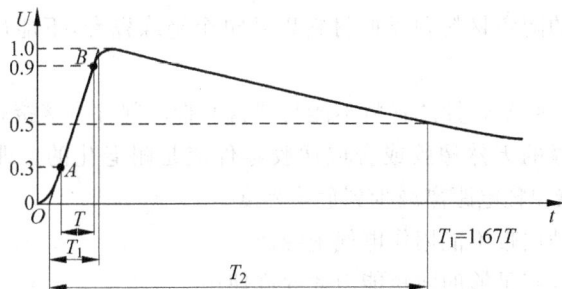

图 3-11　冲击电压试验波形

（4）固体绝缘的耐热等级

由于温度通常是对固体绝缘材料和绝缘结构老化起支配作用的因素。因此，规定了一种实用的、被世界公认的耐热性分级方法，即将固体绝缘的耐热性划分为若干耐热等级。各耐热等级以及对应的允许温度如表 3-15 所列。

表 3-15   固体绝缘的耐热等级

耐热等级	允许温度/℃	相当于此等级的主要绝缘材料
Y	90	未浸渍过的棉纱、丝及纸等材料或其组合物所组成的绝缘结构;有机填料的塑料
A	105	浸渍过或浸在液体绝缘材料中的棉纱、丝及纸等材料或它们所组成的绝缘结构,如漆布、绸、管等;聚酰胺薄膜;浇注用聚酰胺树脂等
E	120	聚酯薄膜及其纤维;漆包线的绝缘漆;以纤维纸和布为底料的层压制品;环氧、聚酯和聚氨酯的树脂和胶类
B	130	以云母片和粉云母纸为基础的材料以及纸和布作衬垫的云母制品、玻璃漆布和玻璃漆管;以玻璃布为底料的层压制品;以无机物为填料的塑料
F	155	玻璃漆布、漆管;以玻璃布和石棉纤维为基础的层压制品;以无机绝缘材料为衬垫的粉云母制品;玻璃丝和石棉绝缘导线的绝缘
H	180	无机绝缘材料为衬垫的云母制品;玻璃丝导线的绝缘、玻璃漆布、漆管;以玻璃漆布和石棉纤维为基础的层压制品;以无机物为填料的塑料;聚酰亚胺薄膜的复合制品;硅橡胶制品
C	>180	云母、玻璃和玻璃纤维材料;电瓷、石英、玻璃云母模压制品;聚四氯乙烯、聚酰亚胺或耐高温有机硅漆包线的绝缘材料

注:表中列出的是允许温度,而非温升,即电器产品在正常工作中的绝缘最高温度不得超过该值。

2. 用作绝缘的材料限制

(1) 木材、棉花、丝、普通纸和类似的纤维质材料以及其他的吸水材料,未经浸渍处理不能用作绝缘材料。

(2) 由油漆、瓷漆、普通纸、棉织物、金属氧化膜及类似材料的覆盖层,都不能用作保护性绝缘层。

(3) 赛璐珞之类的易燃材料,不能在器具结构中作绝缘材料。

(4) 非紧密烧结的陶瓷材料和类似材料以及单个绝缘瓷套,不能用作补充绝缘和加强绝缘。

(5) 腐蚀性、吸水性、易燃性的材料不能与裸露的带电部件直接接触。

(6) 用作补充绝缘的天然橡胶或合成橡胶零件应是耐老化的。即使日久发生橡胶龟裂,也不会使电气间隙和爬电距离减少到危险程度。

(7) 橡胶质的传动皮带不能用作电气绝缘。

(8) 钢铁零件应具有足够的防锈能力才允许使用。

3. 对器具绝缘性能的要求

(1) 所有绝缘材料都应具有足够的绝缘电阻。

(2) 器具的绝缘能力要有一定的安全系数,以能承受由于各种原因造成的过电压。

(3) 各类绝缘材料必须有足够的耐热性。对于支撑或覆盖带电部分的绝缘件,特别是在运行中能出现电弧和按规定使用时出现特殊高温的绝缘件不得因受热而危及其安全性。

（4）支撑带电部分的绝缘件应具有足够的耐受潮湿、污秽或类似影响的能力，以防安全性降低。

（5）对于器具处在故障情况下会出现因接触电源而造成危险的防护绝缘，要单独给予鉴定。

（6）根据器具的应用范围不同，应将其泄漏电流限制在不影响安全的极限值之内。

3.3.2　过热危险的防护

1. 过热对人的危害

电器在将电能转化为其他各种能量方式时，不可避免地要产生热量，尤其电器设计不合理和发生接触不良时，更会产生局部过热，过热造成的危险主要在三个方面：引起人员灼伤；使绝缘性能劣化，引发间接触电事故；引发电器本身或周围环境起火，造成火灾。

过热对人的直接危害主要表现为灼伤，也有因此导致误操作而引发的其他事故，例如由于人接触过热部件躲避而造成的事故。在各个产品标准中，对于电器在正常使用中与人接触部位的温升做出了详细规定，表 3-16 列出了 GB 4706.1 中的规定，这些温度（升）限值是以环境温度通常不超过 25℃但偶然可以达到 35℃为基础的，人可接触器具部位的允许温升限值如表 3-16 所列。

表 3-16　人可接触器具部位的允许温升限值

可触及部分	可触及部分的材料	温升限值/K
电动器具的外壳（不包括操作手柄、把手等）	所有材料	60
连续握持的手柄、把手	金属	30
	陶瓷或玻璃	40
	模制材料、橡胶或木制	50
短时握持的手柄、把手	金属	35
	陶瓷或玻璃	45
	模制材料、橡胶或木制	60

2. 过热对电气绝缘的危害

主要表现：

（1）由于消除了内应力造成机械上的变形，如接插件的结合部位、接线端子的接线处；

（2）对于某些热塑性材料，温度较高可能使之软化变形；

（3）由于塑化剂损失造成某些材料脆裂；

（4）增大的介电损耗导致热不稳定性和损坏；

（5）高温度梯度（例如短路过程）会造成机械上的故障。

表 3-17 列出了 GB 4706.1 对绝缘材料温升的规定，其他标准的规定也基本一致。这些温升限值是以环境温度通常不超过 25℃但偶然可以达到 35℃为基础的。

表 3-17 绝缘材料的温升限值

测 量 部 位	绝 缘 材 料	温升限值/K
绕组	A 级	75(65)
	E 级	90(80)
	B 级	95(85)
	F 级	115
	H 级	140
	200 级	160
	220 级	180
	250 级	210
器具输入插口的插脚	适用于高热环境的	130
	适用于热环境的	95
	适用于冷环境的	40
驻立式器具的外导线用接线端子		60
开关、温控器及限温器的周围环境	不带 T—标志	30
	带 T—标志	T-25
内部布线和外部布线、包括电源软线的橡胶或聚氯乙烯绝缘	不带额定温度	50
	带额定温度(T)	T-25
对电线和绕组所规定绝缘以外用作绝缘的材料	已浸渍过或涂覆的织物、纸或压制纸板	70
	玻璃纤维增强聚酯	110
	硅酮橡胶	145
	聚四氟乙烯	265
	用作附加绝缘或加强绝缘的纯云母和紧密烧结的陶瓷材料	400
层压件	三聚氰胺—甲醛树脂、酚醛树脂或酚—糠醛树脂	85
	脲醛树脂	65
印制电路板	环氧树脂粘合	120
模制件	含纤维素填料的酚醛	85
	含无机填料的酚醛	100
	三聚氰胺醛甲醛	75
	脲醛	65

3. 过热对火灾的影响

过热对火灾的影响可以分为直接和间接两种。

1) 直接的影响

指电器在正常使用过程中使得周围环境局部过热,造成火灾;或者在预期的非正常工作条件下,例如电水壶的热控制器失灵造成干烧,电器没有安装另外的热断路器,或即使有但不能很好地工作,使得电器本身起火造成火灾。

2) 间接的影响

则是指由于绝缘的劣化而引发电气短路,形成火灾。在各个产品标准当中都根据实际使用条件,限制过热对环境的影响,例如 GB 4706.1 中规定电器放置在木制测试角中试验,正常工作时木材的温升不应该超过 65K,在非正常工作时木材温升不超过 150K。

为了限制过热的影响,电器必须采取一定的保护措施,而不能单单依靠使用者的看护。通常采用的过热保护措施有:使用热断路器或者过载保护器、选用高温度等级的绝缘材料、避免绝缘材料与发热部件接触或采用隔离措施、采用合理的散热措施或者强制散热。

4. 器具火灾危险的防护

在由于电气安全而发生的事故中,触电和火灾是危害最大的。电器产品的标准也围绕这两个问题做出了详细的规定。火灾不仅对人,对财产也会造成相当大的危害。据《中国火灾统计年鉴》(2003 年)显示,2002 年因电气原因引发的火灾占各类火灾总数的 21.3%,损失高达 32.5%。引发电气火灾的原因大致可分为过热、漏电和电器本身的问题,在这里主要探讨电器本身对火灾危险的防护。

对于火灾危险,有几个方面需要注意:一是电器本身的着火危险,二是火焰蔓延的危险,这其中又包括电器本身着火后蔓延的危险,以及外部火源引燃电器的危险。在电器产品的设计中,必须考虑对火灾的防护要求,通常采取的措施包括:

(1) 采用在过载或者故障条件下不易燃或不起燃的部件、设计回路和保护装置,例如使用热断路器,在温度过高时切断电源;

(2) 采用有一定耐热耐燃性能的非金属材料,例如添加阻燃剂等方式;

(3) 设计充分限制火势传播和火焰蔓延,例如采用隔离屏蔽的方法。

1) 着火危险程度评定的影响因素

对着火危险的评定按照对生命和财产损失的可能性来评估,当产品在着火时对生命和财产的危害越大,应该采用更严格的评定程序。表 3-18 列出了在评定时应该考虑的各种因素。

表 3-18　着火危险程度的影响因素

分　类	影　响　因　素	着火危险的严格程度 高——低	
环境条件	环境温度	高	低
	尘或潮湿	出现	无
	大气压	高	低
	共存的可燃物	不控制	无
	燃烧爆炸危险	出现	无
安装条件	可控制的获得功率	高	低
	电压	高	低
	与电源的连接	无极性	有极性
	供电的过电压和冲击	高	低
	共存的可燃物	靠近	离开
	着火探测和灭火装置	无	有
	建筑物高度	高	低
	在建筑物的位置	内部	外部
使用条件	操作者看管状况	无	连续的
	操作者的经验	外行	合格者
	维护与校验	无	定期
	与电源的连接	连续	暂时
	使用的持续性	长期	暂时

2）着火危险评估的方法

对着火危险的评估应该依据产品的实际使用环境,模拟实际中可能发生的效应进行试验。可以单独对某一种材料预制试样进行试验,也可以选择成品或其中的某个部件进行试验,在实际应用中,已经形成了多种行之有效的试验和评估方法。常用的试验方法见表 3-19,其中应用最多的是灼热丝和针焰试验,以下进行简单介绍。

表 3-19　常用的着火危险评估方法

方　　法	依据的标准
灼热丝	GB/T 5169.11《电工电子产品着火危险试验方法　成品的灼热丝试验和导则》
针焰	GB/T 5169.5《电工电子产品着火危险试验　第 2 部分:试验方法　第 2 篇:针焰试验》
不良接触发热源	GB/T 5169.6《电工电子产品着火危险试验　用发热器的不良接触试验方法》
本生灯	GB/T 5169.7《电工电子产品着火危险试验本生灯型火焰试验方法》
大电流起弧	GB 4943《信息技术设备的安全》
电热丝	GB 4943《信息技术设备的安全》
炽热棒	GB/T 11020《测定固定电气绝缘材料暴露在引燃源后燃烧性能试验方法》
氧指数	GB/T 2406《塑料燃烧性能试验方法　氧指数法》

（1）灼热丝试验

在表 3-19 列出的试验方法中,比较常用的是灼热丝试验,该试验用以评估非金属材料零件对点燃和火焰蔓延的抵抗能力。

灼热丝试验利用温度受控的具有特定形状的电热丝,以选定的温度和压力灼烫样品,维持一段时间后脱离接触。根据在灼烫期间样品的燃烧情况,脱离接触后的燃烧或熄灭情况,以及滴落物对铺底层的引燃情况对样品进行合格判定。该试验可以模拟在故障或者过载条件下,热源造成的短时间的热应力和热效应。对试验温度的选定举例见表 3-20。

表 3-20　灼热丝试验温度

试　验　部　位	温度/℃	备　　注
外部非金属部件	550	
对有人照管下工作的器具,支撑载流连接件的绝缘材料部件,以及这些连接件 3mm 距离内的绝缘材料部件	750(载流超过 0.5A) 650(其他)	GB 4706.1—2005
对无人照管下工作的器具,支撑载流连接的绝缘材料部件,以及距这些连接处 3mm 范围内的绝缘材料部件	750(载流超过 0.2A) 650(其他)	

（2）针焰试验

灼热丝试验是评估电器产品或其部件本身着火的危险程度,而针焰试验则用以评估局部小火焰灼烧的情况下火势传播和火焰蔓延的危险程度。针焰试验采用特定形状的燃烧器,使用纯度 95% 以上的丁烷气体,调节火焰高度为(12±1)mm 对样品灼烧,根据样品和铺底材料的燃烧情况以及火焰离开后的燃烧持续时间对合格与否做出评价。

利用针焰试验可以确保在规定的条件下,试验火焰不会引起样品起燃,或者在起燃的情况下,其燃烧持续时间或燃烧长度是有限的,并且火焰和燃烧滴落物不会造成火势蔓延。

需要注意的是,由于样品的尺寸、施加火焰位置、空气流通等条件对试验结果影响很大,因此应该尽可能模拟实际情况选取完整的设备、部件或者元件,如果必须要拆除之后才能进行试验,应该保证试验条件与正常使用出现的情况没有显著差别。

3.4　漏 电 保 护

漏电保护装置主要是用于防止由漏电引起的触电事故或防止单相触电事故,还用于防止由漏电引起火灾事故,用于监视或切除一相接地故障。此外,有的漏电保护装置能切除三相电动机缺相运行的故障。

3.4.1　原理、分类和参数选择

1. 原理

如图 3-12 所示,设备漏电时,出现两种异常现象,一是相电流的平衡遭到破坏,出现零序电流:

$$i_0 = i_a + i_b + i_c \tag{3-1}$$

二是某些正常时不带电的金属部分出现对地电压,即

$$U_d = I_0 R_d \tag{3-2}$$

漏电保护装置就是通过检测机构取得这两种异常信号,经过中间机构的转换和传递,然后使执行机构动作,并通过开关设备断开电源。对于高灵敏度的漏电保护装置,异常信号很微弱,中间还需要增设放大环节。

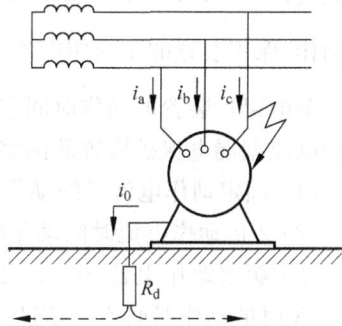

图 3-12　设备漏电图

2. 分类

漏电保护装置的种类很多,可以按照不同的方式分类。

按照检测机构得到的漏电信号,漏电保护装置可以分为电流型和电压型两种。前者反映零序电流的大小,后者反映漏电设备对地电压的大小。

按照漏电保护装置有无中间机构,可分为直接传动型和间接传动型漏电保护装置。前者没有中间机构,后者又按中间机构的类型分为储能型和放大型两种,分别以储能器和放大器作为中间机构。储能器能够积累信号,待累积到一定程度再通过开关设备断开电源,放大器能够放大信号,将信号放大后再通过开关设备断开电源。

3. 参数选择

电压型漏电保护装置的主要动作参数是动作电压和动作时间,电压型漏电保护装置的动作电压以不超过安全电压为宜;但当动作时间不超过 5s 时,可参照表 3-21 选取。

电流型漏电保护装置的主要动作参数是动作电流和动作时间。电流型漏电保护装置的动作电流可分为 0.006、0.01、(0.015)、0.03、(0.05)、(0.075)、0.1、(0.2)、0.3、0.5、1、3、5、10、20A,带括号的值不优先采用。其中,30 及 30mA 以下的属高灵敏度,主要用于防止各

表 3-21 漏电保护装置的动作时间

最大持续时间/s	流经人体的电流/mA	可能的接触电压/V			
		皮 肤 状 况			
		BB1	BB2	BB3	BB4
∞	25	80	50	25	12
5	25	80	50	25	12
1	43	115	75	40	20
0.5	56	130	90	50	27
0.2	77	170	110	65	37
0.1	120	230	150	90	55
0.05	210	320	220	145	82
0.03	300	400	280	190	110

种人身触电事故；30mA 以上、1000 及 1000mA 以下的属中灵敏度，用于防止触电事故和漏电火灾；1000mA 以上的属低灵敏度，用于防止漏电火灾和监视一相接地事故。为了避免误动作，保护装置的不动作电流不得低于额定动作电流的 $\frac{1}{2}$。

漏电保护装置的动作时间应根据保护要求确定，有快速型、定时限型和反时限型之分。我国电流型漏电保护装置的国家标准规定：

(1) 额定动作电流时的动作时间不应超过 0.2s；

(2) 2 倍动作电流时的动作时间不应超过 0.1s；

(3) 额定动作电流 30mA 以上者，5 倍动作电流时，或额定动作电流 30mA 以下者，250mA 时的动作时间不应超过 0.04s；

(4) 当(线路)额定电流 40A 以上时，5 倍动作电流时的动作时间不应超过 0.15s；

(5) 防止触电的漏电保护装置，宜采用高灵敏度、快速型装置，其动作电流与动作时间的乘积不应超过 30mA·s。

3.4.2 电压型漏电保护装置

电压型漏电保护装置是以反映漏电设备外壳对地电压为基础的，其基本接线如图 3-13 所示。作为检测机构的电压继电器 KM 一端接地，另一端在使用时直接位于电动机的外壳。当电动机漏电，电动机对端电压达到危险数值时，继电器迅速动作，切断作为执行机构的接触器 KM 的控制回路，从而切断电动机的电源。图 3-13 中，R_x 是限流电阻；双掷开关是检查用的，也可以用复式按钮代替。由于继电器有很高的阻抗，对继电器接地的要求可以降低。

电压型漏电保护装置适用于设备的漏电保护，可以用于接地系统，也可以用于不接地系统；可以单独使用，也可以与保

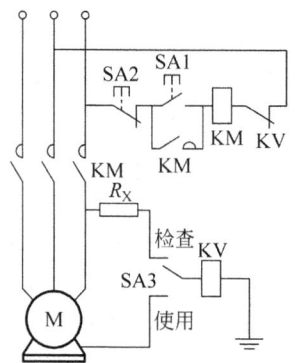

图 3-13 电压型漏电保护装置

护接零或保护接地同时使用。但要注意,继电器的接地线和接地体应与设备重复接地或保护接地的接地线和接地体分开,否则保护装置将失效。

电压型漏电保护装置结构简单,但对直接接触电击不起防护作用。

3.4.3 零序电流型漏电保护装置

零序电流型漏电保护装置以电网中零序电流的一部分(通称残余电流)作为动作信号。这种漏电保护装置采用零序电流互感器作为取得触电或漏电信号的检测元件。零序电流型漏电保护装置有纯电磁式结构的、有带电子放大环节的。

1. 电磁式漏电保护装置

电磁脱扣型漏电保护装置的原理如图 3-14 所示。这种保护装置以极化电磁铁 YA 作为中间机构。这种电磁铁由于有永久磁铁而具有极性;而且,在正常情况下,永久磁铁的吸力克服弹簧的拉力使衔铁保持在闭合位置。图 3-14 中,三相电源线穿过环形的零序电流互感器 TA 构成互感器的一次侧,与极化电磁铁连接的线圈构成互感器的二次侧。设备正常运行时,互感器一次侧三相电流在其铁心中产生的磁场互相抵消,互感器二次绕组不产生感应电动势,电磁铁不动作;设备发生漏电时,出现零序电流,互感器二次绕组产生感应电动势,电磁铁线圈中有电流流过,并产生交变磁通,这个磁通与永久磁铁的磁通叠加,产生去磁作用,使吸力减小,衔铁被反作用弹簧拉开,脱扣机构 Y 动作,并通过开关设备断开电源。图中,SB、R_X 是检查支路,SB 是检查按钮,R_X 是限流电阻。

电磁式漏电保护装置也可以不采用机械脱扣的方式,而采用电磁脱扣的方式进行工作。这时,极化电磁铁的衔铁应带动电气触点,并通过中间继电器控制电源开关。其工作原理如图 3-15 所示。零序电流互感器 TA 的二次侧接继电器的线圈。继电器的常开触点串联在中间继电器 KA2 的线圈电路中。中间继电器的常闭触点串联在开关设备的脱扣线圈 YA 电路中。设备漏电时,继电器动作,并通过中间继电器和开关设备断开电源。这种保护装置的特点与电磁脱扣型大致相同,动作电流也可以设计到 30mA。

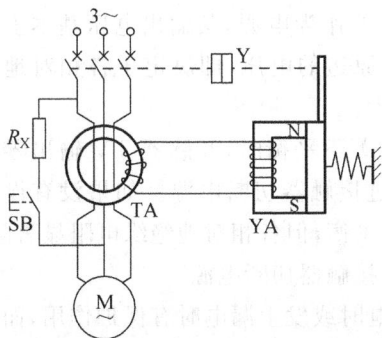

图 3-14　电磁脱扣型漏电保护装置　　　　图 3-15　灵敏继电器型漏电保护装置

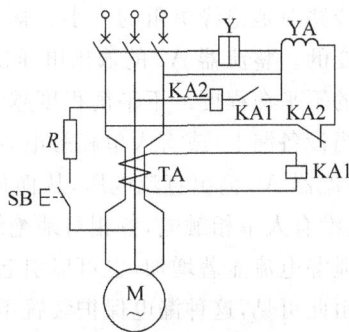

2. 电子式漏电保护装置

电子式漏电保护装置以晶体管放大器作为中间机构,其工作原理如图 3-16 所示。当发生漏电时,零序电流互感器将漏电信号传给放大电路,经放大后传给继电器,再由继电器控制开关设备,使其断开电源。晶体管放大器一般都需要供给十几伏的直流电源,因此,漏电保护装置要求有二次侧电压十几伏的降压变压器(或分压器)和整流器、稳压器等构成放大器的电源。如果主电路的容量较大,在继电器和开关设备之间可以加装中间继电器。

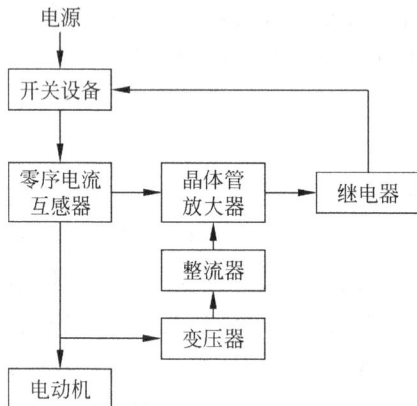

图 3-16　晶体管放大型漏电保护装置及工作原理图

电子式漏电保护装置的主要特点是:灵敏度很高,动作电流可以设计到 5mA;整定误差小,动作准确;容易取得动作延时,动作时间容易调节,便于实现分段保护。

3. 泄漏电流型漏电保护装置

泄漏电流型漏电保护装置除能反映零序电流外,还能反映泄漏电流的大小。这种漏电保护装置的基本线路如图 3-17 所示。图中,继电器 KA 由整流器 A1 和 A2 供给直流电源;直流电流经零序电压互感器 TV、变压器 T 和线路对地绝缘电阻 R_1 构成电路;电容器 C 和 TV、T 一起构成滤波器。通过继电器线圈的电流主要决定于整流器 A1 和 A2 的输出电压,以及线路对地绝缘电阻的大小。整流器 A1 以变压器 T 作为电源,其输出电压基本上是固定不变的。整流器 A2 的输出电压决定于互感器 TV 原边的电压,即决定于各相对地绝缘电阻的不平衡程度。不平衡程度越大,输出电压也越大。

当设备漏电,或有人单相触电,或各相对地绝缘显著不平衡时,互感器 TV 输出零序电压,整流器 A2 输出直流电压,从而使继电器动作,通过接触器切断电源。如果没有设备漏电,也没有人单相触电,各相对地绝缘也没有显著的不平衡,但各相对地绝缘电阻显著降低,由于泄漏电流显著增加,也可以引起继电器动作,通过接触器切断电源。

由此可见,这种漏电保护装置不仅在有人单相触电时或发生漏电时有保护作用,而且在电网对地的绝缘程度下降时也有保护作用。在此装置中,若接入千欧计或信号继电器,还可以监视电网对地绝缘情况。

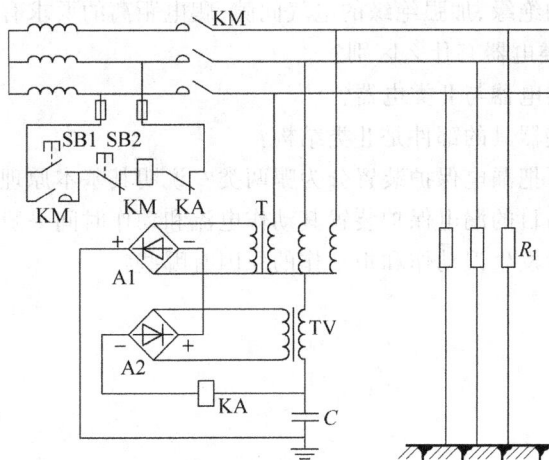

图 3-17　泄漏电流型漏电保护装置

图 3-17 中,变压器 T 和互感器 TV 应有较高的感抗(数千欧以上),这样能保证漏电保护装置有较高的灵敏度,同时又不降低对地绝缘。上述感抗在一定程度上能减小泄漏电流中电容性电流分量。

这种漏电保护装置有较高的灵敏度,既可用于供电线路,也可用于电气设备。

本 章 小 结

(1) 介绍了电器安全的内容,包括在正常使用时不发生触电、火灾、机械外伤以及对环境和食物的污染等方面。同时在误操作或各种故障条件下,也应确保安全。

(2) 电器产品要实现其安全性,针对以上设计中危险性作出相应的保护措施,尽量避免这些危险对人以及周围环境造成危害。

(3) 本章对日用电器安全原理、概念进行阐述,分别讨论了电器安全对电器材料的绝缘、过热、防火等方面的要求,漏电保护工作原理。

思 考 题

1. 什么叫人体的摆脱电流?成年男、女的平均工频摆脱电流各是多少?
2. 人体伤害程度与通电时间有何关系?为什么?
3. 人体允许电流是如何考虑的?
4. 安全特低电压是多少伏?
5. 安全隔离变压器用什么方式进行电气隔离?
6. 在产品生产和设计时,考虑安全方面有哪几个原则?
7. 双重绝缘与附加绝缘有什么区别?

8. 基本绝缘、附加绝缘、加强绝缘的电气间隙、爬电距离的要求有什么不同？

9. 0 类电器与 Ⅰ 类电器有什么区别？

10. 怎么区分 0 类电器与 Ⅱ 类电器？

11. 举例说明哪些器具的部件是 Ⅱ 类结构？

12. 按检测信号可把漏电保护装置分为哪两类？说明其基本原理？

13. 以防止触电为目的漏电保护装置其动作电流和动作时间一般在什么范围内取值？

14. 漏电保护装置发生误动作和拒动作的原因有哪些？

第 4 章

电器产品的安全性能测试

学习要点

（1）了解电器产品安全性能检验的要求，各参数指标考核的目的。

（2）掌握电器产品安全性能指标的检验原理、方法及其应用场所。

电器产品是人们生活中常用的物质产品，它给人们带来了舒适、便利的生活，简化和减轻了人们的家务劳动。但同时由于电器产品的质量问题，也会给人们的生活带来影响，甚至威胁到生命和财产的安全，因此家用电器产品安全性能测试是家用电器产品测试的最重要的内容。通常，在家用电器生产中产品的安全性能检验在产品出厂前都要做试验，主要的安全性能指标是每个产品都必须检验的，检验合格后才能出厂，是国家标准规定的强制性执行的检验指标，并对电器产品实行安全质量认证合格制度。由此可见，家用电器的安全性能测试是极为重要的。

本章结合前章对家用电器安全原理、概念的阐述，分别讨论通用安全测试中绝缘电阻、泄漏电流、电气强度试验、接地电阻测量、温升试验、电源线拉力扭力和弯曲试验、耐漏电起痕试验、燃烧试验等项目的检验要求、试验方法和测试技术。

4.1 绝缘电阻测量

绝缘是电器防触电保护必不可少的措施，它的好坏直接反映了电器安全性能的好坏，而绝缘的好坏是用绝缘电阻的大小来衡量的。

4.1.1 什么是绝缘电阻

物质材料分子和原子的结构不同，其性能也不同。所谓导体或绝缘体其根本区别在于绝缘体对电荷的束缚力很强，具有很好的绝缘性能。但理想的绝缘体是不存在的，因为绝缘体中或多或少存在着一些自由电荷，当对绝缘体施加电压后，这些电荷会从电解质中分离出来，并在电极上形成泄漏电流。所加电压越高，分离出来的电荷越多，形成的泄漏电流就越大。

绝缘材料在电压作用下所通过的泄漏电流的大小，能反映其电阻的大小，这个电阻就叫做绝缘材料的绝缘电阻。它表示绝缘材料对电的绝缘能力，泄漏电流越大，绝缘电阻越小，即其绝缘性能越差。一般绝缘材料即使在很高的电压下，也只能通过极少的泄漏电流，所以可用兆欧(MΩ)作为测量单位。

　　一般绝缘电阻是指 2 个不同导体部件之间绝缘结构的电阻,如图 4-1 所示。绝缘电阻包括绝缘材料的两部分电阻,一是绝缘材料的体电阻 R_v,一是绝缘材料的表面电阻 R_s,而总的绝缘电阻 R 值为上述 2 个电阻的并联值,即

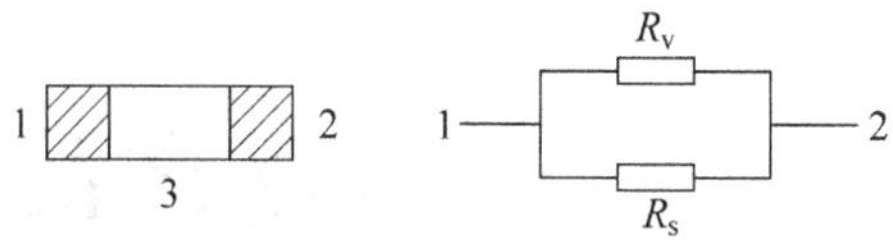

图 4-1　绝缘电阻

$$R = \frac{R_v R_s}{R_v + R_s} \tag{4-1}$$

　　家用电器的绝缘电阻一般系指带电部分与外露非带电金属部分之间的电阻。它是家用电器安全的重要性能指标之一,是评价绝缘质量好坏的重要指标之一。随着家用电器工业的迅速发展,家用电器的普及率也越来越高。为了确保使用者的人身安全,对家用电器的绝缘质量要求也越来越严。

4.1.2　绝缘电阻的测定原理

　　绝缘电阻测量是为了检查电器在正常工作中属于电隔离的部件之间的绝缘强度,是一种非破坏性试验,操作简单。绝缘电阻的测定有在常态下进行,或在温升试验后热态条件下进行,或在寿命试验、耐久性试验和湿热试验后测定。究竟测定哪种条件下的绝缘电阻,应根据被测产品及其标准要求来决定。

　　绝缘电阻的测定,实际上是在绝缘结构两端的 2 个部件上施加一直流电压 V(其大小根据各种家用电器的国家标准而定),如图 4-2 所示。在绝缘材料中会产生两种电流,一种电流是沿材料表面的泄露电流 I_s,另一种是在材料内部沿体积的泄漏电流 I_v。

　　根据欧姆定律,则绝缘电阻 R 为

$$R = \frac{V}{I_s + I_v} = \frac{V}{I} \tag{4-2}$$

式中:V——绝缘材料两端所加的直流电压;

　　　$I = I_s + I_v$——经过绝缘材料总的泄漏电流。

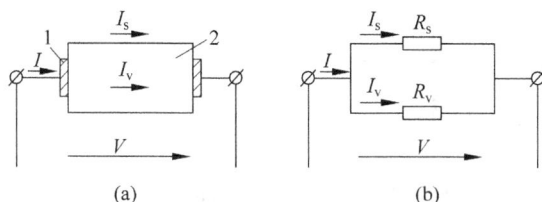

图 4-2　绝缘电阻测定
(a)测量原理;(b)等值电路
1—绝缘材料;2—电极

　　日用电器产品的电动器具上要求测量绝缘电阻,一般是在电气强度试验前不通电情况下测量。IEC 标准规定测量带电部件与壳体之间的绝缘电阻(如有电热元件应将它断开)时,基本绝缘条件下绝缘电阻不应小于 2MΩ,加强绝缘条件下的绝缘电阻不应小于 7MΩ。

4.1.3　绝缘电阻的测定方法

1. 测量条件

（1）试验样品

测量绝缘电阻时，被试电器应按正常工作位置安装，以使电器的绝缘结构符合正常工作条件。为清除表面条件对测量结果的影响，测量前必须用干燥、清洁的纱布将电器表面的灰尘污垢擦净。

将正常工作中接地的所有外裸部件（金属外壳、金属手柄等）连接到金属支架上；若外壳、手柄是绝缘材料的，则应包覆一张金属箔，并与金属支架相连接。对于带有绝缘底座的电器，应按规定位置安装在金属支架上。

不带外壳但准备在外壳中使用的电器，应在规定的最小外壳中进行试验，当电器的绝缘性能与引线、抽头或所用特殊绝缘材料有关时，试验时，应使用这种引线、抽头或特殊材料。

（2）环境条件

环境温度、湿度等条件的变化对绝缘电阻有显著的影响，在正常的环境条件和试品冷态下测量绝缘电阻可以衡量电器的绝缘水平，适用于电器的出厂试验。日用电器的有关安全特殊标准对这种条件下的绝缘最低允许值没有明确规定。其绝缘电阻的确定，只能由生产厂根据每一具体产品特定工艺、原料等制成品的型式试验中所积累的数据而确定，作为生产厂的内控指标。

电器的型式试验，在正常的环境条件和试品热态下测量绝缘电阻，此试验往往与温升试验结合进行。而在非正常环境条件下测量绝缘电阻的变化，可进一步评价电器的绝缘性能。某些民用低压电器产品规定按湿热试验环境条件（即在湿热箱内 48h 后）进行电器绝缘电阻的测量。

2. 用兆欧表直接测量

绝缘电阻测量的简便方法使用兆欧表直接测量，测量绝缘电阻的根本依据就是欧姆定理 $R_j = U/I$。用兆欧表测量绝缘电阻，就是在绝缘电阻的两端加上恒定的直流电压，然后测量通电后的绝缘体上流过的直流电流，直接在检流计上显示电阻值。

图 4-3 给出了直流发电机式兆欧表的原理电路。虚线框表示其内部电路，被测电阻接于表的"线路"和"地线"端钮之间。"线路"外的铜制保护圆环，又叫屏蔽接地端钮，它直接与发电机的负极相连。从图中可以清楚地看出，动圈 1、内附电阻 R_c 与被测电阻 R_j 相串联，组成一回路；动圈 2 与兆欧表内附电阻 R_u 相串联均连接于同一手摇发电机的两端，使其承受相同的电压。

当 $R_j = 0$ 时，I_1 最大，指针转到标尺最右端；当 $R_j \to \infty$ 时，I_1 为零，指针位于标尺最左端。

如果在测量中，手摇发电机的输出电压 U 有波动，

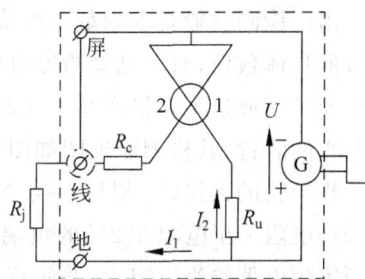

图 4-3　兆欧表的原理电路
1,2—动圈；G—发电机；R_c、R_u—附加电阻；R_j—待测绝缘电阻

I_1 和 I_2 将同时发生变化,但二者比值不变,亦即偏转角不变,这可以保证在操作时兆欧表读数不因手摇速度的快慢而不同。这是比率表的一个特点。

测定绝缘电阻,首先应将被测产品脱离电源,然后从兆欧表上的"线"端和"地"端用导线接至被测产品的受测部位,以 120 次/min 的速度平衡地摇动手柄约 1min 后,等指针稳定不动时,即可从表面指示读出绝缘电阻的大小。测量中,手摇发电机输出电压会有波动,但由于比率表的特点,不会影响偏转角的大小,即绝缘电阻的数值。

由于兆欧表面标尺的刻度呈指数式分布,绝缘电阻较大时,读数很难读准,以致读数误差较大,在要求精确测量绝缘电阻的场合下,不宜使用兆欧表来测量绝缘电阻。

3. 绝缘电阻的数字测量

为了精确测量绝缘电阻,一般兆欧仪器采用了数字测量,使读数与绝缘电阻线性化,而且直观。这里介绍一种电子设备绝缘电阻的数字测量方法,它便于与计算机连接。其测量原理框图如图 4-4 所示。图中将高频振荡信号经高压硅堆 D 和电容 C 构成的峰值检波器,在 C 上产生 1kV 电压 U_i,在绝缘电阻 R_x(MΩ)和 R_1 回路内产生微弱电流。由于 R_1、R_x 运放同相端输入阻抗很大,故回路电流为 $(U_i/R_x) \times 10^{-6}$(A),在 R_1 上产生的电压为

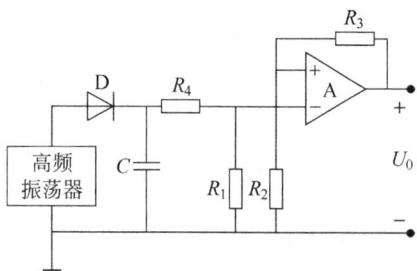

图 4-4　绝缘电阻数字测量原理框图

$$U_1 = \left(U_i \times \frac{R_1}{R_x}\right) \times 10^{-6}(\mathrm{V}) \tag{4-3}$$

因运算放大器的放大倍数为

$$A_V = 1 + \frac{R_3}{R_2} \tag{4-4}$$

故运放输出电压

$$U_0 = (1 + R_3/R_2) \times (U_i \times R_1/R_x) \times 10^{-6}(\mathrm{V}) \tag{4-5}$$

将被测电阻变换成了电压,式中 R_1、R_2、R_3、U_i 均为已知,只要测得 U_0 即可算出 R_x 的值。

4. 在线检测中绝缘电阻的测试

出厂检测一般要求测量速度快,只要知道该参数合格不合格即可,而并不一定要知道该参数的具体数值,对于测量精度也可适当放宽些,但合格标准要适当严些。这样可提高测量速度而又不放过不合格产品。在此介绍一种在出厂检测中采用检测线动态检测绝缘电阻合格与否的装置,其检测原理图如图 4-5 所示。

将导轨的火线(L)相与中线(N)相连,接电源 502V 直流电压的正端,在导轨的壳线(G)接采样电阻 r 至电源 502V 的负端。当家用电器进入到这个绝缘电阻测试工位时,502V 就加至家用电器绝缘电阻 R_x 与采样电阻 r 两端,则采样电阻 r 上的电压:

$$V_r = \frac{r}{R_x + r} \times 502(\mathrm{V}) \tag{4-6}$$

即

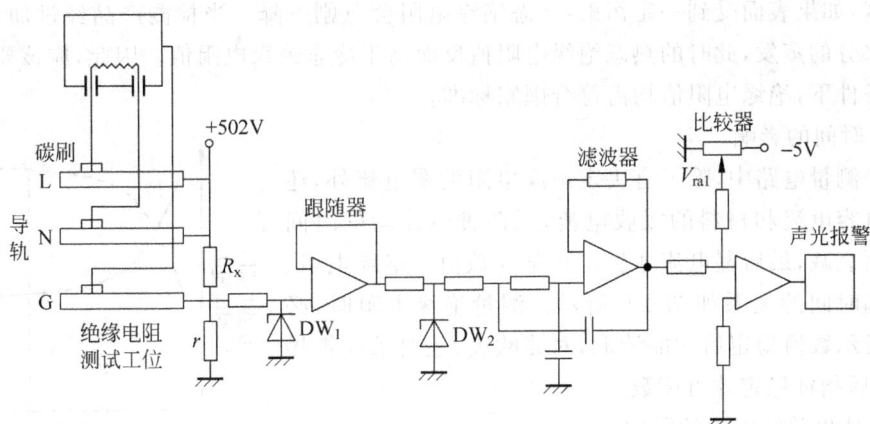

图 4-5　检测线测绝缘电阻的原理图

$$R_x = \frac{r(502 - V_r)}{V_r} \tag{4-7}$$

为了保证绝缘电阻上加 500V 电压，取 $V_r = 2V$ 为判别合格与不合格的分界线（与此对应的绝缘电阻 $R_x = 2M\Omega$），则 $r = 8k\Omega$。

如此，当 $V_r > 2V$ 时，绝缘电阻 $R_x < 2M\Omega$ 为不合格；当 $V_r < 2V$ 时，绝缘电阻 $R_x > 2M\Omega$ 为合格。

图 4-5 中，跟随器的作用是使测量线路并接至采样电阻上不影响测量数值，而稳压管 DW_1 是防止绝缘电阻很小时，很高的直流电压直接加至跟随器输入端而损坏跟随器，有了 DW_1 后，跟随器输入电压就不会超过稳压电压 DW_1 了，滤波器是防止输送家用电器的链板下的碳刷与导轨滑动接触时的瞬间抖动而引起的误判。比较器用来判断绝缘电阻的合格与否，我们设置参考电压 V_{ref} 为 2V，当 $R_x < 2M\Omega$ 时，$V_r > 2V$，比较器输出高电平，使报警电路发出声光报警，表示绝缘电阻测量不合格；当 $R_x > 2M\Omega$ 时，$V_r < 2V$，比较器输出低电平，不报警，表示绝缘电阻合格。

保持判别电压 2V 不变，改变采样电阻的大小，就可改变判别绝缘电阻的合格值。如采样电阻改为 $20k\Omega$，则判别绝缘电阻的合格值为 $5M\Omega$。

5. 影响绝缘电阻的因素

为了提高测量绝缘电阻的精度，必须了解影响绝缘电阻大小的各种外界因素，以便在测量时加以注意。

（1）温度的影响

绝缘材料中一般总会存在着一些自由电荷（杂质），杂质分子随温度升高会加剧离解，使绝缘材料的体电阻急剧下降，所以绝缘电阻随温度上升而降低。国家标准中规定了测量热态绝缘电阻值而不规定测量冷态绝缘电阻值的，冷态绝缘电阻测量与否及其合格标准可由厂家自行掌握。

（2）湿度及表面污染的影响

绝缘材料表面的湿度及污染会大大降低绝缘材料的表面电阻，会导致绝缘电阻大大降低。尤其在沿海及某些潮湿地区，空气中湿度大，甚至还含有盐分，使绝缘材料的表面吸附水分较多,如果表面受到一定污染,冷态绝缘电阻会急剧下降。当检测产品经过加热后,由于吸附水分的蒸发,此时的热态绝缘电阻值反而高于冷态绝缘电阻值。因此,应该要求在各种使用条件下,绝缘电阻值均需符合国家标准。

（3）时间的影响

由于测量电路中,除了有决定绝缘电阻的漏电流外,还有分布电容电流和材料的吸收电流,后两种电流均随时间的推移而衰减,最后漏电流才稳定在某一数值。绝缘电阻、漏电流和时间的关系如图 4-6 所示。测量绝缘电阻时,必须等待指示数值稳定后才能读取,对兆欧表,还要求摇把摇动 1min 后指针稳定才可读数。

（4）外界并联因素的影响

绝缘电阻一般数值都较大,如有外界并联因素将会大大降低它的测量精度。对于兆欧表和兆欧仪,必须把接线

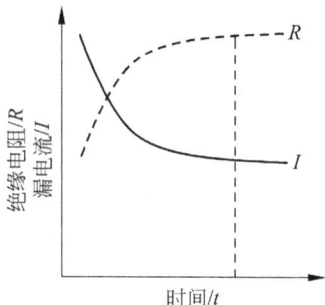

图 4-6   时间对绝缘电阻的影响

柱与外壳的绝缘电阻做得非常高;测量线不能使用双绞线,否则两根导线间的绝缘电阻会影响测量精度。对于在线测量绝缘电阻,则很难排除并联因素,如插座间、碳刷间、导轨间的电阻都将并联在被测产品的绝缘电阻上,故需将这些并联电阻做得越大越好。

（5）读数误差

兆欧表及兆欧仪的指针表盘刻度很不均匀,是指数式分式,高阻时很难读出正确数值。而数字显示式的兆欧仪器,则读数较为精确,选用仪表时应加以注意。

4.2   泄漏电流测量

电器产品在工作电压下工作时,将电器外壳与大地绝缘,在此条件下,若将外壳与电器电极用一根导线连接,导线中会有电流流过,这个电流便是泄漏电流。泄漏电流的存在表明了电气绝缘作用的有限性。因此,泄漏电流的大小是衡量电器绝缘程度好坏的指标之一,也是家用电器安全的重要指标。泄漏电流测试是家用电器安全测试中很重要的一项工作,是产品出厂试验中必检的项目。

4.2.1   什么是泄漏电流

由于触电事故是电流流过人体后发生的。因此,对这个电流的测试是判断是否发生触电事故的关键。对于这个电流,在大多数产品标准中都称为泄漏电流,意思是由电器泄漏通过人体的电流。但通常在标准中"泄漏电流"还表示了其他的概念:比如绝缘的性能能否达到要求是以泄漏电流值来确定的(例如一些产品标准规定在潮热试验后用泄漏电流来验证绝缘性能)。电器故障时流过保护导体的电流,也是以泄漏电流作为判定依据(例如评定压缩机堵转的试验结果)。因此,在考虑触电事故时以示区别,使用了接触电流的概念。

在 GB/T 12113《接触电流和保护导体电流的测量方法》中,将接触电流定义为"当人体或动物接触一个或多个装置或设备的可触及部件时,流过其身体的电流"。对电器的防触电

而言,主要考虑将接触电流限制在合理的范围内。

接触电流限值的确定,根据前面的介绍,我们知道电流通过人体的效应有感知、反应、摆脱和心室颤动,如果接触电流超过摆脱阈,就会发生肌肉痉挛似的收缩、呼吸困难等现象,而在不超过摆脱阈时,不会产生有害的生理效应。因此,必须将接触电流限制在摆脱阈内。实际上,根据电器产品制造的特点以及实际应用的经验,各类产品标准对正常工作状态下接触电流限值的规定有以下两种:

(1) 不超过反应阈(0.5mA)。对于可能产生严重后果的场合,避免人由于感觉到电流而出现不由自主的反应(例如从梯子上摔下来)。在家用电器的标准 GB 4706.1 中,对于 0 类、0 Ⅰ 类和 Ⅲ 类器具均以 0.5mA 作为接触电流限值。特别的,对于 Ⅱ 类器具,由于在正常使用时人接触的机会很多,而且没有连接到保护导体(接地)等措施,其接触电流限值为 0.25mA。

(2) 不超过摆脱阈(10mA)。根据实际制造水平以及对风险的评估,限值在 0.5～10mA 之间。对于一些大型 Ⅰ 类固定式的器具(例如空调器),由于其带有连接到保护导体(接地)的措施,而且发生事故时易于摆脱,其接触电流限值最大为 10mA。对于 Ⅰ 类驻立式电热器具(如固定安装的室内加热器),GB 4706 系列标准中规定接触电流最大限值为 0.75mA/kW。对于 Ⅰ 类驻立式电动器具(如吊扇),GB 4706 系列标准中规定接触电流限值为 3.5mA。对于便携式的 Ⅰ 类器具,GB 4706 系列标准中规定接触电流限值为 0.75mA。

4.2.2　泄漏电流测量原理

测量泄漏电流的原理与测量绝缘电阻有相同之处,不过由于测量泄漏电流使用交流电源供电,所以在泄漏电流的成分中,多了一个电容电流。测量泄漏电流的目的是希望定量地检查电器漏电对人体可能造成危害的程度。因此,希望测量结果能客观地反映这一危害程度。一般来讲,电流测量的结果是以电流的大小来表示的,结果中不反映频率成分影响。

我国工额交流电网的频率是 50Hz(有些国家是 60Hz),凡是由工额电网供电的电器都将产生交流成分的泄漏电流。然而,泄漏电流的频率成分可能不是单一的工额成分,这是由于在某些电器中使用了晶闸管这类器件来控制电器的供电能量,将有效值可调的电压加给了电动机、电热元件等用电部件,这使得电器的供电电压成为包括了工频及其各次谐波频率成分的周期脉冲电压波。这些不同频率成分的电压的共同作用,便产生了不同频率成分的泄漏电流。若测量仪表(或系统)的频带足够宽,就能测出总的泄漏电流的有效值,这个总有效值等于泄漏电流各频率成分的电流的有效值的平方和的平方根,即:

$$I = \sqrt{I_0^2 + I_1^2 + I_2^2 + \cdots} \tag{4-8}$$

式中:I——泄漏电流总有效值;

I_0、I_1、I_2、$\cdots$——工频及其各次谐波频率的泄漏电流有效值。

泄漏电流总有效值 I 是否客观地反映了总的泄漏电流对人体的危害呢? 答案是否定的。我们已经从前面介绍了高频电流对人体的危害程度比工频电流为轻,因此有必要首先研究人体对电流频率的感知特性,然后才能综合成能客观反映各频率的泄漏电流对人体危害程度的总的泄漏电流。

1. 人体对泄漏电流频率的感知特性

美国学者 Dalziel 就人体对泄漏电流的感知特性曾进行过实验研究,得到了一条 Dalziel 50%阈限曲线,如图 4-7 中虚线所示。在该曲线上,人体对泄漏电流的感觉程度是相同的。

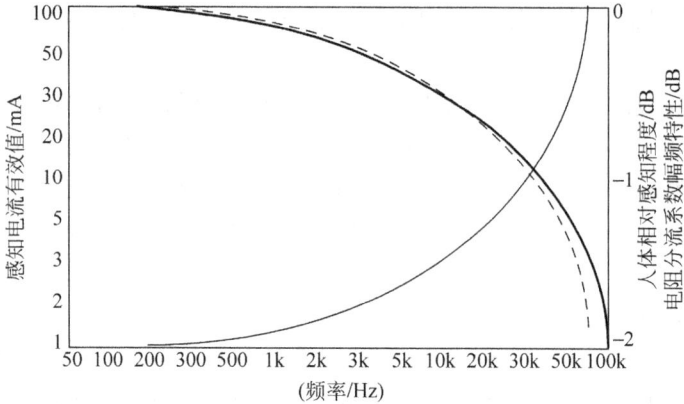

图 4-7　频率与感知电流的关系及其电气模拟

图 4-7 中曲线表明,当某电流对人体的作用效果与 50Hz/1mA 的电流对人体的作用效果相同时,该电流的频率越高,所需电流值就越大。因此,Dalziel 的研究结论是:人体对泄漏电流的感知程度随着频率的增高而下降。有必要说明,人体对不同频率电流的敏感程度只有相对的意义,以人体对 50Hz 电流的敏感程度为参考,可以得到人体相对感知程度曲线,如图 4-7 中的实线所示。

2. 人体等效感知电流的确定

根据上面的讨论可知,频率越高,电流的危害就越小。如果以 50Hz 的电流为参考,将频率高于 50Hz 的电流折合成对人体有同样危害程度的 50Hz 的电流,就便于衡量频率高于 50Hz 的电流的危害程度。这个等效的 50Hz 电流就是被衡量的电流的人体等效感知电流。

既然泄漏电流对人体的危害程度由人体等效感知电流决定,那么测量泄漏大小时,其结果就应等于人体等效感知电流。很显然,对某一频率的电流求取其人体等效感知电流时,只需将它的电流值乘该频率下的人体相对感知程度系数,所得乘积就等于人体等效感知电流。

由于泄漏电流的频率成分较复杂,同时测量应快速、准确,因此,不可能将每一频率成分分离出来后,再分别乘以相应的系数,最后再将各等效感知电流按式(4-8)来计算出总的人体等效感知电流。所以,以泄漏电流到人体等效感知电流的转换必须是自动实时完成的,要实现这一要求,就必须由一电网络对泄漏电流的分流来完成,该网络的电流分流系数的幅频特性曲线与人体相对感知程度曲线较好地吻合。经计算发现,一个内阻为(1750±250)Ω,时间常数为(225±25)μs 的网络能够满足这种要求,实际中常采用图 4-8 所示的 1.5kΩ 电阻和 0.15μF 电容形式的 RC 并联网络。该网络的电阻分流系数的幅频特性曲线与人体相对感知程度曲线非常接近,如图 4-7 中虚线所示。这时电阻分流系数的幅频特性函数为

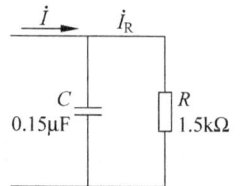

图 4-8　RC 并联网络

$$B(f) = \left| \frac{I_R}{I} \right| = \frac{1}{\sqrt{1 + 1.999 \times 10^{-6} f^2}} \tag{4-9}$$

上式就是人体相对感知特性曲线的解析逼近,这便是 IEC 标准中要求测量系统的输入阻抗为这样一个 RC 并联网络的理论基础。

按照这样的要求,测得的电流值 I_R 就能综合考虑到泄漏电流的大小和它的频率这两方面因素,而客观地反映出泄漏电流对人体的危害。

4.2.3　泄漏电流测量方法和线路

1. 泄漏电流测量线路

在 IEC 标准中规定了单相及三相电器的泄漏电流的测试线路,这里将其中的单相电器测试线路介绍如下:

(1) 非 Ⅱ 类电器,额定电压不超过 250V 的单相电器泄漏电流测量线路如图 4-9 所示。

(2) Ⅱ 类电器,额定电压不超过 250V 的单相电器泄漏电流测量线路如图 4-10 所示。

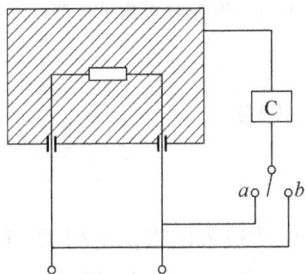

图 4-9　单相连接的非 Ⅱ 类器具在工作温度
下泄漏电流的测量电路图

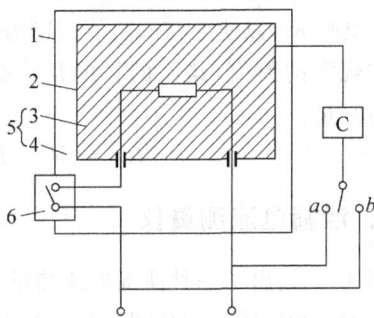

图 4-10　单相连接的 Ⅱ 类器具在工作温度
下泄漏电流的测量电路图

1—易触及部件;2—不易触及金属部件;3—基本绝缘;
4—附加绝缘;5—双重绝缘;6—加强绝缘

根据图 4-9、图 4-10 所示的接线,由毫安表得到的泄漏电流的大小,与被试电器所加的电压有关。在日用电器的泄漏电流测量中,对测试输入的电压是有明确规定的。其中热态(工作温度)下规定:电热器具输入 1.15 倍额定功率值;电动器具以及电动电热结合的器具输入 1.06 倍的额定电压值;潮态下电热器具也输入 1.06 倍的额定电压值。毫安表接入位置 a、b 位测得的电流可能不同,应在尽可能短的时间内测得二者的电流,并以电流大者为准。

实际电器试件测试部位的选取也有具体要求:对于 Ⅱ 类电器,一般在电源的任一极与电器基本绝缘外的金属部件之间进行;其他类电器测量在电源的任一极与连接金属箔的易触及金属部件之间进行,被连接的金属箔面积不超过 20cm×10cm,并与绝缘材料的易触及表面相接触。

在工作温度下泄漏电流测试前,试品还应满足以下条件:对短时工作的器具,按额定工作时间运行后再进行测试;对断续和连续工作的器具,都应等待其进入稳定状态后进行测试。潮湿状态下泄漏电流的测试,应在湿热箱内通电 5s 后进行。测试时电源按试品工作电源。

测量时,如果器具不是通过隔离变压器供电,测试品必须与大地绝缘,否则将有部分泄漏电流直接经地面而不经测量仪器,影响测试数据的准确性。

2. 带有 RC 并联网络的泄漏电流测量线路

在考虑了人体对泄漏电流感知特性后,IEC 标准推荐了图 4-11 所示的泄漏电流测量线路,该电路带有二极管整流器和一个动圈式毫安表 M;还包括电阻和调整电路特性的电容 C,考虑到人体对电流的感知度随频率而改变的特性,为保证回路的时间常数为 $(225 \pm 25) \mu s$ 而设置的,其值大致为 $0.15 \mu F$,这时该电路的截止频率大约为 5kHz;电路中开关 K 用来选择仪表电流量程。整个仪表的最高灵敏度范围不超过 1.0mA,更高的范围通过电阻 R_s 分流和同时调节串联电阻 R_v,以使电路的阻值范围为式(4-10)保持在规定的数值,整流的目的是将交流变成直流后测量。

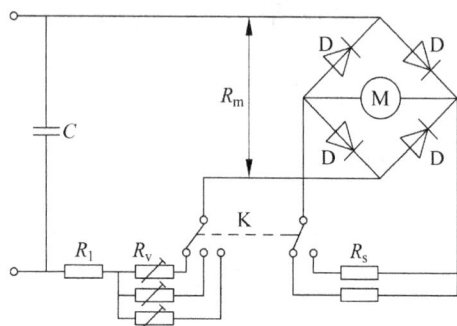

图 4-11 泄漏电流测量电路

$$R_{总} = R_1 + R_v + R_m = (1750 \pm 250)\Omega \qquad (4-10)$$

3. 泄漏电流测量仪

图 4-12 给出了一种泄漏电流测量仪的原理电路。测量仪的输入网络由电阻 R_1 和电流互感器 CT 初级所反映的阻抗相串联后再和电容 C_1 并联,它的输入电阻为 $(1750 \pm 250)\Omega$,时间常数为 $(225 \pm 25)\mu s$,满足人体对泄漏电流的感知特性。泄漏电流流经电流互感器 CT,在电阻 R_2 上转换成电压。经运放 A_1 放大后,通过绝对值电路 A_2、A_3 有源整流将交流信号转换成直流信号,再经有源低通滤波器 A_4 滤波后,成为一平稳的直流电压,最后由显示器显示泄漏电流的大小,也可送至比较器与设定的合格值相比较,判定不合格时产生声光报警。

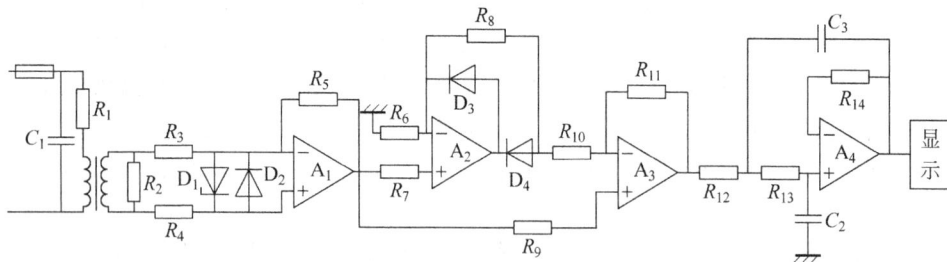

图 4-12 泄漏电流测量仪原理图

4. 数字式泄漏电流测量仪

图 4-12 泄漏电流测试仪中把泄漏电流用全波整流的平均值来代替有效值,这对于在正

弦波情况下是可以的,但在非正弦波情况下,会引起较大的误差。现代家用电器中广泛使用了各类控制器件,这使得家用电器泄漏电流往往包含了工频基波及其各次谐波。因此,应该将泄漏电流信号看成一个非正弦周期信号。显然,IEC 标准中规定的测量线路和方法无法测得泄漏电流的真有效值。

以下介绍一种由真有效值—直流转换器和双积分 A/D 转换器构成的数字式泄漏电流测量仪,如图 4-13 所示。

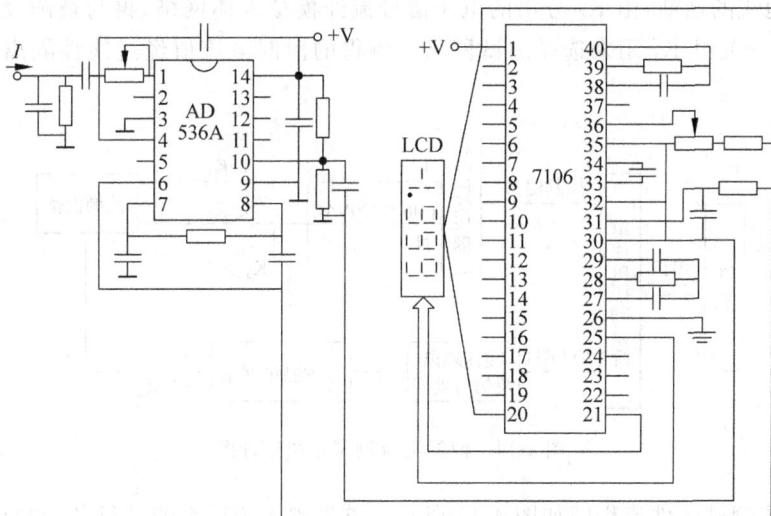

图 4-13　数字式泄漏电流测量仪电路原理图

泄漏电流输入端并接的 *RC* 网络是人体对泄漏电流感知特性的电气模拟网络。AD536A 是真有效值—直流单片集成转换器,可以连续实时地计算输入信号的平方、平均值,且得到的直流电压值正比于输入信号的有效值 RMS。当信号电压有效值大于 100mV 时,该器件带宽为 300kHz,当电压有效值再增大时,器件带宽将增大。在不加外部调整电路的情况下,AD536A 的转换准确度为 $0.2\% \sim 0.5\%$。

7106 是单片 $3\frac{1}{2}$ 位 CMOS 双积分 A/D 转换器,能直接驱动液晶显示器,功耗小、可直接使用叠层电池单电源供电。7106 的 A/D 转换准确度($0.05\% \times U_m \pm 1$ 个字,U_m 表示最大量程)远高于 AD536A 的转换准确度,所以总的测量准确度主要由 AD536A 决定,总的测量准确度优于 0.5%。

5. 带单片机的热态泄漏电流测试仪

由计算机系统、单片机系统及测试回路构成系统。计算机系统主要用来实现人机交互,由其发出测试参数及测试命令,通过串口传送到单片机系统同时动态显示串口传送上来的测试数据,串口通信采用传统的 RS-232 通信方式。控制系统包括单片机、扩展 RAM 及 CPLD(复杂可编程逻辑器件),其主要功能是实现测试控制、数据采集与传输。

单片机系统包括 AD 公司的 ADμC842 单片机及外部扩展的 CPLD。ADμC842 单片机中内置了 8 通道,12 位的高精度、高速 A/D,可以将 $0 \sim 2.5$V 的模拟信号直接转换成十二位的数字量以备分析与处理,其采样频率可达到 420kHz。根据采样定理,该单片机可采波形的频率最高能达到 200kHz,采样范围比较宽,可达到 IEC 标准中对泄漏电流信号频率的要求,可以准确地进行波形的采集,保证采集数据的真实性,有利于实验数据的恢复及波形的显示。

泄漏电流测试系统原理图如图 4-14 所示。由隔离变压器将 220V 交流电放大一定的倍数后供给测试回路,开关 K_1、K_2 和 K_3 分别由单片机系统给出相应的控制信号分别控制相线、零线与地线的通断,由 K_3 分出的电压信号流经模拟人体网络,再与被测设备相连而构成闭合回路,开关组 K_4 用来选择测试网络。测得的泄漏电流值经过线性隔离后被单片机采集处理。

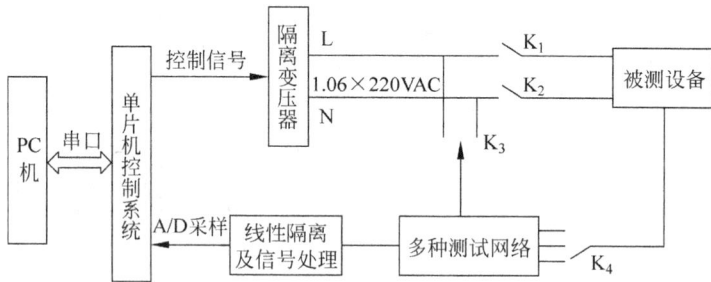

图 4-14　泄漏电流测试系统原理图

泄漏电流测试软件流程图如图 4-15 所示。首先进入测试系统进行各参数设定,然后进行类型选择,选择被测仪器的种类,再进行状态选择,动态泄漏电流测试时,根据继电器所合上位置的两种不同情况求其最大值作为最终测试值。

6. 泄漏电流在线测试

在大规模生产中,使用泄漏电流测量仪人工测量产品的泄漏电流并不方便。介绍一种在检测线上在线自动检测泄漏电流的方法,如图 4-16 所示。

在电器产品检测线运行时,按 QA 启动泄漏电流测试,此时,泄漏电流测试工位 L、N 导轨间有 236V 电源(1.15 倍额定功率),进入泄漏电流测试的工作阶段。被测电器产品(如电饭锅)放在检测线的输送板上,产品的电源插头插在输送板的插座上,输送板下装有三个碳刷(接触在静止的三根铜导轨 L、N、G 上)与输送板一起运动,当电器产品随检测线的输送板进入到泄漏电流测试工位时,接在供电电源 236V 上,电器产品便在工作状态下进行热态泄漏电流的测试(有工作电源电压已经预热)。

电器产品的工作电流使电流继电器 1LJ 动作,时间继电器 1SJ 得电,先测中线 N 与外壳 G 间的泄漏电流,3s 后 1SJ 触点闭合,1ZJ 得电,触点转换至相线 L,此时测相线 L 与外壳 G 间的泄漏电流,两次泄漏电流均送入泄漏电流测试仪,只要有一次大于设定的合格值,则为不合格。

被测电器产品离开泄漏电流测试工位时,1LJ 释放,1ZJ、1SJ 复位,为下一次测试作准备。

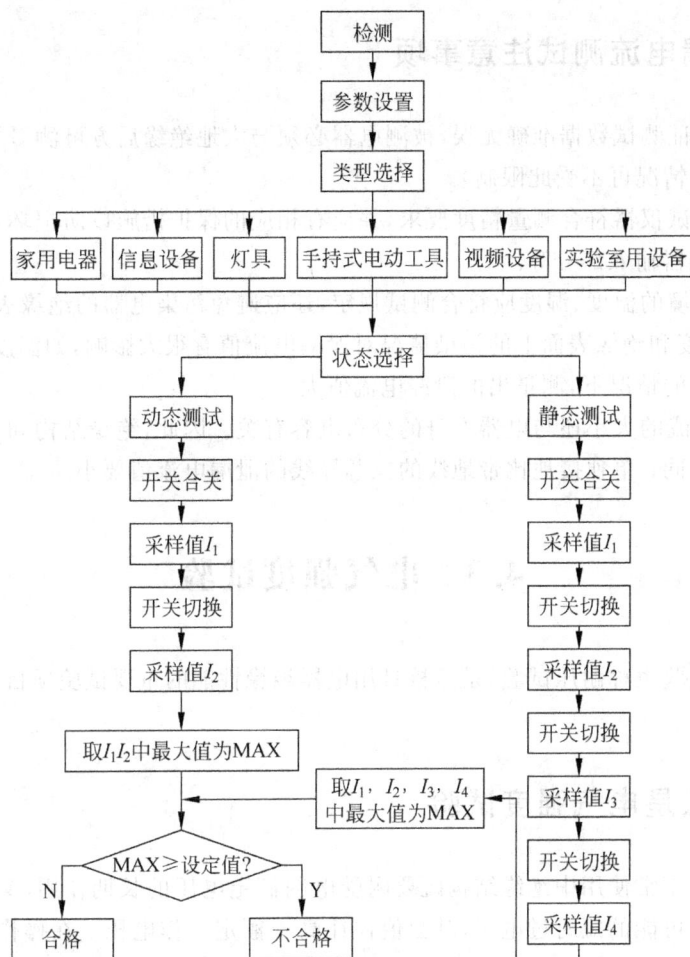

图 4-15 泄漏电流测试流程图

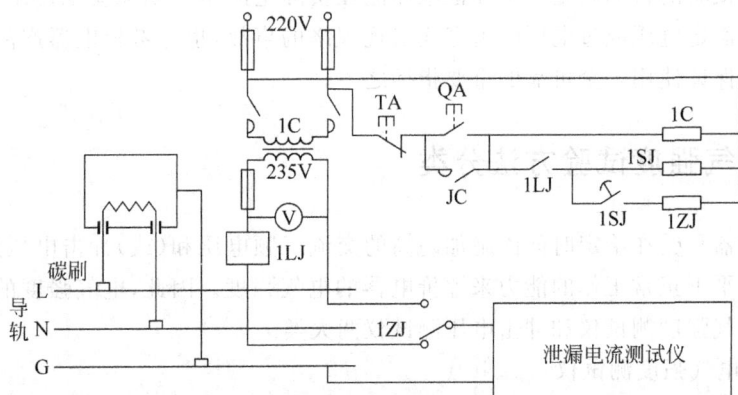

图 4-16 泄漏电流在线测试

4.2.4　泄漏电流测试注意事项

（1）为了保证测试数据准确无误,被测电器必须与大地绝缘后方可测量(通过隔离变压器给电器供电的情况可不受此限制)。

（2）要求测试仪器符合测量精度要求,并应有相应的保护措施以防损坏,如防止过大的泄漏电流损坏仪器输入部分等。

（3）测试环境的温度、湿度应符合测试规定,还应避免污染电器的绝缘表面。因为测试环境的温度、湿度和绝缘表面上的污染情况对泄漏电流值有很大影响,如温度高、湿度大、绝缘表面污染严重的情况下,测量出的泄漏电流值大。

（4）泄漏电流的大小还与电器本身的分布电容有关。因此,绝缘结构和布线方式不同,泄漏电流值也不同;单独接地比带地线的三芯导线的泄漏电流值要小。

4.3　电气强度试验

电气强度试验也称耐压试验,是考核日用电器绝缘性能的重要试验项目,是产品出厂试验中的必检项目。

4.3.1　什么是电气强度试验

日用电器在正常使用中绝缘结构既要耐受电网额定电压的长期作用,又要承受电路中经常产生的各种可能的短时过电压,其数值往往高于额定工作电压。在操作过电压的作用下,电气绝缘材料的内部结构将发生变化。当电压达到较高数值时,其电场强度会使绝缘击穿,电器将不能正常运行,操作者就可能触电而危及人身安全。

电气强度试验的目的就是为了保证电器能在实际电路中长期地安全使用,而不致发生绝缘被施加的额定电压或过电压所击穿或出现闪络的事故,也是考核电器产品在设计上和制造上是否能保证使用安全可靠的重要指标之一。

4.3.2　电气强度试验方法分类

通常用电器承受在给定时间内施加超高的交流工频电压和(或)冲击电压后,仍能在正常工作电压水平下正常工作的能力来评价电器的电气强度。因此,电气强度的测试仪器主要分为工频电气强度测试仪和冲击电压测试仪两大类。

（1）工频电气强度测试仪

工频电气强度测试仪输出的电压波形是交流正弦波,由于频率为 50(或 60)Hz,所以称为工频。输出的电压示值为有效值。

（2）冲击电压测试仪

冲击电压测试仪输出的电压波形是正极性或负极性的单向脉冲波,其脉冲波上升沿的

时间为 $1.2\mu s(\pm 30\%)$，下降沿时间（至幅值一半）为 $50\mu s(\pm 20\%)$，电压幅值为峰值。

4.3.3　试验要求

　　被试电器样品的安装、连接等基本条件与绝缘电阻测量条件相同。当被试电器的电路包括电动机、测量仪表、微动开关和半导体装置等元件时，若这些元件已按有关规定进行了工频电气强度试验时，则在试验前应将这些元件拆除。

　　由于水分不论在绝缘体表面或进入内部，均能增加导电性能，使其击穿电压降低；而热击穿又主要取决于绝缘材料的温度的高低（一般固体绝缘材料的温度每升高 100℃，其电气强度约下降 75%）。因此，电气强度试验对试验环境有特定的要求。在电器产品的型式试验中，要求试件分别承受常态、热态和潮态几种状态的电气强度试验。

　　(1) 在正常环境条件下，器具不工作的状态为常态（也称冷态），不连接电源的状态下进行工频电气强度试验。此时，只要按标准要求，用工频电气强度测试仪对被试电器的不同测试部位，施加标准规定的工频电气强度试验电压进行试验即可。

　　(2) 热态为工作温度下的工频电气强度试验：是使被试电器接上标准规定的试验工作电压（电热器具：1.15 倍的额定电压；电动器具和联合型器具：1.06 倍的额定电压）持续工作到规定时间后，使被试电器处于工作温度下，用工频电气强度测试仪对被试电器的不同测试部位，施加标准规定的工频电气强度试验电压进行试验。

　　注意：进行工作温度下的工频电气强度试验必须采用隔离变压器向被试电器提供试验工作电压。

　　(3) 在温度和湿度都很高的非正常环境条件称之为潮态。

　　安全标准中规定在其他一般的试验中，电动器具的电气强度试验在试品为常态下进行；而电热器具则需增加试品处于热态情况下的试验；对环境有特殊要求的电器，需做潮态下（湿热试验装置内）的电气强度试验（或湿热试验）。

　　对于使用 50Hz 或 60Hz 频率的电器，试验电源应采用 45～60Hz 的工频电压。频率对电气强度的影响是与温度密切相关的，绝缘体在交变电压作用下，由于交变极化要产生介质损耗使绝缘发热，如每一周波的介质损耗一定，那么，频率增高则介质损耗增加，温度也随之上升，因而频率越高则击穿电压越低，故对电气强度试验的电源频率必须作出规定。

　　试验电源的电压波形应是正弦波。固体绝缘材料的击穿与电压波形有关，如果电压波形的峰值是冲击性的，虽然在极短时间电压峰值就已过去，但有时会造成绝缘部分击穿。部分击穿后的绝缘材料介质损耗增大，电气强度大大降低。试验电源的容量应满足：当其高压输出端短路时，电流不应小于 0.5A。这一规定的目的是保证试验电源部分的阻抗大大小于泄漏电阻，因而在被试电器电气强度降低时仍能保持一定的试验电压值。

4.3.4　试验方法和线路

1. 工频电气强度测试仪的基本工作原理

　　工频电气强度测试仪的基本工作原理方框图如图 4-17 所示。图中继电器控制接通或切断接到电压调压器上的电源,从而接通或切断高压输出。电压调节器实现输出高压的连续可调。高压变压器按一定的变比升高电压调压器输出的电压,从而获得高电压输出。电流检测器检测流过被试品的电流,输出检测信号给控制器。控制器根据来自电流检测器和启动、复位的信号,控制继电器的接通或分断及报警电路是否报警,当流过被试品的电流超过规定值时,发出声光报警信号。

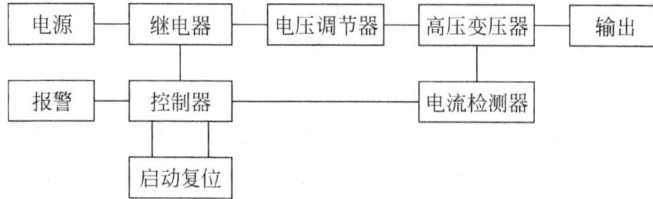

图 4-17   工频电气强度测试仪基本工作原理方框图

工频电气强度测试仪的试验原理如图 4-18 所示。

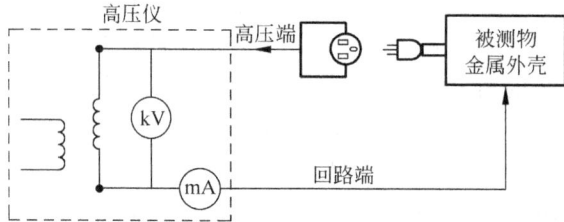

图 4-18   工频电气强度测试仪的试验原理图

2. 热态电气强度试验

热态电气强度试验是指家用电器在加电源工作情况下,充分发热条件下的电气强度试验。

试验线路采用三相四线制供电,其中某一相电压作为电器的工作电源电压(如 A 相),其余二相构成的线电压作高压(如 B、C 相)。高压加在电源隔离变压器次级的中心抽头与壳体之间。电器的工作电源电压与高压相位差 90°,使它们在数值上始终不会叠加,这就是在热态试验中要用 90°移相法的原因,如图 4-19 所示。

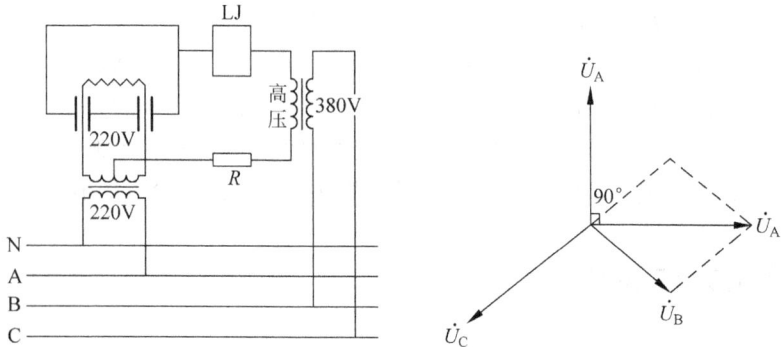

图 4-19   热态电气强度试验原理图

在高压回路中串有电流继电器 LJ,当电器击穿时,高压回路中泄露电流会大大增加,在超过规定值瞬间,电流继电器 LJ 动作,通过中间继电器可切断电源并产生声光报警。高压回路中的电阻 R 起限流作用。

3. 带单片机的热态电气强度测试仪

图 4-20 为带单片机的热态电气强度测试仪的测试原理图。当按启动按钮时,KM$_1$ 吸合,测试仪首先为自检。高压变压器 T$_2$ 输出大于 1000V 的高压,自检电路电阻为 100kΩ 左右,故通过霍尔电流传感器 LEM 模块的电流大于 10mA。LEM 输出相应的电压信号经量程转换 PGA、真有效值转换、A/D 转换后给单片机处理。当一切正常时,单片机送出一个自检合格信号(自检指示灯亮表明仪器自检正常)。然后 KM$_1$ 断开,经 0.5s 延时,KM$_2$ 吸合,对被测电器进行电气强度测试。电气强度试验时的泄漏电流同样经 LEM 变成电压信号,再经 PGA 量程转换、真有效值转换及 A/D 转换送到单片机处理显示其实际泄漏电流值,并与存放在内存中的设定标准值比较,以确定被测产品的热态电气强度是否符合设定标准,符合则合格指示灯亮,否则报警指示不合格。

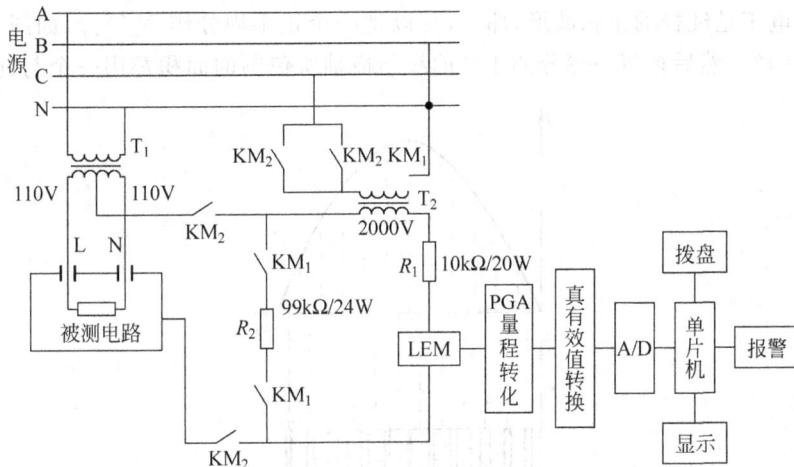

图 4-20　带单片机的热态电气强度测试仪的测试原理图

霍尔电流传感器 LEM 模块可以传感从直流到数十万兆赫的各种形状的电流信号,LEM 模块的输出信号可以直接反映电流的大小,本系统中 LEM 模块的输出信号为电压信号。

量程转换实质上是一个程控增益放大器(PGA)。在模拟信号送到模数转换器时,为减少转换误差和信噪比,一般希望送来的模拟信号尽可能大。然而,当被测量范围较大时,如果单纯只使用一个放大倍数的放大器,在进行小信号转换时,可能会引入较大的误差。为解决这个问题,工程上常采用通过改变放大器的增益的方法,来实现不同幅度信号的放大(即量程转换)。在计算机自动测控系统中,通常采用软件控制的办法来实现增益的自动变换。

在电气强度测试过程中,泄漏电流存在着大量的非正弦波。为了实现对其交流信号电压有效值的精密测量,使之不受被测波形的限制,要求采用真有效值(RSM)转换技术,即不通过平均折算,直接将交流信号的有效值按比例转换成直流信号。这种转换器在原理上不再存在波形误差,但在实际操作中,由于通频带的限制,对输入信号波形的波峰系数(即信号峰值与有效值的比例值)应有要求,以确保转换精度。因为任意一个非正弦信号均可按傅里叶级数展开其频谱,频谱中超过转换器频带的分量,都将在输出端消失。这部分超过转换器带宽的高次谐波分量的有效值未被转换,这就产生了附加误差。

4. 智能冷态电气强度测试仪

上述介绍的电气强度测试仪基本上是采用调压器人工进行升压和降压调节,人工调节存在两个缺陷:

(1) 测量时,人工升压时间上很难实现分段调节,很容易把测试电压一下升到高压,从而达不到 GB 4706.1《家用和类似用途电器安全通用要求》中所要求的:"电气强度测试时,必须将电压升至一半,然后再迅速升到高压"。

(2) 不能进行自动调节,不能与计算机接口通信,无法实现测量的程序化和智能化。

测量程序化和智能化是设备的一个发展方向。近年来,电气强度测试仪采用了电子调压技术,可以使电压的升压过程满足标准的要求,并能实现测量的程序化和智能化,这类电气强度测试仪已开始进入国内市场。

首先介绍一下 SPWM(Sine Pulse Width Modulation)方式。名为 SPWM 逆变器,就是期望其输出电压是纯粹的正弦波形,那么,可以把一个正半周分作 N 等分,如图 4-21(a)所示(图中 $N=12$),然后把每一等分的正弦曲线与横轴所包围的面积都用一个与此面积相等

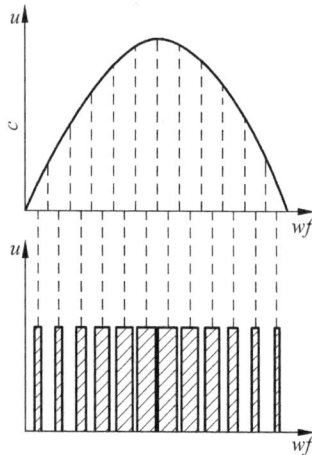

(a)

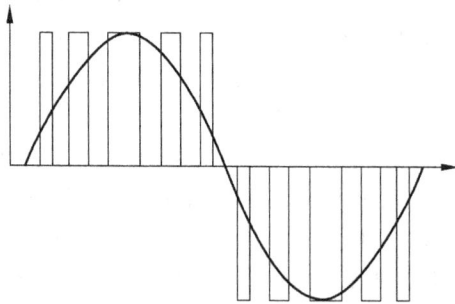

(b)

图 4-21　波形图

(a) 与正弦波等效的等幅矩形脉冲序列波;(b) SPWM 的输出电压

的等高矩形脉冲来代替,矩形脉冲的中点与正弦波每一等分的中点重合。这样,由 N 个等幅而不等宽的矩形脉冲所组成的波形就与正弦的半周等效。同样,正弦波的负半周也可用相同的方法来等效。图 4-21(b)的一系列脉冲波形就是所期望的逆变器输出 SPWM 波形。可以看到,由于各脉冲的幅值相等,所以逆变器可由恒定的直流电源供电。

　　这里介绍一种智能冷态电气强度测试仪,它的测试原理框图如图 4-22 所示。采用交流调速系统中的 SPWM 技术,由单片机和 IGBT(绝缘栅双极晶体管)产生可控的交流正弦电压,采用高速 A/D 直接采样,测量仪器的运算速度、精度都获得提高。

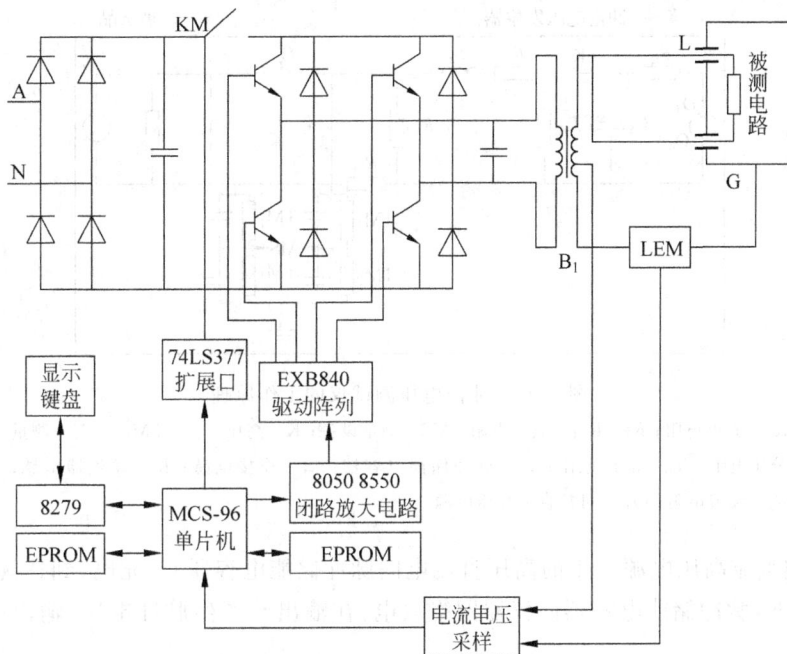

图 4-22　智能冷态电气强度测试仪测试原理图

　　(1) 主电路

　　测试仪在硬件上分强电(IGBT 主回路)和弱电(MCS—96 单片机)两部分。以 IGBT 为主的强电部分采用交直交变频电路,主要用来产生频率为 50Hz,幅值可调的正弦交流电压,经高压变压器 B_1 升压后,加到被测电器上进行高压检测。霍尔元件 LEM 模块采集高压泄露电流送到 96 单片机的 A/D 口,以实现泄露电流的监控。

　　(2) 控制电路

　　弱电部分采用 16 位的 MLL96 单片机作为控制单元,主要用以产生驱动 IGBT 的 SPWM 信号,同时进行实时控制和参数设置、显示,大大提高了系统对信号的处理能力。由霍尔元件 LEM 模块采集到的泄露电流送到 96 单片机的 A/D 口后,与设定值进行比较,当泄露电流高于设定值时,产品不合格,显示并报警。另外具有实时监控被驱动器件电压、电流的能力,提高了系统的安全性能。

　　(3) 程序设计

　　软件完成的任务主要有:系统初始化和自检,SPWM 波形的输出及控制,高压检测,故障诊断,显示及报警。

5.冲击电压测试仪

冲击电压测试仪是检查绝缘配合和带电部件之间的距离是否满足标准要求的试验仪器。

一般情况下,用冲击电压测试仪进行冲击耐压试验不会对试品的绝缘产生破坏作用。冲击电压测试仪也是电磁兼容的主要试验仪器之一,只是对被试品施加电压(电流)的部位不同。冲击电压测试仪的基本工作原理如图 4-23 所示。

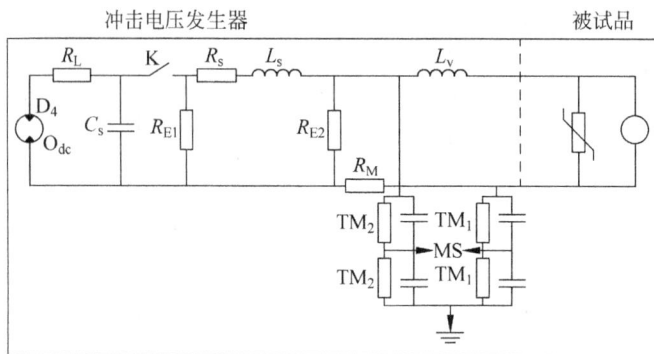

图 4-23　冲击电压测试仪的工作原理

R_L—充电电阻;R_{E1},R_{E2}—放电电阻;MS—测量设备;K—高压开关;TM_1,TM_2—测量
分压电阻;R_M—泄放电阻;C_s—脉冲储能电容器;L_v—连接电感;L_s—发生器电感;
R_s—续流电阻;O_{dc}—可控直流高压电源

O_{dc} 可控直流高压电源产生的高压直流电向脉冲储能电容器 C_s 充电,到达规定时间,闭合高压开关 K,脉冲储能电容器向仪器网络放电,在输出端产生脉冲电压(输出端短路时为脉冲电流)。

4.3.5　电气强度试验时注意事项

1.高压试验变压器的容量

要适当选择高压试验变压器的容量,一般要比电器本身消耗功率大几倍,从原则上讲,要根据被测产品而定,如被测产品分布电容大,则高压试验变压器的容量也要相应大一些。在家用电器标准中,对高压试验变压器都作了明确的规定,如电动洗衣机和电风扇的国家标准中,都规定高压试验变压器容量不小于 750VA,试验时必须按标准选用。

2.试验电压波形要求

试验电压波形应为工频(50Hz 或 60Hz)正弦波。通常电压表测得的电压值为有效值 U,绝缘击穿电压取决于最大值 U_M,对正弦波来讲,两者关系为 $U_M = \sqrt{2}U$,但电压波形不是正弦波时,这个关系不存在。波形不是正弦波时,用同一电压表测量的击穿电压比正弦波时要低。例如将具有相同有效值的正弦波电压和三角波电压的最大值相比较,则三角波的最大值要比正弦波高 22%。此外,波形还有其他方面的影响,所以一般要求波形畸变不超过 5%。

要解决波形畸变问题,首先要求供给高压试验变压器的电压波形为正弦波,其次要求变压器的铁心磁密设计应不在饱和区。

3. 试验电压

高压试验电压值的大小是根据电器绝缘的类别而定,具体数值参见表 4-1。

表 4-1　家用电器耐压试验电压值

绝 缘 类 别	电压值/V(50Hz 正弦波)
承受安全低电压的基本绝缘	500
一般基本绝缘	1000
附加绝缘	2750
加强绝缘	3750

因为电压波前陡峭,容易使绝缘击穿,再者,如果在高压试验变压器未降到零时切断电源,也会引起过电压。

对于大批量生产,有些标准中还规定,出厂试验可以将高压试验电压值提高 20%,试验时间由 1min 缩短到 1s,以节省试验时间。

4. 过电流保护

当电器的绝缘被高压击穿时,泄露电流会急剧增大,可能对电器造成损害,所以必须采用过电流继电器来保护,另外也可发生不合格的报警信号。过电流继电器可以接在高压试验变压器的高压侧,也可接在低压侧。过电流继电器如果接在高压试验变压器的高压侧,整定电流可按标准要求直接精确调整。当发生击穿或泄露电流达到整定值时,过电流继电器会迅速动作,起到很好的保护作用。如果接在低压侧,则要通过计算或实验调整整定电流来间接调整,使之在发生击穿或泄漏电流达到整定值时,过电流继电器能迅速动作。

5. 击穿和闪络的判定

电器在电气强度试验中如出现击穿和闪络,则视这个电器在电气强度上为不合格。当电气强度试验台有示波器时,可以将示波器 X 轴接一个与高压同频率相位差 $90°$ 的正弦波电源,Y 轴是从串联于试品的电阻 R 上取得信号,如图 4-24 所示。

① 当试品没有击穿和闪络时,Y 轴是一个光滑的正弦波,示波器显示屏上出现的是椭圆形的波形,如图 4-25(a)所示。

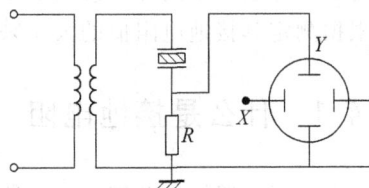

图 4-24　示波器接线图

② 当试品出现闪络时,则波形如图 4-25(b)、(c)所示。

③ 当试品击穿时,则波形如图 4-25(d)所示。

一般情况下,闪络开始于某一电压值,当重复试验时,如果施加电压未达到此值闪络不会再出现。而击穿则不同,即使施加电压低于此值,击穿仍会出现。

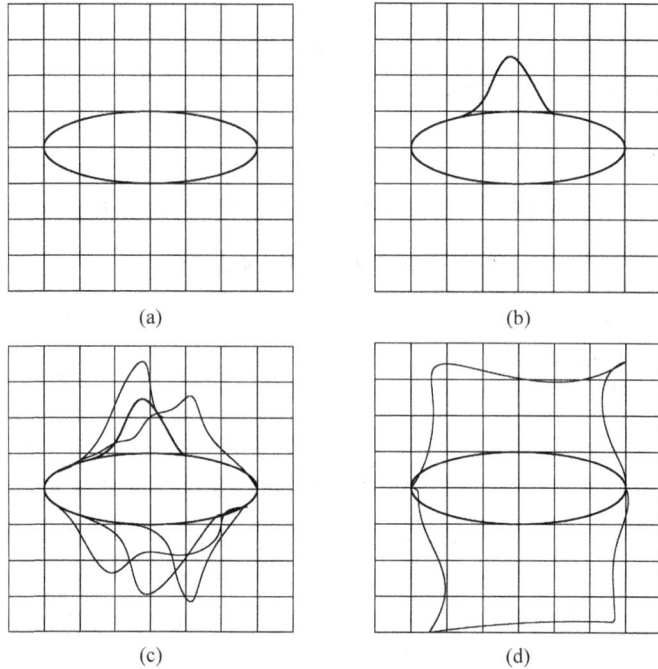

图 4-25   电气强度试验的波形
(a) 泄漏电流波形；(b) 轻微闪络波形；(c) 连续闪络波形；(d) 击穿波形

用示波器上的波形来判定击穿和闪络,往往要凭经验来判断它的严重程度而确定试品的合格与否。为了能准确确定试品的电气强度指标合格与否,我国的国家标准规定以试品在电气强度试验中绝缘的泄漏电流大于 10mA 为不合格的依据。

4.4   接地电阻测量

在 I 类电器中,要求电器有接地保护措施,可以避免使用者在一旦电器绝缘失效而发生人身触电危险。采用保护接地必须有接地装置(接地端子或接地线),接地装置是否可靠,就要根据测定其接地电阻值的大小来判断。

4.4.1   什么是接地电阻

在家用电器标准范围内的接地电阻系指电器易触及的金属部件与接地端子或接地触点之间的连接电阻。

根据民用电的供电方式的不同(中性点接地或不接地),有不同的保护方式。一般来讲,三相三线制中性点直接接地的低压系统中,家用电器应采用接零保护。这是城市供电的一般情况,所谓接零就是将电器电源插头中的接零电极接在电网的零线上。为了保证措施可靠,要求从该电极插端(插头电极处)至电器易触及的非带电金属体之间的电阻小于 0.2Ω。

对于三相三线制中性点不接地的低压系统,家用电器应采用接地保护。所谓接地就是将接地端子与大地相接。为保证措施可靠,要求接地端子至易触及的非带电金属体之间的电阻不大于 0.1Ω。可靠的接地接零保护,可使电器漏电时,火线上的熔丝熔断或空气开关跳闸,避免人体触及电器的非带电金属部分而触电。

4.4.2　接地电阻基本测试电路

IEC 标准中给出了一个接地电阻的基本测试线路,如图 4-26 所示。首先将开关 K 投向②,调节自耦调压器 TY,使变压器 TB 的次级电压不超过 12V(有的电器标准为 6V)。调节可变电阻 R,使电路中的电流 I 为额定电流的 1.5 倍或 25A(两者中选大值),或 10A(根据各种电器的测试标准而定)。然后将开关 K 投向①,测量电器的接地端子或接地线与易触及的非带电金属表面(或壳体)之间的电压降 V,并根据测得的电流 I 和电压降 V 计算出接地电阻值 R_E,即:

$$R_E = \frac{V}{I} \tag{4-11}$$

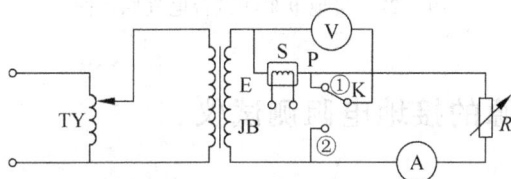

图 4-26　接地电阻基本测试电路

TY—自耦调压器;JB—降压变压器;K—单刀双投开关(①、②);V—电子管电压表;A—交流电流表;R—可变电阻;S—被测试电器;E—接地线;P—测试线路与易触及非带电金属表面的连接点

需要说明的是,测接地电阻时,要用大电流,这是为了检查在大电流流过时接地电阻是否仍能在标准规定的范围内,因为实际漏电时,接地电阻上流过的也是大电流。同时,为提高测量精度,小电阻要用大电流来测,这时电压测量值与导线压降数量级有差别。

4.4.3　接地电阻测试台

接地电阻测试台的电气原理图如图 4-27 所示。当需测接地电阻时,按启动按钮 QA 直流稳压电源通电。将试品放上测试台,插上电源线,使其金属底板压在台面上凸出的铜柱上,铜柱被压下后启动微动开关使变压器得电。调节自耦调压器使变压器二次侧电流达 25A(或标准规定的电流),接地电阻上的交流电压经放大和有源整流、滤波变成平稳的直流电压。用 0~10V 直流电压表作为接地电阻表,测试前将开关 K 投向前置位,调节 R 即可在接地电阻表上设定接地电阻的合格标准值(如 0.1Ω,对应 5V),测试时将开关 K 投向测量位,当接地电阻值超过合格标准值时,通过比较器使继电器 J 动作,发出声光报警,表示此产品接地电阻不合格。

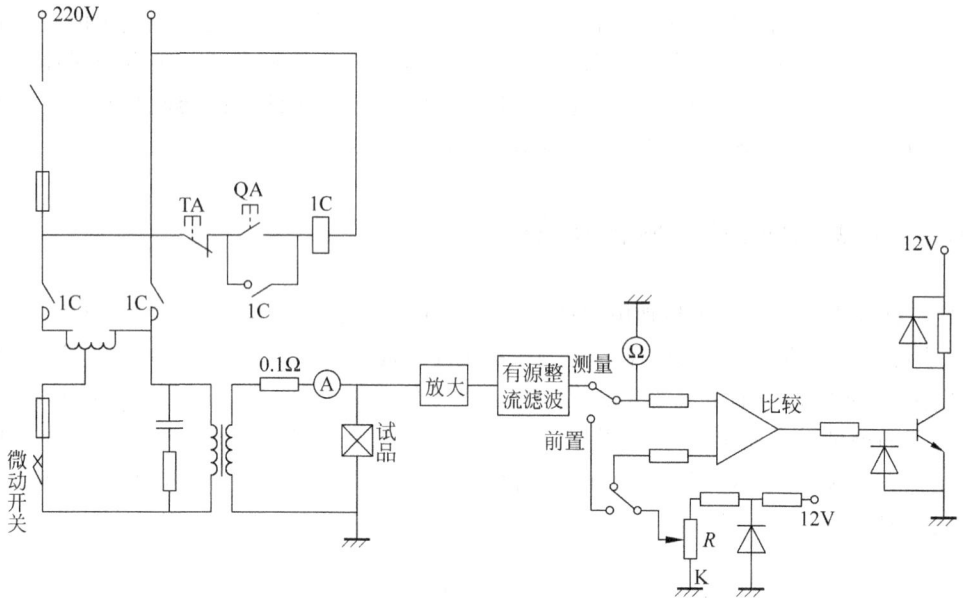

图 4-27　接地电阻测试台电气原理图

4.4.4　具有恒流源的接地电阻测试仪

用人工来调节流过接地电阻的电流来测接地电阻,测试速度慢、劳动强度大,并难免有人为因素,不易保证测量精度。利用恒流源来代替人工调节电流,可以大大提高测量速度及精度。

一种具有恒流源的接地电阻测试系统框图如图 4-28 所示。测试系统由电源、信号采集、调理、转换、发生器和计算机等构成。进行接地电阻测试时,计算机输出适当的(设定)数字量,得到对应的 SPWM 波,从而在降压升流变压器侧产生一规定的大电流,该电流施加在被测试件上。计算机通过电压、电流传感器采集试件两端的电压和测试回路的电流参数,再通过程序计算出被测试件的接地电阻值。

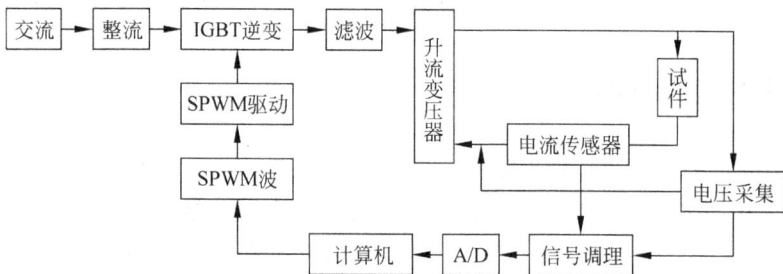

图 4-28　接地电阻测试系统框图

1. 电源部分设计

接地电阻测试的硬件主要部分之一是电源,电源部分采用计算机闭环控制技术。如图 4-29,交流电源是 220V、50Hz,经整流、滤波后的直流电压在(0.9~1.414)倍电源电压值范围内变化;单相逆变由 IGBT 构成的 H 桥来实现,通过控制 IGBT 的 H 桥臂的门极触发脉冲序列就可以得到所需要的交流电压,系统设计的脉冲序列采用 SPWM 波进行控制,计算机输出适当的数字信号,通过电流采样环节构成闭环,可输出基本连续可调的、精度高的交流电流;在交流输出侧再加一级滤波环节就可以得到比较理想的正弦波。而控制 SPWM 波又是通过控制调制度 m(正弦波幅值和三角波幅值之比)来实现的,该系统仅需要改变正弦波的幅值,正弦波幅值的变化就引起调制度 m 的变化,从而达到精确控制接地电阻测试仪中测试电流的目的。逆变输出交流电流是 10A/25A。由于接地电阻测试需要较高的电流,为此,设计了一级降压升流环节。通过电流采样环节,采用计算机闭环控制技术,就可以将设定测试电流施加在被测接地电阻上进行测试。

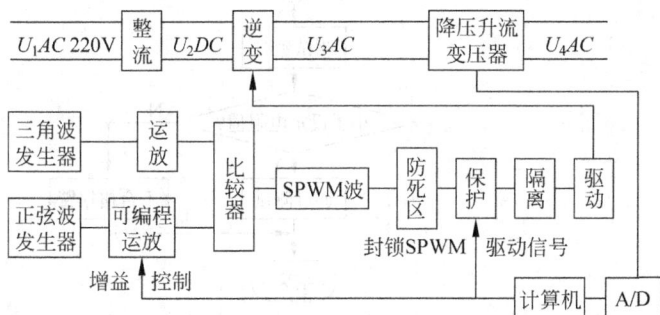

图 4-29　接地电阻测试系统电源部分框图

2. 计算机接口电路的设计以及控制逻辑、控制电平接口设计

数据采集电路采用 ISA 板卡,包括地译码电路、总线接口、A/D 转换、模拟开关等可以完成模拟量的输入/输出、数字量的输入/输出。系统中,通过数字输出信号的高低控制交流接触器的开闭,包括接地电阻测试仪的启动、保护、停止,以及通过数字输出信号的控制来实现电源模块中的 SPWM 信号的产生、驱动信号的启动与封锁等逻辑控制,都与控制逻辑有关。

3. 信号的采集与分析处理

电流和电压信号是测试系统计算机程序控制的依据。因此,需要有电压和电流的采样环节,电压的采样由四端子的两个电压端子实现,由于电源空载电压不超过 12V,只需要通过运放就可以实现;电流的采样是通过穿孔式电流传感器来完成。采集、调理好的信号再经过采集板卡中的多路模拟开关、A/D 采集到计算机后,求出均方根值;最后通过试验对采集信号进行标定后,将相应的函数关系保存在程序中,然后按照测试的需要,通过软件进行标度变换,求出实际测试的电压值、电流值、测试时间等。

4. 测试软件流程图

硬件对电信号进行相应的处理后,主要工作就是编制相应的软件。软件是接地电阻测试系统的关键。软件部分主要完成数据的采集、存储、分析、输出、显示等任务,同时软件的实现过程要符合测试标准。通过程序实现测试电源部分的准确控制,待测试电流达到测试要求值时,启动计时开始测试,测试结束后相应的测试指标都显示在软件界面上,同时显示产品是否合格,并产生报警(测试主程序流程图如图 4-30 所示)。还可以利用软件实现测试前自校准、自诊断,自动消除可能的误差因素或对故障报警等。

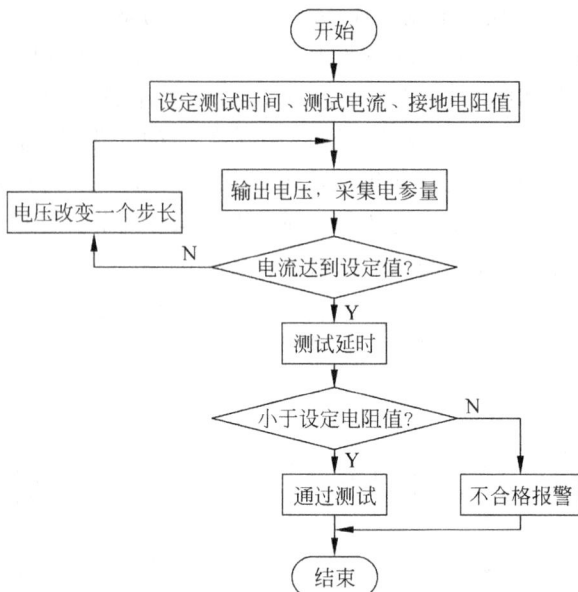

图 4-30　接地电阻仪软件主程序流程图

4.4.5　接地电阻测试注意事项

（1）测接地电阻必须要用大电流（电流数值按国家规定的标准）,故不要用普通的万用表来测,因为万用表测电阻的电流很小。

（2）因为接地电阻本身的数值很小,所以在测量时,应使测试线路的导线与易触及非带电金属表面的连接点的接触电阻尽量小。

（3）接地电阻测试不宜采用碳刷与导轨滑动接触式的在线自动测试,因为碳刷与导轨间的接触电阻及比较长的连线和碳刷在导轨上滑动时瞬间的跳动会引起较大测量误差,甚至造成误判。检测线上要在线检测家用电器的接地电阻时,可采用人工在线测试,即人工将在检测接地电阻测试工位上家用电器的电源线插到检测线外接电阻专用测试插座,并用人工将接地电阻测试仪器金属棒紧密接触家用电器金属外壳来测量。

（4）有的希望连电源线一起测接地电阻。这样,除了测家用电器本身的接地电阻外,还检查了电源线接地线的接触好坏。这时,接地电阻的合格标准必须扩大到包括电源线的地线电阻（如增加 0.06Ω）。

4.5　温 升 试 验

家用电器产品在正常使用中都会发热,导致器具本身及周围环境温度升高。原因有:
（1）电动器具的发热,主要是由线圈、绕组、铁心引起。这些由于功率损耗而产生的热量,不是人们所需要的,但都是伴随电动器具正常工作时不可避免的。

（2）电热器具是利用发热体发出的热量来完成一定的功能,这种发热除了能实现一定的功能外,也对周围环境造成不良的影响。

（3）对其他的一些电器,当各种器件工作(如机械零件的摩擦、电子元器件工作电流等)时,也同样存在发热和温升问题。

因此,在家用电器测试中,温升有两方面的含义:

① 电热器具和制冷器具的功能性升温和降温特性;

② 非功能性发热的器具及其部件在工作过程中的发热情况。

前者反映的是器具的使用性能;而后者反映的是器具的安全性能,如:电机中的绝缘结构材料有一个使用温度的限制极限。超过这个使用极限,绝缘材料将加速老化,从而使电机使用寿命缩短,严重时还可能烧毁电机。为了保证电机正常运行,必须进行温升试验,考察电机在额定工作条件下运行时,其绕组的温度升高变化的情况。

4.5.1　温升试验目的

家用电器的温升(发热)试验是评价产品的发热所造成的不良影响,避免发生过热和着火的危险。家用电器发热所造成的影响主要有以下几方面:

（1）影响绝缘的使用寿命。电气绝缘的材料有相应的最高容许工作温度,使用温度超过额定值8℃,其寿命将缩短一半。如 A 级绝缘在 100℃ 下可用 8 年,若在超出此温度8℃下使用,寿命将减为 4 年。

（2）影响电气元件的正常使用。电气元件如果按常温环境使用进行设计,那它就不能在高温环境下使用。当它在高温环境下使用时,它的功能会受到影响,严重时甚至不能工作,其安全受到破坏,容易引起触电事故。如电风扇之类的电器,温度太高会使电动机转轴抱死,形成非正常运转使温度进一步上升。这种恶性循环的结果,最终导致电动机烧毁。

（3）塑料受热变形。当温度升高到某一温度值后,塑料材料会软化变形,甚至熔化,当塑料件出现软化变形后,被支撑的零件位置发生变化,导致器具存在危险。

（4）外表面温度过高。当外表面温度过高时,引起的危险通常有:人身触及造成对人身的伤害;电线、电缆等碰到外表面时,绝缘被破坏,形成触电隐患。

（5）造成周围环境过热。器具的发热,通过空气对流、辐射等,将热量传递到周围的空气中和物体上,当温度升高到一定程度后就会造成烫伤、变形,甚至着火等危险。

由于器具发热后温度升高会造成诸多不良影响,因此,应对其发热加以限制,使温度不会升高到有害程度。最终应通过试验来验证器具设计的合理性。

温升试验是模拟电器在实际使用中的通电方式和发热情况下进行的。当然,试验中应考虑到最不利的使用状态和充分发热的条件,如电动器具采用恒电压通电发热方式,电热器具则采用恒功率通电发热方式。要按特殊要求对器具摆在测试角的正确位置,然后按图 4-31 器具发热试验的流程图进行试验。

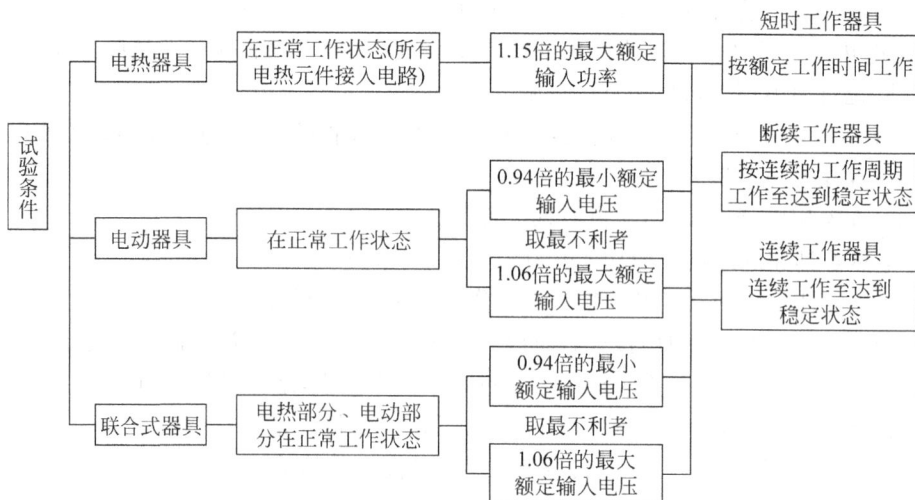

图 4-31　器具温升试验的流程图

4.5.2　温升试验要求

1. 电动类器具，不同的工作制下温升试验方法是不同的

（1）8 小时工作制和不间断工作制

在 8 小时工作制和不间断工作制下，电器的稳定温升只与发热的功率有关，而与电器的初始温升无关，所以试验可从常态开始，也可从热态开始。这里，所谓的稳定状态，一般针对电动器具而言，当运行到需测量部位（点）的温度每小时变化小于 1℃ 时，则认为达到稳定状态。如电风扇在连续运行 3～4h 后，便可认为已达稳定状态。

（2）短时工作制

短时工作制是从常态开始的，这种工作制在很短的通电时间内电器达不到稳定温升就开始冷却到周围空气温度。所以试验要从常态开始按额定工作时间要求运行电器。如搅拌器一般最长工作时间为 1min，之后立即进行温度测量。

（3）断续周期工作制

断续周期工作制下，因为电器经多次工作周期工作后最终将达到稳定状态，所以应按其连续的工作周期，在温升达到稳定状态后进行测量。

2. 电热类器具，按各自器具充分发热条件工作所需的时间来考虑温升上限

充分发热条件是针对电热器具可能出现的最高工作温度条件而言的，如电饭锅的充分发热条件是：电饭锅内加注额定水、米量的 70%（锅内放入适量的甘油），工作至限温器动作，此时认为达到充分发热条件，之后应迅速测出各点的温度值。关于充分发热条件，在不同电器的相应温升试验标准中都有明确的规定。对温升试验中采用的试验接线图，不同的电器之间也存在一些差异，但都应遵循试验条件中的有关规定。

3. 温升限值要求

器具经过一定时间工作后的稳定温升不应超过表 4-2 的规定值。

表 4-2　最大正常温升

部　　件		温升/K
绕组,如果绕组绝缘符合IEC60085 规定	——A 级	75(65)
	——E 级	90(80)
	——B 级	95(85)
	——F 级	115
	——H 级	140
	——200 级	160
	——220 级	180
	——250 级	210
器具输入插口的插脚	——适用于高热环境的	130
	——适用于热环境的	95
	——适用于冷环境的	40
驻立式器具的外导线用接线端子,包括接地端子(除非器具带有电源软线)		60
开关、温控器及限温器的环境空间或包围物	——不带"T—"标志	30
	——带"T—"标志	T-25
内部布线和外部布线,包括电源软线的橡胶或聚氯乙烯绝缘	——不带额定温度值	50
	——带额定温度值(T)	T-25
用作附加绝缘的软线护套		35
电容器的外表面	——带最高工作温度标志(T)的	T-25
	——不带最高工作温度标志的:	
	• 用于无线电和电视干扰抑制的小型陶瓷电容器	50
	• 符合 GB/T 14472(IEC 60384—14)电容器	50
	• 其他电容器	20
电动器具的外壳(正常使用中握持的手柄除外)		60
在正常使用中连续握持的手柄、旋钮、抓手和类似部件(如锡焊用电烙铁)	——金属制的	30
	——陶瓷或玻璃材料制的	40
	——模制材料、橡胶或是木制的	50

对于通用式(交直流两用)电动机、继电器、螺线管和类似元件的绕组平均温度通常高于绕组上放置热电偶各点的温度,因此当使用电阻法测温升时,选用不带括弧的数值,使用热电偶测量温升时,选用带括弧的数值。但对于振荡器线圈和交流电动机的绕组,两种方法都选用不带括弧的数值。

4. 温升试验方法

(1) 表面测温

除绕组温升外,温升可通过细丝热电偶(细丝热电偶是指线径不超过 0.3mm 的热电偶)来测定,其布置应使其对被检部件的温度影响最小。

一些器具进行温度试验时,器具要放置在规定形状和尺寸的测试角内,典型的测试角如图 4-32 所示。该测试角由两块直角的边壁、一块底板组成,有可能还需要一块顶板。测试角的边壁或底板均由涂有无光黑漆的 20mm 厚胶合板制成。为了测量测试角内壁的温度,在内壁上加工一定数量的 $\phi15mm$,厚度为 1mm 的孔,供放置测温热电偶用。热电偶可以粘贴在铜或黄铜制成的涂黑小圆片的背面,小圆片的前表面应与胶合板的表面平齐。器具的放置尽可能使热电偶探测到最高温度。

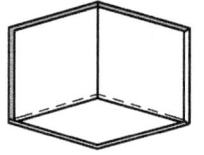

图 4-32　测试角

电气绝缘的温升是在其绝缘体的表面上来确定,其位置是可能引起下列故障的位置:短路;带电部件与易触及金属部件之间的接触;跨接绝缘;爬电距离或电气间隙减少到低于标准的规定值。

(2) 线圈绕组温升测量

绕组的温升是通过电阻法来测定,除非绕组是不均匀的,或是难于进行必要的连接,在此情况下,用热电偶法来确定温升。

从物理学可知,一般金属导体具有一定的电阻温度系数,电阻率随温度上升而增加,电阻法测量即利用导体电阻随温度变化的这一特性来实现的温度间接测量方法。应用此原理,可以通过测量温度变化前后绕组的电阻值来确定其温度,称为电阻法测温。

对于用铜导线做成的电机绕组,当温度在 $-50\sim150℃$ 范围内,电阻值与温度之间的关系为

$$\Delta t = \frac{R_2 - R_1}{R_1}(k + t_1) - (t_2 - t_1) \tag{4-12}$$

式中:Δt——绕组温升,K;

　　　R_1——试验开始时的绕组电阻,Ω;

　　　R_2——试验结束时的绕组电阻,Ω;

　　　t_1——试验开始时的环境温度,℃;

　　　t_2——试验结束时的环境温度,℃;

　　　k——对铜绕组取 234.5,对铝绕组取 225。

因此,只要确定了发热状态下绕组的电阻值,就能确定绕组的温升值,这时温度的测量就变成了电阻的测量(用该法测得的结果是整个绕组的平均温升)。

电阻法能准确地测量电器绕组的平均温升,适用于带绕组的电器,如电动机、变压器、带线圈的控制器和开关等。测量绕组电阻的方法,过去应用较普遍的是电桥法。对电阻值在 1Ω 以下的绕组,则用双电桥法测量,以消除接触电阻和引线电阻对测量结果的影响。电桥法的缺点是不能快速测量,近年来相继出现了能快速、准确且数字显示的毫欧计、微欧计等直流电阻测量仪器。其基本工作原理是用高准确度、高稳定度的恒流源所产生的直流电流通入被测电阻上,于是在电阻两端便产生出与电阻值成正比的电压。将该电压放大并经模数转换后,便可直接显示出被测电阻值。由于恒流源产生的电流准确度较高,这种仪器可达到很高的测量准确度。

若要求准确地测定电机的稳定温升,则必须测绕组的热态电阻。测量绕组热态电阻的方法有两种,一是断电停机测量;二是带电测量。后者能准确地测量绕组的工作状态下的

实际温度。

① 断电停机测电阻

保证从切断电源到测出电阻之间的时间间隔不超过国家标准规定的 20s,否则就需用外推法。

所谓外推法,是指当电动机运行到稳定温升时(即在 30min 内机壳表面的温度变化不大于 0.5℃时),切断电动机电源,并迅速在其后几个短的时间间隔,将绕组的电阻进行几次测量,以便能绘制一条电阻值随时间变化的曲线,并将曲线往后延伸到时间的起始点(电机断电的那个时刻),确定电机断电时刻的绕组电阻值 R_2。如图 4-33 所示。图中虚线部分是从断电到测得第一个点之间的时间,延伸是按照指数曲线的方法作出的。电阻 R_2 找出后,便可由式(4-12)计算出温升。

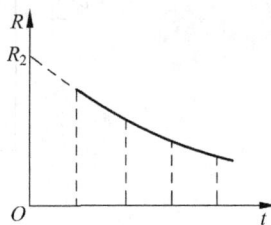

图 4-33　外推法曲线

② 电机绕组的带电测温

前面提到用电阻法测温时,由于电机在运行时绕组是带电的,必须在断电停机后迅速测得绕组的直流电阻。但这样测得的温度总有一定的误差。另外,对某些特殊运行状态的电机,还需随时测量运行过程中绕组的温度,因此带电测温法具有重要的实用价值。

带电测温的基本方法是将一个较小的直流测试电流叠加于绕组的交流负载电流上,从而实现不中断运行而测量绕组的电阻。所以带电测温又称叠加法测温。下面对带电测温装置的工作原理和主要元件作一般的介绍。

图 4-34 为带电测温原理电路。该仪器实际测量的是绕组的直流电阻,采用 Ω/V 转换器将直流电阻变换为相应的电压信号并送至数字电压表中,将模拟量变为数字量显示出来。主电路中专门设计了滤波器,使交流被滤除而直流通过被测负载。图中,L 为电抗器,CL 组成滤波电路,E_s、R_s 分别为基准电源和基准电阻,实际测量时,A、B 两端跨接在被测绕组 R_x 两端,运放 A_0 的输出电压 V_0 与 R_x 和电抗器电阻 R_L 之和成正比,即:

$$V_0 = -\frac{E_s}{R_s}(R_x + R_L) \tag{4-13}$$

设运放 A_1 的输出电压

$$V_1 = \frac{1}{2}\frac{E_s}{R_s} \cdot R_L \tag{4-14}$$

则运放 A_2 的输出电压

$$V_2 = \frac{E_s}{R_s}(R_x + R_L)\frac{R_2}{R_2} - \frac{1}{2}\left(1 + \frac{R_2}{R_2}\right) \cdot \frac{E_s}{R_s} \cdot R_L = \frac{E_s}{R_s}R_x = kR_x \tag{4-15}$$

对已设计好的仪器,k 为常数,即输出电压 V_2 与被测电阻 R_x 成正比,而与滤波电抗电阻 R_L 无关。相应地,被测电阻 R_x 就可通过电压表示。

在使用带电绕组温升测量仪的过程中,应注意以下两点:被测绕组必须通过隔直电容供电,否则测得的电阻不是被测绕组的电阻;带电测量不能用于在直流电压下工作的绕组,否则绕组的工作电压反过来施加在仪表上,会把仪器烧毁。

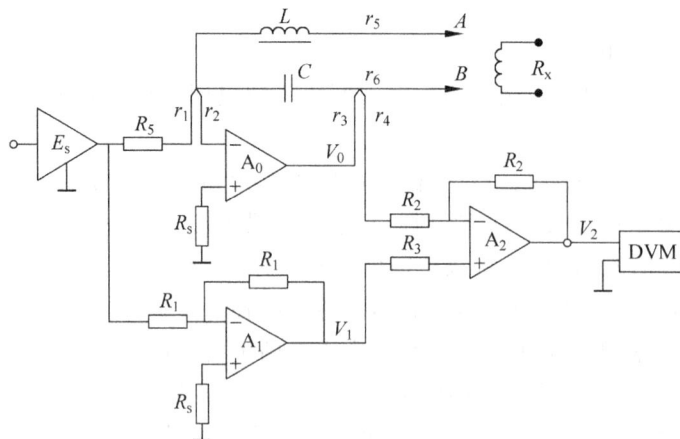

图 4-34   带电绕组温升测量仪工作原理图

4.6   残余电压试验

4.6.1   标准要求

残余电压是电气设备断电后,电源插头各极间、用电设备内部储能器件在一段时间内保持的电压。此电压是由于电气设备电源回路存在着储能器件,例如:电容器、电感材料等。当电气设备断电后,电源回路中电容器、电感等储能器件储存的电能由自身回路释放,放电的速率是根据回路中电容器、电感材料等储能器件容量的大小和储存的电能多少及回路电阻的大小决定。电气设备电源回路中均存在着储能器件,大部分的电气设备断电后,回路中电容、电感储存的电能由自身回路很快释放,其剩余电压不足以引起触电安全事故,如果电源回路中储能器件容量足够的大,电阻阻值也足够的大,那么,产生的剩余电压将会引起触电安全事故。

根据中华人民共和国国家标准(GB 4706.1—2005):通过一个插头来与电源连接的器具,其结构应能使其在正常使用中当触碰该插头的插脚时,不会因有充过电的电容器而引起电击危险。(注:额定电容量不大于 $0.1\mu F$ 的电容器,不认为会引起电击危险。)

通过下述试验确定其是否合格。器具以额定电压供电,然后将其任何一个开关置于"断开"位置,器具在电压峰值时从电源断开。在断开后的 1s 时,用一个不会对测量值产生明显影响的仪器,测量插头各插脚间的电压。此电压不应超过 34V。

4.6.2   残余电压的特点和测试要求

设计电压测量装置时需研究国家标准相应的要求,应保证测试器具在电压峰值时从电源断开,在切断电源前应测量电源是否在峰值位置上,再控制开关动作,但因控制有延时效应,因此须采用正弦波过零测量,同时测量其周期。通过正弦波过零后延时 1/4 周期(峰值)

切断电源。若采用继电器控制,切断时间以 ms 计,对于 50Hz 电源,其 1/4 周期只有 5ms,因此不适用。晶闸管是无触点开关,其使用频率高,切断反映时间以微秒计,适宜做控制开关。

断电后实际测量是在 1s 后测量,此时所测瞬时电压既不是峰值电压也不是有效值电压,而是变化时的瞬时点电压(图 4-35),需快速测量。测量通常有双积分型、逐次比较型 A/D 转换器,双积分型几十个 ms 数量级,而逐次比较型 A/D 转换器几十个 μs,逐次比较型 A/D 转换器能满足测量要求。

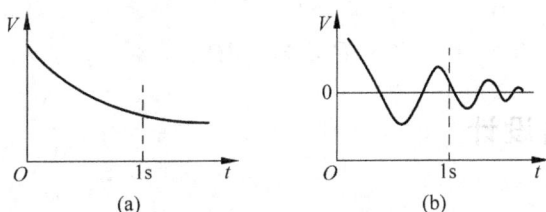

图 4-35　电容放电瞬时点电压

(a) 电容放电;(b) 电容电感振荡放电

当测量电压时,先要将测量电压降压后接 A/D 转换器,由于降压电路中存在阻抗,电源回路中储能器件会通过降压电路放电,影响测量精度。因此所接降压电路中阻抗不能太小,否则影响测量精度,因测量标准值 34V,分辩值 0.1V,相对误差只要考虑小于 0.3%。如图 4-36 所示,降压电路并入测量电路后,电容要通过降压电路的等效电阻放电,使被测量电压下降。

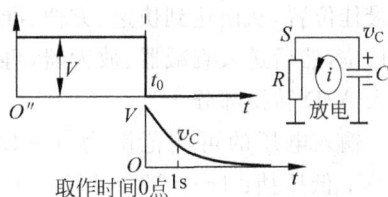

图 4-36　电容放电电路

为提高测量精度,在测量时刻被测量电压通过放电电路下降小于 0.3%,这样需计算降压电路的等效电阻。

在放电的电路图,设电容上的电压为 v_C,则电路中电流 $i=C\dfrac{\mathrm{d}v_C}{\mathrm{d}t}$。建立电路方程:

$$v_C + RC\frac{\mathrm{d}v_C}{\mathrm{d}t} = 0 \tag{4-16}$$

微分方程为齐次方程,初值条件是 $v_C(0)=V$,设其解是一个指数函数:$v_C(t)=Ke^{St}$(K 和 S 是未知常数)。

代入齐次方程得

$$Ke^{St} + RCKSe^{St} = 0 \tag{4-17}$$

齐次方程通解

$$v_C(t) = Ke^{-\frac{t}{RC}} \tag{4-18}$$

依据初值条件

$$v_C(0) = Ke^0 = K = V \tag{4-19}$$

得到

$$v_C(t) = Ve^{-\frac{t}{RC}} = Ve^{-t/\tau} \quad (\text{设 } \tau = RC) \tag{4-20}$$

为达到 0.3% 精度,当 $t=1$s 时,$v_C(1)/V \geqslant (1-0.3\%)$:

$$\tau \geqslant 332\text{s} \tag{4-21}$$

标准中指明,当电容器电容量不大于 $0.1\mu\text{F}$ 时,认为残余电压不会过大,在测量中最小电容量 $0.1\mu\text{F}$,根据式(4-20)式(4-21)对应:

$$R \geqslant 3320\text{M}\Omega \tag{4-22}$$

因剩余电压的能量微弱,这样的阻值,会影响后续电路的线性度。因此控制加入降压电路的时间,断电后不立刻接入降压电路,而是延时接近 1s 时再接入降压电路测量,这样电容放电时间只要控制在 0.1s,$v_{\text{C}}(1)/V \geqslant (1 - 0.3\%)$,根据式(4-20)可计算出 $\tau \geqslant 33.2\text{s}$:

则

$$R \geqslant 332\text{M}\Omega \tag{4-23}$$

4.6.3 测试电路设计

1. 电压量程

电源信号有效值 $0 \sim 220\text{V}$ 或者 $0 \sim 230\text{V}$,实际测量电压峰值为 $230\sqrt{2}\,\text{V} \approx 325.27\text{V}$,量程范围相对而言比较大。研制自动量程转化电路,根据输入电压的大小,使量程自动地选择在最佳位置,从而达到快速、方便、准确地测量电压的目的。被测信号自动分为高压、低压两个挡位,然后送入衰减器、放大器,再经过极性转换和采样保持后变成 $0 \sim 10\text{V}$ 的直流电压,送入 A/D 转换部分。

输入电压的可测范围为 $0 \sim 400\text{V}$,将它分为 5 个量程。高压挡:$100 \sim 400\text{V}$,$10 \sim 100\text{V}$;低压挡:$1 \sim 10\text{V}(\times 1)$;$0.1 \sim 1\text{V}(\times 10)$;$0 \sim 0.1\text{V}(\times 100)$。

高压挡的电压进入测量电路以后,首先被衰减 40 倍,转换成低压挡的电压。反相放大器的放大倍数只需要按低压挡的量程来设计,反相放大器的电路原理如图 4-37 所示。

反相放大器的放大倍数分 3 种:1 倍、10 倍、100 倍;它们通过开关 K_1、K_2 的组合而实现,实现过程见表 4-3。

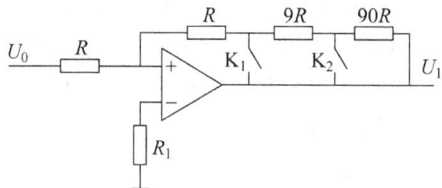

图 4-37 反向放大器

表 4-3 开关位置与放大器的关系

K_1	K_2	电压放大倍数
合	断	1
断	合	10
断	断	100

2. 时间控制精度

时间控制精度:$1\text{s}(2\text{s},5\text{s},10\text{s}) \pm 10\text{ms}$;相位鉴别:$<1°$,相位检测芯片响应时间电路如图 4-38 所示。

时间电路中的 $R_{\text{L}} = 5.1\text{k}\Omega$,输入 100mV 的阶跃电压信号中有 5mV 的过载信号,不提供 V_{in} 时,SW 处于开的状态,调整 V_{R} 使得 V_o 处于 1.4V 附近;提供 V_{in},并合上 SW。

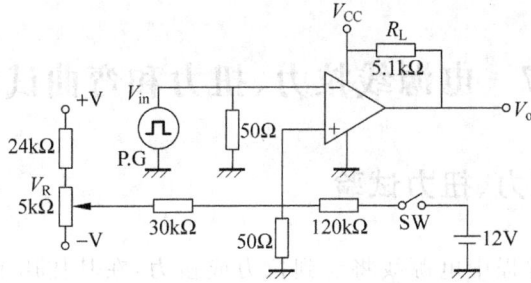

图 4-38　相位检测芯片响应时间电路

3. 系统的组成

针对上述问题结合对测试的要求和分析,设计残余电压测试模拟电路和计算机系统,拔掉电源插头 1s(2s,5s 或者 10s)时的被测仪器电源插头各插脚之间的瞬时电压值进行衰减、放大、极性转换、采样保持、A/D 变换,然后送 CPU 进行数据采集、计算、控制、显示。原理框图如图 4-39 所示。

测量单元框图如图 4-40 所示。

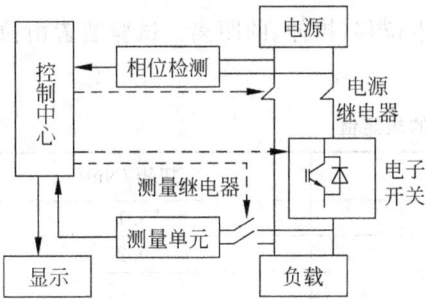

图 4-39　原理框图

图 4-40　测量单元

系统软件流程如图 4-41 所示。

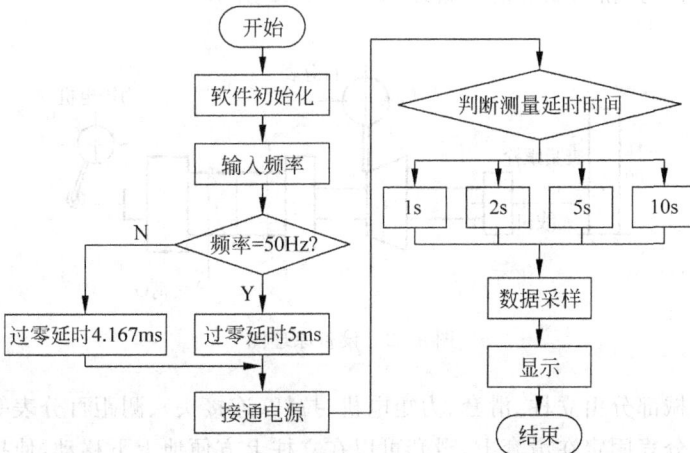

图 4-41　系统软件流程图

4.7　电源线拉力、扭力和弯曲试验

4.7.1　电源线拉力、扭力试验

电器产品在使用过程中电源线将受到拉力或扭力,在其作用下,绝缘层可能受到损坏、电源线的连接端可能会发生松脱。在设计、制造过程中要对电源线的耐承受能力进行考核。

1. 基本工作要求

根据 GB 4706.1 标准规定的检验要求,试验设备必须:

① 试验设备应能输出 30N、60N、100N 三种力值的拉力,所施加拉力达到规定值后维持 1s,施力方式应由零逐渐增大到规定值(表 4-4),不能有突拉力或冲击力。产生 0.1Nm、0.25Nm、0.35Nm 的扭力矩,并维持 1min。

② 能连续施加拉力 25 次。

③ 仪器能测量显示电源线在拉力的作用下产生位移(拉伸)的距离。试验装置由拉力、控制计数、测距、连接头等部分组成。

表 4-4　拉力和扭矩的规定值

器具质量/kg	拉力/N	扭矩/Nm
≤1	30	0.1
>1 且≤4	60	0.25
>4	100	0.35

2. 测试设备设计

常用电源线拉力、扭力试验的设备结构如图 4-42 所示。

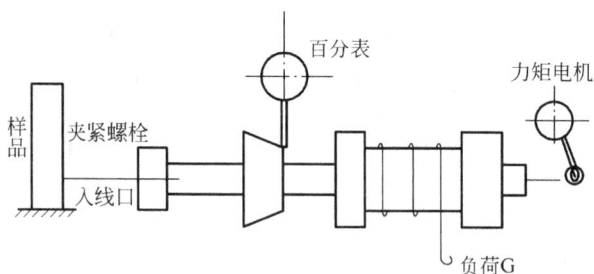

图 4-42　设备原理图

试验设备机械部分由立柱、滑套、力矩电机、拉杆(连接头)、测距百分表等组成。力矩电机、拉杆、测距百分表固定在滑套上,滑套可以在立柱上方便地上下移动,使拉杆能调节到适合电源线出线口的高度,然后锁紧。电源线夹紧在拉杆上。利用百分表测量电源线在拉力作用下移位的距离。设备电控箱控制试验电源通断、试验次数的预置、计数、试验时间等。

试验设备加载采用力矩电机,力矩电机产生的转矩通过缠绕在力矩电机输出轴上的尼龙绳形成拉力传递到拉杆上,由拉杆对连接在拉杆上的电源线施加拉力。力矩电机在达到其设定的额定输出力矩后,力矩值恒定,只要选择合适的额定输出力矩的电机和适当大小直径的输出轴,就可以得到规定的拉力。因为 T 等于 FL,则:

$$F = \frac{T}{L} = \frac{T}{R} \tag{4-24}$$

式中: T——力矩电机产生的力矩,N・m;

　　　R——力矩电机输出轴的半径,m。

如选择 0.5N・m 的力矩电机,当输出轴的直径为 10mm 时,缠绕在输出轴上的尼龙绳就会产生 100N 的拉力。改变力矩电机的工作电压,额定输出力矩随之改变,尼龙绳上产生的拉力也随之改变,即可得到 GB 4706.1 规定的不同拉力。同样,如果改变力矩电机输出轴的直径,尼龙绳上产生的拉力也会随之改变,输出轴的直径越大,拉力越小。

拉杆除可以前后移动外,还可以自由转动。当电源线固定在拉杆上后,拉杆产生的扭力矩就会施加在电源线上,使电源线经受扭力矩的作用。拉杆上的扭力通过拉杆上悬挂砝码产生。挂上砝码后,拉杆上产生的扭力矩为

$$T = FL = GR \tag{4-25}$$

式中: T——力矩,N・m;

　　　G——砝码的质量,kg;

　　　R——拉杆的半径,m。

调节砝码的大小,即可改变拉杆上产生扭力矩的大小。

3. 使用方法

(1) 选择拉力

进行电源线拉力试验时,根据被试样品的质量选择合适的拉力。

(2) 调节拉杆与被拉电源线位置

进行电源线拉力试验时,要求拉杆与被拉电源线中心对准。调节时先将滑套上的紧固件松开,使滑套能上下滑动调整。当拉杆中心高度与被试样品电源线出线口中心高度一致时,拧紧紧固件,使滑套固定不再移动。调整样品或试验设备的相对位置,使电源线出线口轴线与拉杆轴线重合。

(3) 夹紧被试电源线

拉杆与被试电源线对准后,用拉杆的夹子夹住电源线,拧紧紧固螺栓,直到夹紧电源线。同时将支撑顶紧被试样品电源线出线口位置,使被拉电源线张紧拉直即可。

(4) 调整百分表

装上百分表,使百分表的顶杆端部抵着拉杆上的定位件,不要使百分表的顶杆压缩太多,以免电源线被拉长后,顶杆的活动范围同、量程范围不够。

(5) 接通电源试验

将电控箱连接到供电电源上,接通电控箱上的电源开关,启动并使被试电源线拉紧,随即调整百分表的盘,使百分表的指针指在零处,此为拉力试验开始时电源线的起始位置。

力矩电机通、断电一次，电源线经受拉力试验一次，达到 25 次拉力试验后自动停机，并使电源线保持在被拉紧状态。此时，记录下百分表的读数即为试验后电源线移位的距离。

拉力试验结束后马上进行扭力试验。将尼龙绳的一端固定在拉杆的套筒上并绕几圈，再跨在滚轮上，尼龙绳的另一端悬空。

根据 GB 4706.1 要求扭力力矩的大小，选定相应的砝码，将砝码挂在悬空的尼龙绳一端，并开始计时，受重锤的重力作用，尼龙绳带动套筒、拉杆及被试电源线一起转动，使电源线承受扭力矩的作用，试验时间持续 1min。从挂上砝码开始计时，到 1min 取下砝码，试验结束。卸下电源线，按 GB 4706.1 要求进行检查。

（6）试验后检查

① 查看电源线是否损坏，包括绝缘护套及芯线是否被拉断。

② 查看电源线在器具出口处的纵向出口处的基准面位移是多少。一般以软线标识线和器具电源线出口处基准面之间的距离为准。

③ 将器具拆开，查看电源线在接线端子处的位移，此位移一般情况下，可以明显的看出被拉的痕迹，并测量所形成的位移，同时查看电源线在接线端子和软线固定装置之间是否被拉紧。在器具出口处电源线的方向位移不应超过 2mm；在接线端子处位移不超过 1mm；电源软线拉、扭力试验后不应损坏。

④ 爬电距离和电气间隙的测量：接线端子处爬电距离和电气间隙是在进行拉、扭力试验后测量的，测量位置根据有关的爬电距离和电气间隙测量要求进行。

⑤ 上述检查结果应相应记录全面、准确。

4.7.2 电源线弯曲试验

电器运动部件长时间使用后，其连接电源线等部件会出现损坏的现象，进而对安全产生影响。GB 4706.1 中对耐久性试验未作具体规定，部分家用电器（如家用电动缝纫机、洗衣机、吸尘器、吸油烟机、电风扇等）所用的电机产品标准规定了耐久性试验要求。

在 GB 4706.1 中的 25.14 电源线弯曲试验做出了规定，电源线要经过频繁弯曲试验，考核电源线出口处是否会由于弯曲而发生导线折断、绝缘损坏等危险，以评价电源线出口部分的保护和耐弯曲能力。

1. 基本工作要求

GB 4706.1 规定了弯曲试验的基本要求，其工作原理如图 4-43 所示。

① 摆动件以 90°（在垂线的两侧各 45°）摆动，电源线安装在摆动机构上。

② 摆动机构摆动频率 60 次/min。

③ 弯曲试脸中，对电源线施加 10N 或 5N 的力。

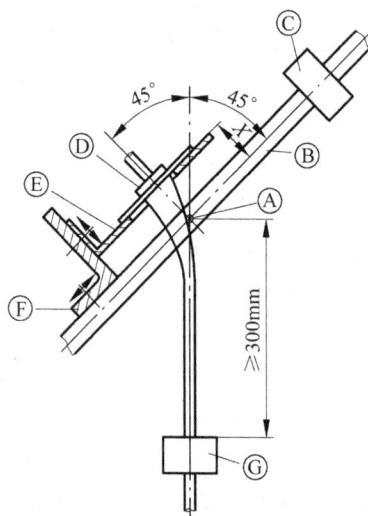

图 4-43 弯曲试验装置

A—摆动轴；B—摆动架；C—配重；D—试样；
E—可调安装板；F—可调托架；G—负载

2. 试验设备设计

设备由电动机、减速箱、曲柄连杆机构、大摆轮、小摆轮、摆动架、机座、控制计数电路等组成。

工作时,电动机减速后带动曲柄轮转动,与曲柄轮连接的连杆推动大摆轮作左右往复摆动。大摆轮再通过齿轮啮合带动小摆轮摆动,固定在小摆轮上的安装托架跟着小摆轮作相同角度的摆动,实现电源线的弯曲试验。弯曲试验次数由计数器记数,当达到规定弯曲次数后自动停机。

3. 使用方法

器具安装在摆动件的装置上进行试验。

(1) 试样的安装

首先将弯曲试验机的摆动件处于其行程中点的位置,然后将器具固定在弯曲试验机上,并注意使软线在进入软线保护器或入口处的轴线呈垂直状态,并且通过摆动件轴线中心线,当器具太大不能全部固定在弯曲试验机时,则将由软线入口、软线保护装置以及电源线组成的器具部件安装到弯曲试验机的摆件上,并使其软线在进入软线保护器或入口处的轴线呈垂直状态,通过摆动件轴心线。当电源线是采用扁平线时,应将扁平软线截面的长轴线与摆动轴线平行(通常需要试运行几次才能调节到最佳位置)。

(2) 施加负载重物

为了更有效地模拟实际使用中的弯曲效果。GB 4706.1 及对应产品的特殊安全标准中要求在离软线弯曲点至少 300mm 处悬挂一定的负载砝码进行弯曲试验。对于一般的器具通常以器具所使用的电源软线的截面积大小来分别施加不同的负载:对采用标称横截面积超过 $0.75mm^2$ 的软线施加的重物为 10N;对采用其他截面积的软线施加的重物为 5N。

(3) 确定弯曲角度、次数及速率

弯曲的角度是指摆动件在垂线两侧进行摆动时的夹角。

对于大多数家用电器摆动件的弯曲角度通常为 90°(在垂线的两侧各 45°)摆动。但也有一些特殊的器具考虑到在使用时将承受更大角度的弯曲,因此在其产品的特殊安全要求标准里将弯曲的角度提高。

弯曲次数是指被试样品按规定的弯曲角度进行摆动运动的次数,器具电源线采用 Z 型连接方式(即不破坏或损坏器具就不能更换其软缆或软线的器具),弯曲次数规定为 20 000 次;而对于采用 X 型连接的器具(即使用者很容易也很方便就能更换器具的电源线)以及采用 Y 型连接的器具(即打算由制造厂、它的服务机构或类似的具有资格的人员才能更换器具的电源线)弯曲次数为 10 000 次。但是,对于一些在特殊环境条件下使用的器具,产品的特殊安全标准中要求根据它们的使用特点而相应规定了不同的弯曲次数。弯曲的速率为: 60 次/min。

(4) 对软线通电工作

考虑到实际使用的情况,试验时规定在额定电压下,以被试器具的额定电流对导线进行加载通电(但接地导线不用通电)。为试验方便,可采用一些模拟负载,关键是保证电压和电流符合要求。

（5）试验结果判定

在试验期间或试验之后，出现下列情况者即判为不合格：

① 导线之间的短路；

② 任何一根多股导线中的绞线丝断裂超过 10%；

③ 导线从它的接线端子上脱开；

④ 导线保护装置的松开；

⑤ 本部分要求所认定的软线或软线防护装置的损坏；

⑥ 断裂的纹线穿透绝缘层并且成为易触及的导电体。

4.8　燃　烧　试　验

温度对非金属材料的各种性能影响较大，包括电气性能、机械强度、硬度等。在高温下非金属材料的主要性能一般都变差，尤其是温度升高到一定程度后，非金属材料与绝缘结构的特性会发生本质的变化。有些非金属材料在高温状态下，或温度急骤变化时会熔融或逐渐变软，机械强度急速下降。这些变化将导致电气强度降低，绝缘电阻下降，爬电距离和电气间隙也将产生变化，严重时可造成电器短路，引起电气火灾、触电等事故。器具的非金属材料零件对点燃和火焰的蔓延的抵抗能力的耐燃试验可以用针焰试验或灼热丝试验来验证。只有通过通用标准试验合格的器具才算安全。

4.8.1　灼热丝试验

电器产品在实际使用中可能产生过载、电气短路等非正常运行条件导致过热。电器中使用的非金属材料件由于过热而引起着火危险。国家标准和相应的国际标准，为避免电器产品由于非正常运行而引起过热而产生着火，专门制定了相应的标准，以确保使用者和环境的安全。

1. 基本工作要求

用于电器上不同位置的绝缘材料，由于所要求的功能不同，其要求的技术指标也不尽相同，对于用于固定载流部件所使用的绝缘材料部件应满足规定的灼热丝试验要求，试验强度根据绝缘材料部件预期的着火危险性应选择 650～960℃，除上述规定的绝缘材料部件外，其他绝缘材料部件应满足灼热丝试验要求，温度值为 550℃。

2. 试验装置的说明

灼热丝是用直径为 4mm 的镍/铬（80/20）丝制成规定尺寸的环；环成型时，应避免在其顶部产生细小的裂纹。测量灼热丝的温度用标称直径为 0.5mm 的铠装细丝热电偶，线材为镍铬和镍铝（K 型）丝，适合在温度高达 960℃ 条件下连续运行，它们的焊接点位于铠装套内。用于测量灼热丝温度的热电偶，其铠装套的金属至少要能耐 1050℃ 的温度。附有热电偶的灼热丝见热电偶被安放在灼热丝顶部已钻好的孔里，如图 4-44 的放大图 Z。

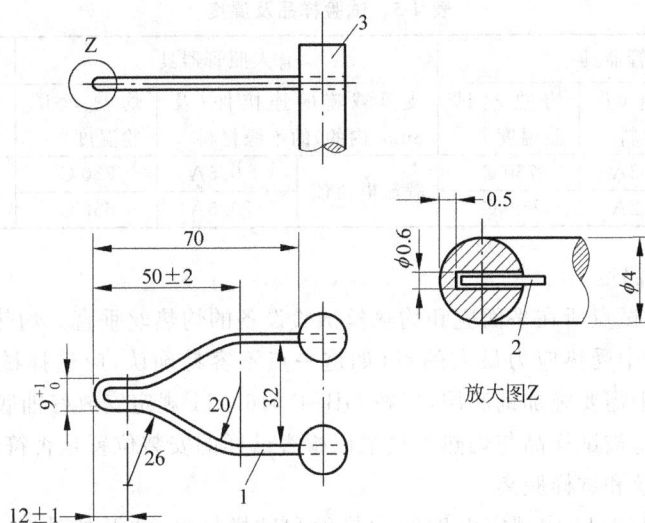

图 4-44　灼热丝和热电偶的位置

在热电偶的顶部和孔的底部及其四周应保证其良好的热接触,并确保热电偶因热膨胀而沿着灼热丝顶部移动,其特性近似线性。热电偶冷端应保存在正融化的冰水混合物里,除非使用其他方法,如用补偿盒以获得可靠的参考温度。测量仪器应精确到 1‰以内(例如 GB/T 7676 的 0.5 级)。

试验设备是通过电流来加热规定形状的镍铬合金电阻丝达到要求的温度,并使试验样品与之接触规定的时间,检查试验样品的燃烧状况,判定试样是否合格。

3．试验方法

试验程序:选样——试样预处理——选择试验温度——施加试验温度——观察和测量。

(1) 选样

试样的结构形状应尽可能和实际的电器产品的结构形状一致,以保证在整个试验过程中试样所得到的热量和实际情况一致,要保证所割下的试样应最大限度的反映试样在实际产品中的受热情况。如果从电器产品上割下部分不能进行此项试验(如产品过小),可以用相同材料的模压试样来代替,其平面尺寸要能适合于试验,其厚度应尽可能和实际电器产品(零部件)一致。但装饰物、旋钮和器具内部产生的火焰不可能蔓延到电器上的零部件不用进行该项试验;手持式电器、用手或脚来保持开关接通的器具和用手连续加载的器具不进行该项试验。

(2) 试样预处理

选择好试样后,将试样放在 15～35℃、相对湿度 45％～75％的条件下放置 24h。

(3) 选择试验温度

试样的试验温度与试样在电器产品中的位置和被支持载流部件的电流大小有关。确定试样的具体温度,应查核相应的产品标准。表 4-5 是 GB 4706.1 所规定的样品及其对应的试验温度。

表 4-5　试验样品及温度

无人照管器具		有人照管器具		其他外部部件
支撑载流的连接件(及3mm 内的)的绝缘材料	灼热丝试验温度	支撑载流的连接件(及3mm 内的)的绝缘材料	灼热丝试验温度	灼热丝试验温度
载流电流值　>0.2A	750℃	载流电流值　>0.5A	750℃	550℃
≤0.2A	650℃	≤0.5A	650℃	

（4）施加试验温度

被试样品的被试点所在平面应和灼热丝试验设备的灼热丝垂直。灼热丝的顶部应施加在试样的实际使用中受热应力最大的点（如这一点不容易确认，应选择试样上的相对薄的点）。如果在试验中需要施加铺底层，应按 GB/T 5169.11 规定安放好铺底层。为保证试验点的选择准确，先将被试样品与灼热丝接触以检查试样的安装位置是否符合要求，调整试样准确无误后，灼热丝和试样脱离。

根据 GB/T 5169.11 中规定温度的灼热丝和试样接触，并开始计时，接触持续时间为30s($\pm$1s)；在灼热丝和试样持续接触期间，由于试样的性质不同，可能使灼热丝的温度升高或降低，使加热灼热丝的电流产生波动，保持开始使灼热丝达到规定试验温度的电流值。另要保证使灼热丝和试样接触 30s($\pm$1s)期间内灼热丝的顶端在试样内能平滑移动，且限制在 7mm 之内。

（5）观察和测量

进行电器产品灼热丝试验主要观察和测量如下情况：

① 灼热丝和试样接触后铺底层的起燃时间 t_1。

② 灼热丝和试样接触后试样的起燃时间 t_2，以及灼热丝和试样脱离后试样的起燃时间 t_3。

③ 记录火焰的高度。

（6）试验结果的评定

下述情况为合格：

① 试样未起火或不灼烧。

② 铺底层未起燃或铺底层松木块未灼烧。

③ 后燃时间 $t_3 \leq$30s。

另外对于电器产品的整机进行评定时是否通过燃烧试验，还应按产品标准中的试验流程对不同部件进行相关的试验才可判定（详细的试验流程应查阅相应的产品标准）。

4.8.2　针焰试验

针焰试验是模拟电器产品内部元件短路、闪络、放电等发生火花而产生局部起燃时，是否会导致火焰扩大或蔓延而发生电器燃烧。对家用电器产品而言还考核电器产品是否由于电器内部局部过热而产生电器局部燃烧后是否波及周围的零部件，并引起周围部件起火，这是评定家用电器产品是否耐燃的系列方法之一。

1. 基本工作要求

经受灼热丝试验,期间产生的火焰超过 2s 的器具,对该连接件上方 20mm 直径、50mm 高的圆柱范围内的部件,还要进行针焰试验(但用符合针焰试验的隔离挡板屏蔽起来的部件不进行试验)。

2. 试验装置的说明

针焰试验按照 GB/T 5169.5《针焰试验》进行,该试验是评定可能由其他着火元件产生的小火焰对试验样品的影响。图 4-45 是针焰示意图,包括火焰的高度、燃烧的方位、离试样的距离。

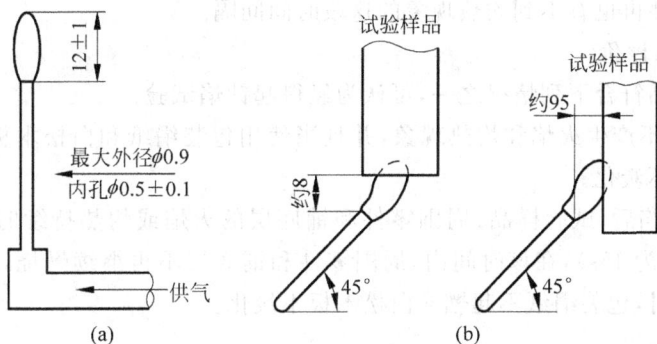

图 4-45　针焰示意图
(a) 火焰的调整；(b) 试验位置举例

产生针焰的燃烧器由标准规定尺寸的管子构成,也可采用割去锥度部分的注射针管。使用纯度不低于 95% 的丁烷气。在垂直方向进行火焰高度调整(12±1mm),试验时倾斜45°,施加试验火焰的持续时间为 30±1s。试验在一个试样上进行,如果试验经受不住该试验,则在另外两个试样上重复试验,这两个都要经受住该试验方可认为试验通过。

3. 试验方法

试验程序:选择试样——试样预处理——施加试验火焰——观察和测量。

(1) 选择试样

① 整件电器产品或组件或零部件。

② 从电器上割下或拆下部分部件,但要保证这些部件的条件和正常使用时一致,尤其是选择热应力和实际相符的部件。

③ 在灼热丝试验期间,试样火焰高度调整到可能受到火焰侵害的部件。

④ 选择三个试样进行此项试验。

⑤ 或按 GB/T 5169.11 中规定可在单独模制件上进行试验,试样制备应符合相应标准要求。

(2) 试样预处理

试样在温度 15~35℃,相对湿度 45%~75% 条件下放置 24h。

（3）施加试验火焰

首先确定试验火焰施加点。如无特殊规定，火焰施加点应选择在试样易受火焰影响的表面（此火焰是指起燃源所引起的）。固定夹持试样时，应不对试验火焰或火焰蔓延效应产生影响。在试样下方 200mm 左右处放置铺底层。确认试验火焰施加时间，一般情况试验火焰施加时间是 30s±1s；但如果是灼热丝试验后选定的有关零件进行针焰试验，此时施加试验火焰的持续时间是灼热丝试验期间所测定的火焰熄灭时间。

（4）观察和测量

如果试验样品、规定的铺底层和（或）其周围的部件起燃，应测量并记录燃烧的持续时间。

燃烧持续时间是指试验火焰从试验样品上移开到火焰熄灭，且试验样品、规定的铺底层和（或）其周围部件再也看不到灼热现象的这段时间间隔。

（5）试验结果评价

如果试验样品符合下列情况之一，可认为经得起针焰试验：

① 试验样品不产生火焰和灼热现象，并且当使用包装绢纸和白松木板时，包装绢纸不起燃或白松木板不炭化。

② 在移去针焰后，试验样品、周围零件和铺底层的火焰或灼热持续时间不应超过 30s（对于印制电路板为 15s），在该时间内，周围零件和铺底层不再继续燃烧，而且当使用包装绢纸和白松木板时，包装绢纸不起燃或白松木板不炭化。

4.8.3　耐漏电起痕试验

耐漏电起痕试验主要是模拟电器产品在实际使用中不同极性带电部件在绝缘材料表面沉积的导电物质是否引起绝缘材料表面爬电、击穿短路和起火危险而进行的检验。电器产品在使用过程中，由于环境的污染导致绝缘材料表面有污物、潮气而产生漏电，由此诱发的腐蚀而损坏绝缘性能。

标准所规定的试验是一种模拟极恶劣条件的加速试验以检验绝缘材料是否会形成漏电痕迹，从而能在短时间内区别固体绝缘材料抗漏电起痕的能力，保证产品在特定环境条件下的使用安全。

1. 基本工作要求

通过规定的电极在被试绝缘材料件上施加规定的交流电压，并按规定的溶液滴在被试绝缘材料件上，使被试绝缘材料件在电场和导电溶液的联合作用下，看其是否产生过电流和其他损坏，考核被试绝缘材料件的耐漏电起痕指数或相对耐漏电起痕指数。

2. 试验装置的说明

图 4-46 是漏电起痕试验的电极装置，两电极 1 放在被试样品上，电极之间相距 4mm，根据样品实际工作条件，两电极之间对应不同的电压，图 4-47 是漏电起痕的滴液装置部分，在两电极中间的上方有滴液管 4，以一定的速率（30s±5s 的间隔）使液滴（0.1% 的 NH_4Cl 氯化铵）滴到试样上，直到滴完 50 滴或试样发生破坏为止（试样燃烧或继电器动作）。

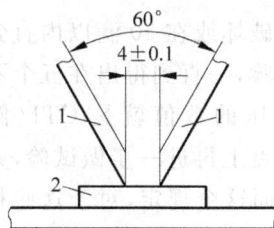

图 4-46　电极装置
1—电极；2—样品

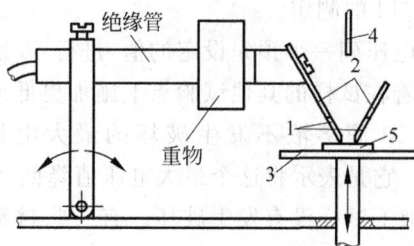

图 4-47　试验设备图
1—电极；2—电极支架；3—样品支架；4—滴液管；5—样品

3. 试验方法

试验程序：选择试样——试样预处理——试验前的准备——实施试验——试验结果的判定——试验报告。

（1）选择试样

如果试样是从电器产品上直接选择，应考虑电器产品的工作条件和电器产品本身绝缘材料所承受的电气强度（电应力），其工作条件分为：

① 长期电应力（电场力）　即电器产品中的绝缘长期受到电场力的作用；

② 长期使用的电器　电器本身没有规定额定工作时间或间断时间，则属于长期使用的电器；

③ 由一个通断开关控制的电器　主要指某些长期和电源连接的电器，但电器的功能是由一个通断开关来控制，即使通断开关处于"断"的位置，电器还是和电源连接在一起，如一些固定安装使用的电器；

④ 有一个单极开关控制的电器（中性线和相线的极性不能确定的电器）　这里指电器中的开关，只装在相线或中性线中的一根线上的电器。当开关处于"断"的位置时，可能是将中性线断开，而相线中还有电，即电器中的绝缘仍受到电场力的作用。

（2）试样的制样和预处理

应该将试样放在无通风地方并在 23℃±5℃ 的环境温度下进行试验，电极的污染会影响试验结果，在每次试验前应清洗电极。

被测试样应放在金属或玻璃撑板上，试样的被试表面呈水平，使两个电极的刃按规定的力紧压在试样上。

检查两电极之间的距离，保证电极和试样之间良好的接触。如果两电极的边缘已被腐蚀，则应重新磨尖。将电压调节成可被 25 整除的一个合适的值，调节电路的电阻使短路电流在给定的偏差内。然后使电解液滴落在被试表面，直到形成电痕化而产生破坏，或直到滴落 50 滴电解液为止。

如果在试样表面两电极间的一个导电通道中流过 0.5A 或更大的电流持续至少 2s，过电流继电器动作；或继电器虽未动作而试样燃烧了，则认为试样已发生破坏。（因试验可能产生有害或有毒的气体，因此最好采取安全措施以排除或限制扩散这些气体）

（3）CTI 的测定

调节电压到一个预先设定的值,进行 50 滴试验试样不发生破坏或在 50 滴以内直到出现破坏接着在试样的其他试验点上施加更低或更高的电压做试验,一直到得出在五个不同点上对于 50 滴溶液不发生破坏的最大电压值,这个最大电压的数值就是 CTI（例如CTI425）。它是表示将这个最大电压值降低 25V 在另外的五个点上再进一步做试验,并在100 滴溶液下试样没有发生破坏。有一些材料可能不会满足后面这个规定,对于这些材料要确定出试样在五个试验点都能经受住 100 滴或更多滴溶液的最大电压值,并将这个电压数值附在 CTI 中表示出来,例如 CTI425(375)。需要注意的是:

① 如果不知道材料的性能,则起始电压可选取试验范围中间值,例如 300V。如果试样经受住 50 滴液滴,那么增加电压再做试验;如果不到 50 滴试样发生破坏,则降低电压再做试验。这电压的增减量应当是 25V 或 25V 的倍数。继续进行试验,直到获得五个试样经受住 50 滴的最高电压值。

② 对于多数材料,50 滴的电压（在这个电压下试样经受住 50 滴而没有形成电痕化）可认为接近渐近值。比 50 滴电压低 25V 的试验是为了进一步证明这种情况。材料经受 100滴而不发生电痕化的电压比 50 滴电压低得越多,这个电压离渐近线就越远。

③ 注意更高的电压下和多于 50 滴液滴时,试样可能由于溶液和污染物积聚在试样表面的凹痕和小孔处而发生破坏（由过电流继电器的动作表明）,而不是由导电通路所引起。此时必须重新做试验,如果得不到定义规定的结果,就在试验报告中加以说明。

（4）耐电痕化试验

在材料规范标准或电工设备规范的标准中（或其他标准中）,如果只需要一个耐电痕化试验时,应按照条件(2)进行试验,但试验只在一个规定的电压下进行。规定数量的试样应经受住 50 滴而不发生破坏。

建议采用五个试样。在特殊情况下,可规定少一些试样。优先采用的试验电压为:175V,250V,300V,375V 或 500V。耐电痕化指数可缩写为 PTI。

（5）蚀损的测定

将没有发生电痕的试样应清除掉粘在其表面的碎屑或松散地附着在上面的分解物,然后将它放在深度规的平板上。用一个具有半球形端部其直径为 1mm 的探针来测量每个试样的最大蚀损深度,准确到 0.1mm。应在试验报告中注明五次测量的最大值。

当按照条件(3)试验时,应该在相应于 CTI 的电压下做过试验的五个试样上测量蚀损深度。还应该在规定的电压下经受住 50 滴液滴的试样上测量蚀损深度。

4. 试验报告应包括下述内容:

（1）被试材料的确认。

（2）试样厚度。

（3）表面特性。

① 是否在试样的原始表面进行试验。

② 被试表面是否研磨过。

③ 被试表面是否涂过漆。

④ 表面有无划痕。

（4）条件处理与清洁程序。

（5）如果不是用铂金电极，则应说明电极用的金属材料。

（6）如果不是用 A 或 B 溶液，则注明污染液。

（7）相比电痕化指数。

① CTI，例如"CTI400"，"CTI400M"或"CTI400（350）"。

② 蚀损深度，例如"CTI275-1.2"或"CTI275M-1.2"或"CTI275（200）-1.2"。

（8）耐电痕化指数。

① 试验在规定的电压下通过或破坏，例如"PTI175 通过"或"PTI175M 破坏"。

② 试验在规定的蚀损深度和电压下通过或破坏，例如"PTI250-0.8 通过"或"PTI250M-0.8 破坏"。

（9）由于试样燃烧，（7）、（8）两项内容无法报告时，应在报告中说明。

本 章 小 结

（1）介绍了电器产品安全性能检验的几个重要参数，各参数指标考核的目的。

（2）结合标准，详细描述各参数的标准要求、检验原理、测试方法。

思 考 题

1. 电器产品的电气绝缘性能包括哪几项内容，规定这些指标有何实际意义？

2. 绝缘电阻用什么仪表进行测量？试说明能否用其他方法测量。

3. 说明电器泄漏电流测量的条件和测量方法。

4. 电气强度试验中的泄漏电流与泄漏电流测量试验中量有何概念上的区别？

5. 试说明绝缘性能检验中绝缘电阻、电气强度及泄漏电流三者间的关系。

6. 列举十种常见家用电器，并分别指出是否需要做电源线弯曲试验。

7. 电源线的拉力、扭力试验怎么判断是否合格？

8. 洗衣机中哪些部件在什么情况下要做针焰试验？

9. 为什么要记录灼热丝试验的火焰高度？

10. 什么情况下要做针焰试验？怎么判断试样是否合格？

11. 耐漏电起痕的试验目的是什么？

第 **5** 章

电器产品使用性能的测试

学习要点

（1）了解电器产品类型，一般工作特性。

（2）熟悉微电机性能测试项目，转速、转矩以及机械特性的测试方法。

（3）熟悉电风扇、洗衣机、电热水器、电冰箱等产品的工作特性、标准要求和测试方法。

（4）掌握电器产品性能试验的一般检验原理、方法及其应用。

电器产品主要有两大类，一类是在电源变换、传输、控制和保护等过程中所应用的元件，另一类是将电能转换成各种功能应用的器具，在人们生活中接触到或认识到的大多是后一类涉及的日用电器产品。本章所提的电器产品使用性能的测试，主要介绍日用电器产品质量检验，其他种类电器产品质量检验方法以此类推。

日用电器产品质量检验项目包括安全性能和使用性能检验项目，通用安全性能检验项目和试验方法前两章已介绍，本章不再展开。主要介绍家用电器产品中电动器具、电热器具和制冷器具的工作原理、主要使用性能要求和测试方法，以便在了解产品标准的基础上，掌握相应产品的试验方法和测试技术。

5.1 电 动 器 具

电动器具是指将电能转化为机械能的一类器具，器具中不带电热元件。电动器具的动力是电动机，用电动机完成电能向机械能的转化，再配以控制装置和制动装置，以达到不同的使用目的，现在家庭中普遍使用的电风扇、吸油烟机、洗衣机等都是电动器具。最早的电风扇是 1882 年由美国人发明的。到 1888 年美国发明家特斯拉发明了交流感应电动机之后，电动机被大量用于家用电器中。至今，家用电动器具采用的电动机多数是单相异步电动机，例如电风扇、吸油烟机等；一些需要较大输出扭矩或较高转速的电器则采用串激电动机，例如果汁机、吸尘器等；其他的电动机例如罩极电动机、同步电动机、直流电动机也有使用。

本节介绍一般家用电动器具中常用的电动机参数测量和属电动器具的电风扇、洗衣机工作原理和测试方法。

5.1.1 电动机性能测试

在家用电动器具产品中，都要用到电动机，常用的电动机有单相异步电动机，单相串激式电动机，永磁式直流电动机等。这些电动机的性能好坏，直接影响到家用电动器具产品的质量,因此对电动机的性能进行测试是非常必要的。对照标准,衡量电动机是否合格的试验包括安全性能和使用性能测试,这里仅讲电动机的使用性能测试,主要介绍电动机的工作特性和机械特性等测试。

1. 工作特性测试

工作特性曲线是指在额定电压和额定频率下,以输出功率 P_2 为函数的一组曲线。它表示与输入功率 P_1、定子电流 I_1、电机效率 η、功率因数 $\cos\phi$ 以及转差率 s 等的关系曲线。

在正常的工作温度和负载情况下进行的实验应在 $(0.25\sim1.25)$ 负载功率的范围内,选取 $5\sim8$ 个点,在每个点上要测取电压 U、电流 I_1、输入功率 P_1 以及转速(转差率)。

利用转矩仪法测定,被试电动机、转矩传感器和磁粉制动器分别用联轴器直接联接,用磁粉制动器作为被试电动机的负载,用转矩传感器检测电机轴上的转矩信号和转速信号,并用转矩仪进行信号处理和数字显示,转矩仪在显示输出转矩 T_2 和电机转速 n 的同时,还可显示电动机的输出功率 P_2,用功率表测量电动机的输入功率 P_1,用电流表测量定子绕组电流 I_1,电压表测量定子电压 U_1。试验应始终保持供电电源为额定电压 U_{1N} 和额定频率 f_N。调节磁粉制动器的激磁电流,使电动机负载在 $(1.25\sim0.25)P_N$ 范围内变化,测取上述数据 $6\sim8$ 组,即可按下列步骤计算电机的工作特性。

① 转速(转差率)特性 $n=f(P_2)$ 曲线由各测试点数据直接绘出;

② 定子电流特性 $I_1=f(P_2)$ 曲线由各测试点数据直接绘出;

③ 效率特性 $\eta=f(P_2)$ 曲线由各测试点数据按下式计算并绘出:$\eta=P_2/P_1\times100\%$;

④ 功率因数特性 $\cos\phi=f(P_2)$ 曲线由各测试点数据按下式计算并绘出:$\cos\phi=P_1/(U_1I_1)$。

2. 机械特性测试

电动机的机械特性曲线($M\text{-}s$ 曲线)是电机的一个重要特性,对 $M\text{-}s$ 特性的测定,是设计、制造电机的重要指标,同时也是使用者选用电机的一个重要参数,表示电动机的输出转矩与转速的关系,即 $T_2=f(n)$,测试的方法有两种:

(1)测静态的机械特性(静态法)

这种方法是由电动机启动至空载转速之间取若干点,用测功机或用校正过的直流电动机测得电动机的转矩,用转速仪测量转速,作出机械特性 $T_2=f(n)$。由于用这种方法测得的转矩和转速是静态的,因此作出的机械特性也是静态的。

(2)测动态的机械特性(动态法)

这种方法是在电动机启动过程中测量出其角加速度,以反映电动机的转矩。这种方法是动态的。下面介绍用转矩—转速特性曲线测量仪来测取 $T_2=f(n)$ 曲线。

电动机的转动惯量 GD^2 是一个常数,当电动机空载启动时,电动机产生的电磁转矩除克服空载阻力矩以外,全部用于产生加速度。其转矩平衡方程式为:

$$T_2=T_0+T_a=T_0+\frac{GD^2}{375}\cdot\frac{\mathrm{d}n}{\mathrm{d}t} \tag{5-1}$$

式中:T_2——电动机产生的电磁转矩,N·m;

T_0——电动机空载时的阻力矩,N·M;

T_a——电动机的加速转矩,N·m;

n ——电动机的转速,r/min;

GD^2——电动机的转动惯量,N·m。

一般情况下,电动机的空载阻力矩 T_0 与电磁转矩 T_2 相比是很小的,可以忽略,即:

$$T_2 \approx T_a = \frac{GD^2}{375} \cdot \frac{\mathrm{d}n}{\mathrm{d}t} \tag{5-2}$$

由上式可见,电动机的电磁转矩正比于角加速度,因此,若能在电动机空载启动时测得正比于转速 n 及加速度 $\frac{\mathrm{d}n}{\mathrm{d}t}$ 的信号,并分别接到示波器或记录仪的 X、Y 轴的输入端,即可绘出转矩—转速曲线。它的测量原理框图如图 5-1 所示。

转速可以用不同的传感器测试,如光电传感器、电磁式传感器及直流发电机传感器等。这里用直流发电机作为速度传感器,它的空载电压为:

$$U \approx E = C_e \Phi n \tag{5-3}$$

当 Φ 为常数时,$U=kn$,可见,电压与转速是成比例的。

电机的转矩是加速度 $\frac{\mathrm{d}n}{\mathrm{d}t}$ 的函数,故可以将电机的转速对时间微分而得到转矩。微分元件基本线路如图 5-2 所示。

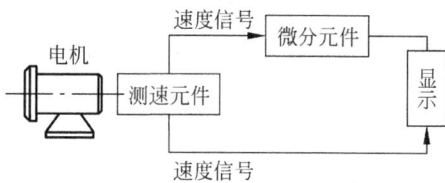

图 5-1　转矩—转速仪方框图

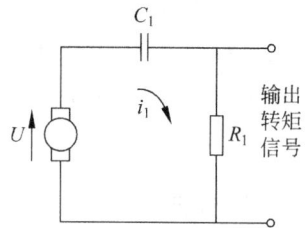

图 5-2　微分元件线路图

由图 5-2 可以得到

$$U = iR_1 + \frac{1}{C_1}\int i\mathrm{d}t$$

若 R_1、C_1 较小,即

$$iR_1 \ll \frac{1}{C_1}\int i\mathrm{d}t$$

则

$$U \approx \frac{1}{C_1}\int i\mathrm{d}t$$

从而得

$$i \approx C_1 \frac{\mathrm{d}u}{\mathrm{d}t}$$

$$iR_1 \approx R_1 C_1 \frac{\mathrm{d}u}{\mathrm{d}t} = KR_1 C_1 \frac{\mathrm{d}n}{\mathrm{d}t} \tag{5-4}$$

即 R_1 上的电压降与 $\frac{\mathrm{d}n}{\mathrm{d}t}$ 成正比。

实验时,分别将正比于转速 n 和角加速度 $\frac{\mathrm{d}n}{\mathrm{d}t}$ 的信号加到慢扫描示波器的 X、Y 轴。但是实际的测试线路要考虑到直流发电机的输出电压,总是包含有一定的脉动分量,所以要采取将脉动分量控制在较低的水平的措施,使微分电路的输出电压中产生的脉动分量尽可能小,使所得到的 $T_2 = f(n)$ 曲线不至于产生不允许的畸变,特别是测量小转矩时,不至于带来大的误差。

图 5-3 为加有 R、C 滤波器的实例。图 5-4 为机械特性曲线。

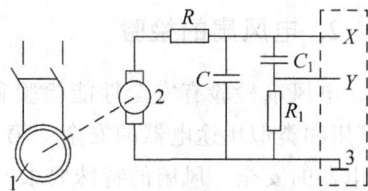

图 5-3　采用测速发电机及微分电路
1—被测电动机;2—测速发电机;3—示波器

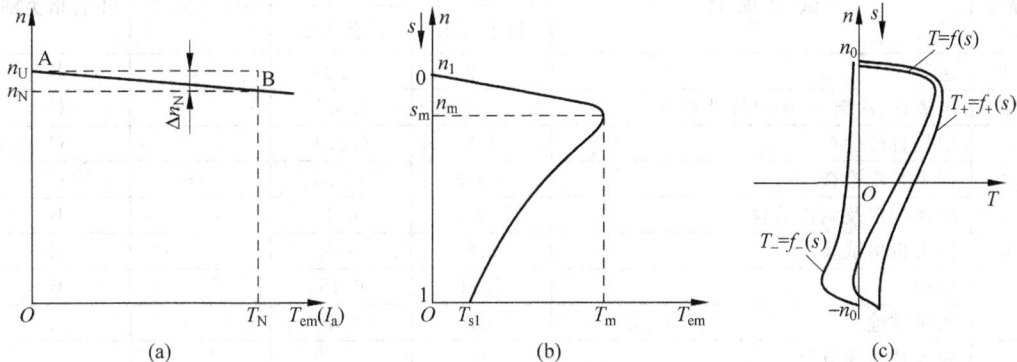

(a)　　　　　　　(b)　　　　　　　(c)

图 5-4　几种电动机的机械特性
(a) 直流电动机;(b) 异步电动机;(c) 单相异步电动机

5.1.2　电风扇测试

电风扇通过电动机驱动扇叶旋转,加快周围空气的流动,使人获得凉爽、舒适的感觉,是夏季防暑降温的主要电器之一。

1. 分类及典型结构

(1) 分类

按电动机的结构形式分,有单相电容式、单相罩极式、三相感应式、直流及交直流两用串激整流子式电风扇。

按用途可分为家用电风扇和工业用排风扇,其中家用电风扇有吊扇、台扇、落地扇、壁扇、顶扇等;台扇中又有摇头和不摇头之分,也有转页扇,还有一种微风小电扇,是专门吊在蚊帐里的,夏日晚上睡觉,一开它就会微风习习。

(2) 典型结构

电风扇通过电动机将电能转化为机械能,驱动扇叶按不同转速挡高速旋转,强制空气加速流动,从而达到改善人体与周围空气的热交换条件,起到通风纳凉、消暑降温的作用。扇叶按其工作原理分为轴流式扇叶和离心式扇叶两种。

电风扇一般都具有调速功能,通过调速来满足人们对风速、风压、风量的不同要求。调速的方法很多,普通台扇、落地扇常用电抗器和改变电动机定子绕组抽头两种方法调速。

2. 电风扇的检验

电风扇检验有安全性能检验和产品性能检验,安全性能检验项目以 GB 4706.1—2005 《家用和类似用途电器的安全　第 1 部分:通用要求》和 GB 4706.27—2003《家用和类似用途电器的安全　风扇的特殊要求》为依据;产品性能指标应满足 GB/T 13380—2007《交流电风扇和调速器》,反映电风扇使用性能最主要的一些指标见表 5-1。

表 5-1　出厂检验或型式试验项目

序号	试 验 项 目	标准所属章节		GB 4706.27	不合格类别
		技术要求	试验方法		
1	包装	8.2	8.2	—	B
2	电镀件、涂敷件、塑料件外观检查	5.9.1、5.9.2	6.3.5	—	C
3	扇翼直径检查	4.2	6.3.1	—	C
4	提手装置检查	5.8.3	6.3.4	—	C
5	转速测定及调速试验	5.4.1	6.4	—	B
6	摇头机构试验	5.6	6.5	—	B
7	启动	5.11	6.15	—	B
8	风量试验	5.2	6.7	—	A
9	输入功率和电流	—	—		
10	能效值确定	5.3	6.8.2	—	C
11	噪声试验	5.5	6.6	—	A
12	标志	8.1	6.3.2	7	
13	对触及带电部件的防护	—	—	8	
14	发热	—	—	11	
15	在工作温度下的泄漏电流和电气强度	—	—	13	
16	无线电和电视干扰的抑制	—	—		
17	耐潮湿	—	—	15	
18	泄漏电流和电气强度	—	—	16	
19	变压器和相关电路的过载保护	—	—	17	
20	耐久性	—	—	18	
21	稳定性和机械危险	—	—	20	
22	机械强度	—	—	21	
23	结构	—	—	22	
24	内部布线	—	—	23	
25	元件	5.4.2、5.8.1		24	
26	电源连接和外部软线	—	—	25	
27	外部导线用接线端子	—	—	26	
28	接地装置	—	—	27	
29	螺钉和连接	—	—	28	
30	爬电距离、电气间隙、穿通绝缘距离	—	—	29	
31	摇头机构转换装置操作试验	5.10.2	6.5.3	—	B
32	机头轴线定向装置操作试验	5.10.3	6.5.4	—	C
33	仰俯角操作试验	5.10.4	6.10	—	C

续表

序号	试验项目	标准所属章节		GB 4706.27	不合格类别
		技术要求	试验方法		
34	高度调节装置操作试验	5.10.5	6.11	—	C
35	螺旋夹紧件操作试验	5.10.6	6.12	—	C
36	调速开关分合试验	5.10.1	6.9	—	B
37	非正常工作	—	—	19	
38	耐热、耐燃和耐漏电起痕	—	—	30	
39	防锈			31	
40	涂敷件湿热试验	5.9.4	6.13	—	C
41	电镀件盐雾试验	5.9.3	6.14	—	C

输出风量和能效值与调速比、扇叶规格、形状、扭角等均有关系。测量输出风量必须在专门的测风室进行。常用电风扇的输出风量、能效值、调速比见表 5-2。

表 5-2　电风扇的输出风量和能效值等(220V、50Hz)

类　型	扇叶旋转直径/mm	输出风量/(m³/min)	能效值/(m³/(min·W))		调速比/%(电容式)	噪声/dB(A)
			电容式	罩极式		
台扇类(包括壁扇、台地扇及落地扇)	300	34	0.80	—	70	63
	350	46	0.90	—	70	65
	400	60	1.00	—	70	67
吊扇	900	140	2.75	1.90	50	62
	1050	170	2.79	2.16	50	65
	1200	215	2.93	2.47	50	67
	1400	270	3.15	2.55	50	70

注：输出风量允差—10%。

1) 启动性能

风扇应能在实际使用中会出现的所有正常电压条件下启动。离心式和其他自动启动开关应动作可靠,且无触头振动现象。用手启动的电动机,如果以错误方向启动,不应发生危险。

通过在 0.85 倍和 1.06 倍额定电压下启动风扇 3 次来检查,试验应在低速挡位进行。在任何情况下,风扇都应安全可靠地工作,测试期间电源电压下降不应超过 1%。

风扇在试验开始时处于室温状态下,每次启动电动机都应在风扇准备开始正常工作的条件下进行,对于自动器具,则应在正常工作周期开始的条件下进行,每次启动后,电动机停止一会,达到静止状态再启动。

2) 调速比

电扇的调速比是指在额定电压、额定功率的情况下,最低挡转速与最高挡转速之比,用百分数来表示。测量转速时,要求电风扇在最高速挡运转 1h 后测量最高转速挡的转速,在此测试完成以后,电风扇要在最低速挡运转 1h 后才能测量最低速挡的转速。

$$调速比 = \frac{最低转速挡位的转速}{最高转速挡位的转速} \times 100\% \tag{5-5}$$

3) 噪声

电风扇的噪声用 GB 4214.1 中规定的测试仪器在半消声室内进行测试,在额定电压、额定频率和处于不摇头或导风轮不工作的状态下,并且在最高转速挡位运转时测定。电风扇的噪声以 A 计权声功率级计,台扇、壁扇、台地扇、落地扇、吊扇、转页扇、顶扇、装饰型吊扇的值应不大于表 5-2 所规定的值。

(1) 电风扇噪声声功率级的计算

按下式进行:

$$L_w = \overline{L}_p + 10 \lg(S/S_0) \tag{5-6}$$

式中:L_w——声功率级,dB;

$\overline{L}_p$——平均声压级,dB;

S_0——基准面取 $S_0 = 1\text{m}^2$;

S——包络面的面积,m^2。

每台电风扇的四个测点中,任意两点声压级的差值小于或等于 5dB 时,平均声压级可用算术平均值计算,如差值大于 5dB 时,则用对数平均值计算。

台扇、转页扇的半包络面面积 $S = 2\pi R^2$,$R = 1\text{m}$ 时的声功率级

$$L_w = \overline{L}_p + 10 \lg 2\pi R^2 = \overline{L}_p + 8 (\text{dB}) \tag{5-7}$$

壁扇、台地扇、落地扇的全包络面面积 $S = 4\pi R^2$,$R = 1\text{m}$ 时的声功率级

$$L_w = \overline{L}_p + 10 \lg 4\pi R^2 = \overline{L}_p + 11 (\text{dB}) \tag{5-8}$$

吊扇的全包络面面积 $S = 4\pi R^2$,$R = 1.414\text{m}$ 时的声功率级

$$L_w = \overline{L}_p + 10 \lg 4\pi R^2 = \overline{L}_p + 14 (\text{dB}) \tag{5-9}$$

(2) 台扇、转页扇噪声测试

采用半球包络面,测试半径 R 为 1000mm,将被试风扇置于半消声室中间地面上,电风扇电动机轴线成水平,微音器带风罩并对准电风扇摇头轴心,它的测试位置为图 5-5 中 1、2、3、4 四点,微音器距离地面的高度对各种规格的风扇均为 450mm,摇头轴心在地面的投影和微音器在地面的投影之间的距离是 900mm,测试半径只是指摇头轴心在地面的投影至微音器的距离。噪声测试时按上述规定将微音器分别置于上述四点,在试样不摇头状态下,测出各点最大声压级,并算出这四个测试点的平均声压级,按式(5-7)计算出被试电风扇噪声的声功率级。

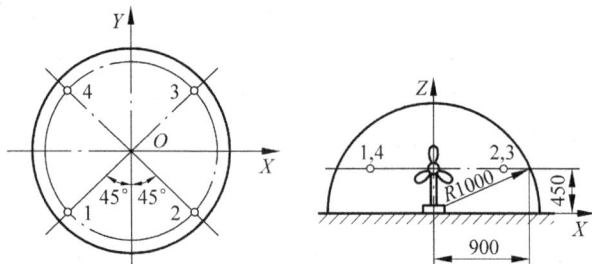

图 5-5 台扇、转页扇噪声测试

(3) 壁扇、台地扇、落地扇噪声测试

采用全球包络面,测试半径 R 为 1000mm,将被试电风扇置于半消声室中间地面上或样

品架上,电风扇电动机轴线成水平,且距离地面高度为 1500mm,微音器的高度也为 1500mm,微音器至电风扇摇头轴心的距离为 1000mm。噪声试验时,微音器的位置为图 5-6 中的 1、2、3、4 四点,其他要求与台扇相同,但其噪声声功率级的计算,应按式(5-8)的规定进行。

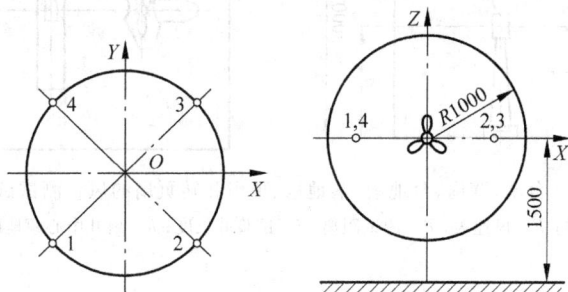

图 5-6　壁扇、台地扇、落地扇噪声测试

(4) 吊扇、装饰型吊扇噪声测试

采用全球包络面,测试半径 R 为 1414mm,将被试电风扇悬吊在半消声室内,其扇叶平面距离地面高度大于 2300mm,微音器带风罩并对准吊扇叶毂中心,微音器至叶毂中心的距离即为测试半径 R。

噪声试验时,微音器的测试位置为图 5-7 中的 1、2、3、4 四点,每点声压级的读数应取其示值的中间值,算出这四个测试点的平均声压级,按式(5-9)计算出被试吊扇噪声声功率级。

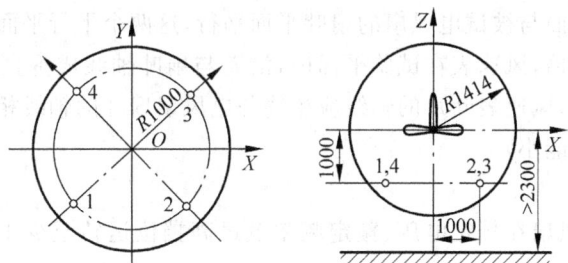

图 5-7　吊扇噪声测试

4) 台扇、壁扇、台地扇、顶扇和转页扇的风量试验

(1) 风量试验条件的设置

风量测试在空气温度为(20±5)℃,尺寸符合标准要求的风量试验室(图 5-8)内测定。试验室内应无外来气流。试验室尺寸如下(允许±15mm 的误差):

➤ 长度:台扇、壁扇、台地扇、顶扇和转页扇试验时为 4500mm,落地扇试验时为 6000mm。(注:400mm 及其以下的落地扇允许在长度为 4500mm 的试验室内试验。)

➤ 宽度:4500mm。

➤ 高度:3000mm。

(2) 风量测试准备工作

被试电风扇扇叶中心距地面高度:台扇、壁扇、台地扇、顶扇和转页扇为 1200mm,落地扇为 1500mm(当 400mm 及其以下的落地扇在长度为 4500mm 的试验室测试时,其高度为

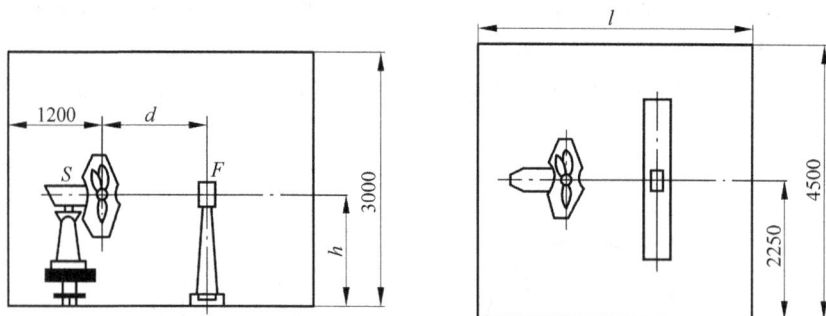

图 5-8　台扇、壁扇、台地扇、落地扇、顶扇和转页扇的风量测试试验室
S—试样；F—风速表；d—测试距离；l—试验屏长度；h—扇叶中心距地面高度

1200mm）。

被试电风扇扇叶中心与前墙墙面的距离：台扇、壁扇、台地扇、顶扇和转页扇应不小于 1800mm；落地扇应不小于 4000mm（400mm 及其以下的落地扇允许为不小于 1800mm）。

被试电风扇扇叶中心与左右两侧墙面的距离：不小于 1800mm。

被试电风扇扇叶中心与后墙墙面的距离：各种类型、规格的电风扇均不小于 1200mm。

当被试电风扇为壁扇时，要安装在一块平板上，其平板尺寸至少为 1000mm×1000mm。

试验时，在电风扇送风的一边，除了允许放置风速表及其搁架外，在整个试验屏内不应放置其他物品。试验过程中，试验人员可以在电风扇进风一边停留，仅在操作风速表和读取数据时，才进入电风扇的送风一边，并应尽快返回。

风速表的叶片平面与被试电风扇的扇叶平面平行，这两个平行平面之间的距离，为被试电风扇扇叶直径的 3 倍，风速表在试验平面内，沿着与扇叶轴线成垂直相交的水平直线上，向左右两个方向移动，风速表叶片的轴线应始终与电风扇扇叶的轴线相平行（风速表的架子应对气流的阻碍尽可能小）。

（3）试验程序

试验前，先将电风扇在额定电压、额定频率及最高挡位运转至少 1h，且带有网罩，摇头机构不工作。

试验时，应从距离扇叶轴线 20mm 左右两点处开始测量，以每 40mm 的增量沿着水平直线逐点向两边移动，直到所测得的平均风速下降到低于 24m/min 时为止，任何圆环平均风速应该是该圆环平均半径上左右两个风速读数的平均值。测量风速的时间不应少于 1min。

测量完相应测点风速后，计算风量，在距离电风扇一定距离的下游处，选取一垂直于电风扇轴线的计算平面，如图 5-9 所示的平面直角坐标系。首先将计算截面分成许多个圆环，用圆环中心的速度值代替整个小圆环的平均速度。例如，在半径为 r 的一个环上，它的气流轴向分速度为 v，则通过此环的风量为：

$$dQ = v \cdot 2\pi r dr \qquad (5-10)$$

电风扇总输出风量为通过直到读数限度的所有圆环的风量总和，可由下式求得：

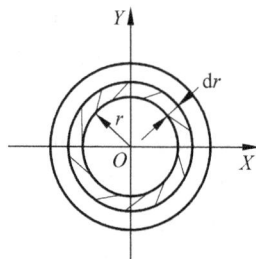

图 5-9　计算风量的截面图

$$Q = \int_A \mathrm{d}Q = \int_0^r 2\pi r v \, \mathrm{d}r \qquad (5\text{-}11)$$

在实际测量中,一般仅选取 n 个有限的圆环,使每个圆环的宽度 d 都相等,上式变为:

$$Q = \sum v \cdot S = \sum v \cdot 2\pi r d / 10^6 \qquad (5\text{-}12)$$

式中:Q——通过圆环的风量,$\mathrm{m}^3/\mathrm{min}$;

v——同一半径上圆环的平均风速,$\mathrm{m/min}$;

r——圆环的平均半径(数值见表 5-3),mm;

d——圆环的宽度,$40\mathrm{mm}$;

S——圆环面积,见表 5-3。

表 5-3　电扇的输出风量计算表

测点	圆环的平均半径 r/mm	圆环面积 S/m²	风速/(m/min)		平均风速 v (m/min)	通过圆环的风量 Q(m³/min)
			左边	右边		
1	20	0.0050				
2	60	0.0151				
3	100	0.0251				
4	140	0.0352				
5	180	0.0452				
6	220	0.0553				
7	260	0.0653				
8	280	0.0754				
9	340	0.0855				
10	380	0.0955				
11	420	0.1055				
12	460	0.1155				
13	500	0.1255				
14	540	0.1355				
15	580	0.1455				

5) 吊扇的风量试验

(1) 吊扇的风量试验条件设置

试验室的试验屏和外屏如图 5-10 所示,其尺寸如下:

➤ 试验屏长度:$4500\mathrm{mm}\pm15\mathrm{mm}$。

➤ 宽度:$4500\mathrm{mm}\pm15\mathrm{mm}$。

➤ 高度:$3000\mathrm{mm}\pm15\mathrm{mm}$。

试验屏的顶部如图 5-11 所示,除了中心留有圆形孔(顶孔)外,应该均被顶屏盖住,顶孔的直径应该比扇叶直径大 $10\%\sim20\%$,开有顶孔的中央顶屏的隔板厚度应不大于 $6\mathrm{mm}$。

试验屏底部与地面离开 $450\mathrm{mm}$,以提供适当的空气出口。

试验屏之外的顶板或任何会干扰气流的凸梁都应该在顶孔之上不小于 $1000\mathrm{mm}$ 的地方,即外屏天花板或者凸梁离地面不小于 $4000\mathrm{mm}$。

试验屏四周与外屏墙壁之间的距离均等,其尺寸为 $1000\sim1250\mathrm{mm}$。

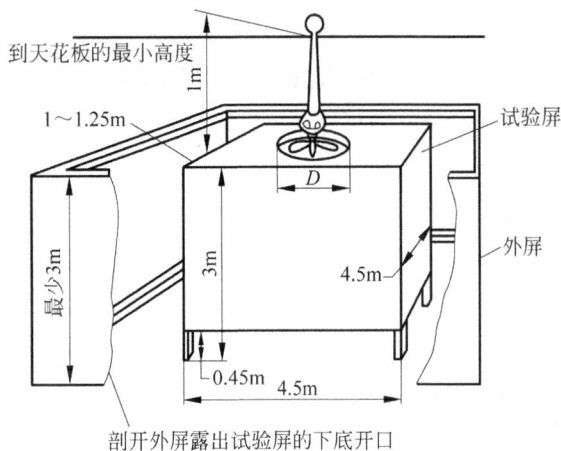

图 5-10　吊扇风量试验屏和外屏布置图

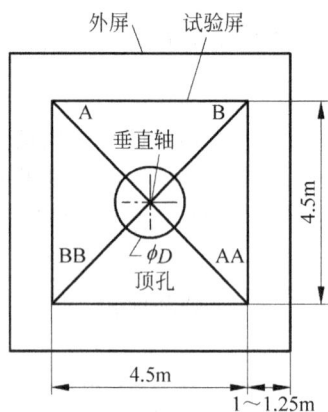

图 5-11　吊扇风量试验屏顶部平面图
D—试验屏顶孔直径

（2）风速测定

吊扇扇叶平面应处在试验屏顶部圆孔上缘的平面中，吊扇上方要安装在一块平板上，其平板尺寸至少比扇叶直径大 10%～20%。平板与扇叶平面的距离按说明书要求正常安装后由天花板与扇叶平面的距离来确定。

风速表的叶片平面与吊扇扇叶平面平行，其距离为 1500mm，风速表应在一个水平面内的四个半段对角线上移动，风速表的架置应尽可能地减少对气流的影响。

（3）试验程序

试验前，先将电风扇在额定电压、额定频率及最高挡位运转至少 1h。试验时，使吊扇在最高转速挡位连续运转。风速应从距离对角线中心（位于通过扇叶中心的垂直线上）40mm 处开始测量，随后以每 80mm 的增量逐点向各边进行，直到所测得的平均风速下降到低于 9m/min 为止，任何圆环的平均风速，应该是该圆环平均半径处四个半段对角线上读数的平均值。任一圆环的平均风速 v 为

$$v = \frac{v_1 + v_2 + v_3 + v_4}{4} \qquad (5\text{-}13)$$

式中：v_1、v_2、v_3、v_4——任一圆环同一半径处 4 只风速仪所测量的风速（m/min）。

圆环面积 S 为

$$S = \frac{2\pi rd}{10^6} = 2\pi \times 80r \times 10^{-6} = 0.000\,502r\,(\text{m}^2) \qquad (5\text{-}14)$$

（4）风量的确定

吊扇总输出风量为通过直到读数限度的所有圆环的风量总和，可由下式求得：

$$\text{总风量} = \sum Q = \sum V \cdot S = \sum V \cdot 2\pi rd / 10^6 \qquad (5\text{-}15)$$

式中：Q——通过圆环的风量，m^3/min；

　　　V——同一半径上圆环的平均风速，m/min；

　　　r——圆环的平均半径，mm；

　　　d——圆环的宽度，80mm；

S——圆环面积，m^2。

6）能效值的确定

（1）能效值的概念

电风扇的能效值是在额定电压、额定频率和最高转速挡位运转时，其实测的输出风量（m^3/min）除以其实测的电动机输入功率（W）。电风扇的能效值越大，说明电能转变成风能的转换效率越高。由能效值的概念可知，要确定能效值需要知道输出风量和电风扇的电动机输入功率。

台扇、壁扇、台地扇、落地扇、吊扇、转页扇的能效值应不小于表 5-2 的规定值。

（2）输入功率的测量

输入功率在测风室内测量，电风扇先要在最高转速挡连续运转至少 30min，再额定电压、额定频率和电风扇员高转速挡下，摇头机构处于工作状态，台扇、台地扇、落地扇的电动机轴线处于水平位置，壁扇电动机轴线处于正常位置上测量输入功率。测量时要使电风扇的指示灯、照明灯和其他耗电器件断路，因为输入功率单纯指电动机的输入功率。

（3）能效值

测得输出总风量和输入功率，便可计算能效值。

5.1.3　洗衣机测试

洗衣机是一种能够代替人完成洗衣工作的机械装置，它能够把人们从繁忙的家务劳动中解放出来，我国洗衣机生产发展很快，在城市的普及率已经很高。洗衣机的发展趋势主要表现在性能向多功能、程序化、智能型方向发展。

1. 分类、典型结构及工作原理

1）分类

（1）按自动化程度分类：在洗衣机洗涤衣物的整个程序中，洗涤、漂洗、脱水是其三个主要的过程。按照连续完成情况，可以分为普通型、半自动型和全自动型三种类型。

普通型洗衣机是指洗涤、漂洗、脱水三个过程之间的相互转换均需人工完成的洗衣机。通常又有普通型单桶洗衣机和普通型双桶洗衣机两种。后者是在单桶洗衣机的基础上增设了离心式脱水装置，其结构简单、使用方便、价格低廉。

半自动型洗衣机是指三个过程中任意两个之间的转换可以自动连续完成的洗衣机。从结构上讲，这类洗衣机又有双桶型和套桶型两种。

全自动型洗衣机是指洗涤、漂洗、脱水三个过程之间的相互转换均能自动连续完成的洗衣机。这类洗衣机通常都制成套桶式，其进水、排水都采用电磁阀，由程序控制器按人们预先设计好的程序不断发出指令，驱动各执行器件动作，整个洗衣过程自动完成。

（2）按结构形式分类

按洗衣机结构形式的不同，可分为单桶洗衣机、双桶洗衣机和套桶洗衣机三种类型。

单桶洗衣机多为简易型或普通型，它只有一个桶，在其中实现洗涤和漂洗两种功能，而且两种功能之间需要人工转换。因其只是作为一种辅助洗衣的工具，目前已逐渐被淘汰。

双桶洗衣机是单桶洗衣机与脱水机的组合。它的洗涤系统与脱水系统是相对独立的，由两台电动机分别驱动波轮和脱水桶,洗涤或脱水时间也是由两个定时器分别控制的。除了普通型外,还可制成"洗、漂连续"或"漂、脱连续"的半自动型。为了适应无地漏的家庭使用,有的双桶洗衣机还带有排水泵,称为上排水洗衣机。

套桶洗衣机的桶体由同轴的内、外两个桶组成。外桶是固定的,用来盛放洗涤液,侧壁上开有许多小孔的内桶中盛放衣物。洗涤或漂洗时只有波轮转而内桶不动;在脱水时,内桶与波轮同步高速运转。滚筒式洗衣机也是套桶式结构,只是它的轴是水平的。

2) 典型结构

波轮式洗衣机是将被洗衣物浸没于洗涤水中,依靠波轮连续转动或定时正、反向转动的方式进行洗涤的洗衣机,其基本结构如图 5-12 所示。它由洗衣桶、波轮和传动机构等组成。洗衣桶中装着一个波轮,波轮上有几条突起的筋,波轮的转动带动桶中的洗涤液和衣物旋转和翻滚运动,在常用洗涤程序中转动时间为 30s,停止为 5s。它的最大特点是洗得干净、省电、洗涤时间较短,而其缺点是磨损大、缠绕率高、耗水量大。

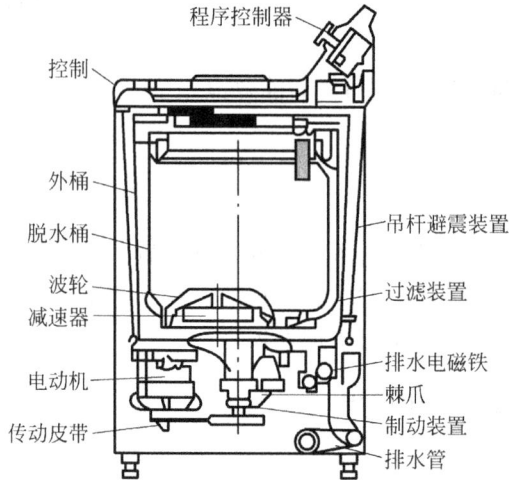

图 5-12　波轮式洗衣机基本结构图

3) 工作原理

(1) 洗涤

要将衣物洗干净,必须同时具备水、洗涤剂和机械力,这三者称为洗涤过程的三要素。洗衣机的洗涤原理是以模拟人工搓洗衣物的动作而发展起来的,虽然它与人工搓洗的动作并不完全相同,但主要也是产生洗涤过程所需的机械作用。被洗衣物放入盛放了洗涤剂的洗涤桶中以后,通过洗衣机的波轮、滚筒或搅拌器的运动产生洗衣所必需的机械力,在电动机的驱动下重复作"正转——停——反转——停——正转……"运动。波轮旋转时对洗涤液的作用力形成了洗涤桶内上、下翻滚的流场。衣物在洗涤液中也会跟着作较强的旋转、翻滚,与洗涤液存在速度差,这样就产生了类似冲刷的作用。衣物与衣物之间,衣物与波轮之间,衣物与桶壁之间不断发生碰撞、摩擦,使已经被洗涤剂松脱的污垢从衣物上剥落下来,悬浮到洗涤液中,随洗涤液排走,将衣物洗净。

(2) 漂洗

洗衣机的漂洗可以采用多种方式,如蓄水漂洗和溢流漂洗,这两种方式都是在洗涤桶内进行。对于双桶洗衣机,还可以采用在脱水桶内进行的喷淋漂洗和顶淋漂洗两种方式。

洗衣机采用得最多的是蓄水漂洗。衣物放在注满清水的洗涤桶内,由波轮转动进行漂洗,在漂洗过程中桶内的水量是不变的。每次漂洗几分钟后,将水排净,并将衣物甩干,再重复进行第二次漂洗。洗涤后的衣物,一般要重复 2～3 次才能漂清。

(3) 脱水

各种洗衣机都采用离心式脱水方式,只是波轮式洗衣机的脱水桶轴是竖直方向的,而滚筒式洗衣机的轴是水平方向的。

在衣物放入脱水桶后,电动机带动脱水桶作高速旋转,因为衣物对水的吸引力小于水滴作匀速圆周运动所需的向心力,所以在离心作用下,水滴由脱水桶侧壁上的小孔中甩出。离心式脱水方式具有脱水率高,脱水均匀,不损伤衣物,无皱纹等优点。

2. 洗衣机的检验

家用电动洗衣机检验有安全性能检验和产品性能检验,安全性能检验项目以 GB 4706.1—2005《家用和类似用途电器的安全 第 1 部分:通用要求》、GB 4706.24《家用和类似用途电器的安全 洗衣机的特殊要求》和 GB 4706.26《家用和类似用途电器的安全 脱水机的特殊要求》为依据;产品性能指标应满足 GB/T 4288—2008《家用电动洗衣机》,产品检验项目见表 5-4。反映洗衣机使用性能最主要的一些项目有洗净性能、对织物的磨损率、脱水性能、噪声、无故障运行等。

表 5-4 出厂检验或型式试验项目

序号	试验项目	标准所属章节		不合格类别			致命缺陷
		技术要求	试验方法	A	B	C	
1	标志	8.1	视检	√			
2	包装振动试验	8.2	GB/T 22939.5		√		
3	试运转	5.2	视检		√		
4	洗净性能	5.3	附录 A				√
5	对织物的磨损率	5.4	附录 B		√		
6	漂洗性能	5.5	附录 C			√	
7	噪声	5.6	6.7	√			
8	脱水性能	5.7	6.6	√			
9	进水管和排水管弯曲性能	5.8	6.8		√		
10	振动性能试验	5.9	6.11		√		
11	无故障运行试验	5.10	6.9	√			
12	内部部件	5.11.1	视检		√		
13	洗涤桶内部表面	5.11.2	视检		√		
14	洗涤检查	5.11.3	视检		√		
15	挤水辊表面检查	5.11.4	视检			√	
16	水位标志检查	5.11.5	视检			√	
17	55℃水运行试验	5.11.6	视检	√			
18	钢铁制件表面检查	5.12.1	视检		√		
19	电镀件表面检查	5.12.2.1	6.13	√			

续表

序号	试验项目	标准所属章节		不合格类别			致命缺陷
		技术要求	试验方法	A	B	C	
20	结构件边缘及棱角部位检查	5.12.2.2	视检	√			
21	涂漆件或涂塑件附着力检查	5.12.3.1	视检		√		
22	涂漆件或涂塑件耐腐蚀检查	5.12.3.2	6.10		√		
23	塑料件表面检查	5.12.4	视检		√		
24	洗衣桶耐腐蚀、耐碱、耐摩擦和耐冲击	5.12.5	6.12	√			
25	用电量	5.13	6.3.1				√
26	用水量	5.14	6.3.2				√
27	羊毛洗涤性能	5.15	附录E		√		
28	洗净均匀度	5.16	6.15	√			
29	脱水转速	5.17	-		√		
30	明示值允许偏差	5.18	7.5.8	√			

1）洗净性能

标准要求：洗衣机洗净比应不小于 0.70。

（1）试验条件

水质：试验用水的硬度质量分数为 $(40\sim60)\times10^{-6}$。水量：按洗衣机说明书中标称的额定水量。水温：波轮式、搅拌式洗衣机的起始温度为 $(30\pm2)℃$；有加热装置的滚筒式洗衣机按制造商明示的标准程序进行，无明示的洗涤温度按 60℃，棉织物程序进行；无加热装置的滚筒式洗衣机洗涤温度为 $(50\pm2)℃$。

（2）测试准备工作

根据洗衣机的额定洗涤容量，称取标准洗涤物，并配备标准污染布。用光电反射率计（或白度仪）测量标准污染布的洗净前反射率，每一块污染布表里各测二处，共测四处，取其算术平均值。然后将标准污染布缝在标准洗涤物上，如图 5-13 所示。

在做洗净试验时，除半自动和全自动型洗衣机按其使用说明书中规定的标准洗涤程序进行洗涤外，其他被测洗衣机应在额定洗涤状态下进行洗涤，洗涤（试验）时间规定如下：

波轮式洗衣机为 10min（以常用的标准洗涤方式为准）；搅拌式洗衣机为 20min（参考值）；滚筒式洗衣机为 30min（参考值）；搅拌式标准参比机为 20min。不论参比机还是被测机，每次洗涤后，需经 2 次漂洗、脱水 3 次，每次各 5min。

参比洗衣机：波轮式和搅拌式洗衣机采用搅拌式参比洗衣机，滚筒式洗衣机采用滚筒式参比洗衣机。

与任何用充分的水量浸没衣物进行洗涤的洗衣机比较用的搅拌式参比洗衣机：洗涤容量 2.75kg、洗衣桶直径 540mm、最高水位水量 50L、搅拌器直径 340mm、搅拌器叶数 4、搅拌叶高度 76mm（最大）、摆动角 214°、速度 51 次/min。

与任何其他滚筒式洗衣机比较用的周期正反转滚筒式参比洗衣机，内筒（与外筒同心）：洗涤容量 5kg、直径 515mm、容积（净）65L、提升叶板数目 3、滚筒速度：洗涤 $(52\pm1)r/min$、脱水 $(530\pm20)r/min$。

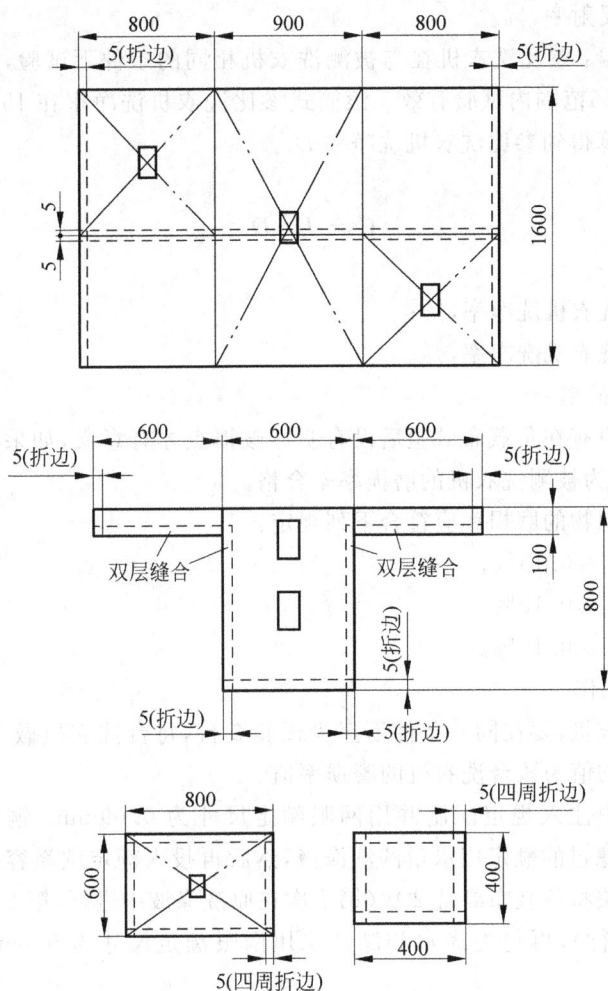

图 5-13　标准污染布缝在标准洗涤物上

（3）测试方法

同一规格洗衣机,要在同一条件下至少试验 3 台,每台洗衣机做 3 次洗净试验,每次试验后根据反射率算出洗净率,再取其 3 次洗净率的算术平均值为该台洗衣机的洗净率值。

取标准洗涤物放入待测洗衣机中,注意将标准洗涤物抖开,逐件放入,并使钉缝污染布的一面朝外。

每次洗净试验后,将污染布拆下,不要用手揉搓。自然晾干后,用(150±5)℃的电熨斗熨平,熨平后不应起光泽(可将污染布放在两块织物之间),熨平时衬厚质平整毛呢。熨平后测定其反射率,并计算洗净率

$$D_r = \frac{R_w - R_s}{R_0 - R_s} \times 100\% \qquad (5\text{-}16)$$

式中：D_r——洗净率,%；

　　　R_w——污染布洗净后反射率,%；

　　　R_s——污染布洗净前反射率,%；

R_0——原布反射率,%。

参比洗衣机试验:参比洗衣机在与被测洗衣机相同的条件下试验,搅拌式参比洗衣机洗净率在 30%～50% 范围内试验有效。滚筒式参比洗衣机洗净率在 15%～35% 范围内试验有效。测量并计算得到参比洗衣机洗净率 D_s。

计算洗净比

$$C = D_r/D_s \tag{5-17}$$

式中:C——洗净比;

　　　D_r——被测洗衣机洗净率,%;

　　　D_s——参比洗衣机洗净率,%。

2)对织物的磨损率

磨损率的检验只有在负载布试验后没有明显破损点才有意义,如果试验后负载布有明显的破损点,则应认为被测洗衣机的磨损率不合格。

洗衣机对试验织物的磨损率应符合下列规定:

波轮式洗衣机:≤0.15%;

滚筒式洗衣机:≤0.10%;

搅拌式洗衣机:≤0.15%。

(1)测试准备工作

同一规格的洗衣机,要在同一条件下至少试验 3 台,每台洗衣机做 3 次磨损试验,取 3 次磨损率的算术平均值为该台洗衣机的磨损率值。

在被测洗衣机中注入规定配制并用网眼额定尺寸为 0.09mm、铜丝直径为 0.05mm(180 目)的滤网布滤过的额定用水量的洗涤液,然后再投入额定洗涤容量的负载布连续运转 4h 后,用手工逐块将负载布漂洗 2 次(第 1 次在原洗涤液中进行,第 2 次在另一装有额定漂洗水的容器中进行),再将洗涤水和漂洗水用网眼额定尺寸为 0.09mm 的滤网布自然过滤。

磨损试验用的负载布使用次数为 20～30 次(每 4h 为 1 次)。负载布露出纱线和有明显破损点时,不得使用。

(2)检测实施

将滤网布上收集到的绒毛连同洗衣机桶及排水系统各处收集到的绒毛一起放入烘箱,在 80℃温度下烘至质量稳定。然后将干燥的标准洗涤物在室温为(20±5)℃、相对湿度为 60%～70% 的条件下,放置 24h 后称重。

如称量环境达不到规定,可采用十分干燥法来称量;将收集的绒毛一起放在烘箱中,在 80℃温度下进行干燥,每 10min 称量一次,直至相邻两次称得的质量值变化在 1% 以下为止。将如此所得的质量值增加 8% 作为绒毛的质量(注:采用十分干燥法称量时,可采用将被称物放在带盖的密闭小盒里一起称量的方法,避免环境湿度影响,由于带盖密闭小盒在同一烘箱中干燥,减去它的质量即为被称物的质量)。

磨损率计算:

$$\eta = \frac{p}{p_0} \times 100\% \tag{5-18}$$

式中:η——磨损率,%;

p——过滤所得绒毛的质量,千克(kg);

p_0——额定(正常)负载布的质量,千克(kg)。

3) 脱水性能

脱水机和洗衣机的脱水装置脱水后含水率应符合表 5-5 的规定。每台样机做 3 次试验,取 3 次的算术平均值作为该机的含水率。

表 5-5 洗涤物的含水率的规定值

脱 水 方 式		含水率/%
手动式	挤水器	< 150
离心式	波轮式和搅拌式、滚筒式、普通型和半自动型波轮式、脱水机及脱水装置	< 115

(1)试验条件

试验在环境温度为(20±5)℃、相对湿度为 60%~70%、无外界气流、无强烈阳光和其他热辐射作用的室内进行。

试验电源为单相交流正弦波,电压及频率波动范围不得超过额定值的±1%;测量质量的衡器以千克计,精确至 5g。

(2)测试准备工作

根据洗衣机的额定脱水容量,称取标准洗涤物,将其浸泡 1h。

(3)检测实施

离心式脱水,将标准洗涤物投入被试洗衣机的脱水桶中运转一个最长的脱水程序后取出称重。计算被试洗衣机的含水率:

$$H = \frac{M_2 - M_1}{M_1} \times 100\% \qquad (5-19)$$

式中:H——含水率,%;

M_1——洗涤前干燥状态标准洗涤物质量,kg;

M_2——脱水后标准洗涤物质量,kg。

4) 噪声

洗衣机洗涤、脱水时的声功率级噪声值均应不大于 72dB(A 计权)。按 GB/T 4214.4 要求进行试验。

$$L_w = L_{pme} + 10 \lg \left(\frac{S}{S_0} \right) - 2dB \quad (基准量 1pW) \qquad (5-20)$$

5) 洗净均匀度

洗衣机的洗净均匀度应不小于表 5-6 的规定值。每台样机做 3 次试验,取 3 次试验的算术平均值作为该机的洗净均匀度。

表 5-6 洗衣机的洗净均匀度的规定值

洗 衣 机	限定值/%	洗 衣 机	限定值/%
波轮式洗衣机	86.0	搅拌式洗衣机	94.0
滚筒式洗衣机	92.0		

洗净均匀度计算：

$$s = 1 - \sqrt{\frac{1}{k-1}\sum_{j=1}^{k}(D_j - \overline{D_j})^2} \tag{5-21}$$

式中：S——洗净均匀度，%；

k——单次试验中污染布数量之和；

D_j——第 j 块污染布的洗净均匀度。

6）振动性能

机箱前、后、左、右各侧面中央部位的振幅，额定洗涤容量为 5kg 及 5kg 以下应不大于 0.6mm；额定洗涤容量在 5kg 以上应不大于 0.8mm；机盖的中央部位的振幅，额定洗涤容量为 5kg 和 5kg 以下应不大于 0.8mm；额定洗涤容量在 5kg 以上应不大于 1.0mm。

洗衣机在额定工作状态下运转达到稳定时，用测振仪测量机箱前、后、左、右各侧面中央部位及盖中央部位。

7）无故障运行

洗衣机在额定工作状态下，无故障工作次数（时间）应不低于表 5-7 的规定。试验后应能继续无故障工作，离心式脱水机及脱水装置制动时间应不大于 20s。

表 5-7　无故障工作次数或时间

型　　式	无故障运行次数（时间）
普通洗衣机	以定时器一个满量程为一次，共 4000 次
半自动及全自动洗衣机	以一个常用（标准）洗涤程序为一次，波轮式/搅拌式 2000 次，滚筒式 2300h
离心式脱水机及脱水装置	按断续周期工作，共 6000 次

（1）运行

洗衣机在无故障运行试验中如发生影响其继续正常使用的故障即为试验结束，试验期间皮带允许更换两次。

① 每天连续运转不少于 8h，对洗涤桶不能自动进、排水的洗衣机每运转 8h 换一次水；

② 负载布的规格与洗涤性能试验要求相同，质量为 0.8 倍的额定洗涤容量；

③ 试验程序为标准（常用）程序；

④ 试验使用 3 台样机，取 3 台样机第 1 次发生故障运行次数（时间）的平均值。

（2）脱水

① 采用断续周期工作制，工作周期为 5min（运转 3min，停止 2min），要求在最大转速状态下打开机门进行制动；

② 采用模拟负载（如橡胶球等），质量为生产厂所规定的额定脱水容量的两倍。在脱水时，模拟负载应能均匀分布在脱水桶中。

8）用电量

洗净性能试验全过程单位洗涤容量用电量应不大于表 5-8 的规定值。

洗净性能试验时测量全过程总的用电量 E_1 和洗涤容量 m，则单位洗涤容量用电量为：

$$E = \frac{E_1}{m} \tag{5-22}$$

9）用水量

洗净性能试验全过程单位洗涤容量用水量应不大于表 5-9 的规定值。

<table>
<tr><td colspan="2">表 5-8　用电量规定值</td><td colspan="2">表 5-9　用水量规定值</td></tr>
<tr><td>产 品 名 称</td><td>限定值/(kWh/kg)</td><td>产 品 名 称</td><td>限定值/(L/kg)</td></tr>
<tr><td>波轮式和全自动搅拌式洗衣机</td><td>≤0.032</td><td>波轮式和全自动搅拌式洗衣机</td><td>≤36</td></tr>
<tr><td>滚筒式洗衣机</td><td>≤0.350</td><td>滚筒式洗衣机</td><td>≤20</td></tr>
</table>

洗净试验时测量全过程的用水量 W_1，则单位洗涤容量用水量为：

$$W = \frac{W_1}{m} \tag{5-23}$$

5.2　电 热 器 具

电热器具指的是装有电热元件而不带有电动机的器具。常见的电热器具包括电熨斗、电饭锅、电暖器等。自从发现电流通过导线可以发生热效应之后，世界上就有许多发明家从事各种电热电器的研究与制造。最早的电热器具可以追溯到 1882 年发明的电熨斗，在此之前，人们都是将熨烫用的铁块利用火炉加热，然后再熨烫衣服，由于温度难以控制，经常把衣服烤焦。接着到 1909 年出现电灶的使用，那时在炉灶中放置电加热器，也就是说加热从柴禾转移到电气，即从电能转变为热能。但是真正电热电器工业的急速发展，却是在用作电热元件的镍铬合金的发明之后。1910 年美国首先研制成功用镍铬合金电热丝制作的电熨斗，这就从根本上改善了电熨斗结构，使用熨斗迅速得到普及。到 1925 年在日本出现在锅中安装电热元件的产品，成为现代电饭锅的原型。在这阶段，工业上也出现实验室用电炉、熔胶炉、暖气器等电热产品。在家用电热电器方面，各种器具都设计得更为美观、耐用和坚固，而且大部分都有自动温度和时间控制，操作不当、温度失控和发生火灾的可能性都大大减小，如：电灶、烤面包器、烙饼器、太阳能热水器等都有自动控制。

本节介绍常用电热器具电饭锅、电热水器和微波炉的工作原理、性能测试要求和测试方法及测试仪器。

5.2.1　概述

1. 电热器具的类型

电热器具的类型可按元件种类、电热转换方式、用途来分。

（1）按元件种类分类

元件的种类有很多，从发热原理上可以分为纯电阻性发热元件（例如电水壶用的发热丝）和半导体型发热元件（例如一些暖风机用的 PTC 发热元件）。从加热介质来看，有些电热元件是用于加热空气的（例如多数室内加热器），有些是用于加热水或其他液体的（例如电热水器等），也有加热固体材料的（例如烧烤盘等）。电热元件的外观根据电器形状和功能的不同也是多种多样的，有管状的、板状的、膜状的、蜂窝状的等。

（2）按电热转换方式分类

① 电阻式电热器具：电流流过具有一定电阻的导体时，导体的温度便会升高，向外放出热量。热量的大小可用焦耳—楞次定律 $Q = RI^2t$ 计算，如电饭锅、电熨斗、电热水器等通常都为电阻式电热器具。这类电热器具采用的加热方式，一般都是电流流过电热元件使之发热，然后通过热传递再将热量传给被加热物体。

② 红外式电热器具：这类电热器具是在电阻式加热器的表面涂上红外辐射材料，通电加热时能辐射出红外线。这种加热方式能提高热效率，常见的有石英管式取暖器、电烤箱等。

③ 感应式电热器具：在交变磁场的作用下，导体内部会产生感应电流（涡流）。涡流同样会使导体的温度升高，将电能转变为热能。利用涡流产生热量的电热器具称为感应式电热器具。典型的产品是电磁灶，这类电热器具的热效率较高。

④ 微波式电热器具：波长在 1mm～1m 范围内的电磁波称为微波。当微波辐射到某些介质时，会将能量传递给其内部的分子，使之产生剧烈运动而发热。微波炉是目前微波式电热器具中应用最广的产品，具有节能、加热速度快、加热均匀等显著优点。

（3）按用途分类

根据器具的用途，电热器具主要包括以下几类：

① 取暖类电器，例如室内加热器、暖脚器等，主要用于居室的升温或者使用者的取暖；

② 电热炊具类电器，例如电饭锅、烤箱、电灶等，主要用于烹饪；

③ 熨烫类电器，例如电熨斗、蒸汽烫刷等，主要用于织物熨烫整理；

④ 清洁类电器，例如电热水器等，主要用于提供清洁用的热水或者在清洁过程中升温；

⑤ 个人护理类电器，例如电热梳等，主要用于美容美发、健康护理等。

2. 电热器具的基本结构

电热器具的基本结构主要包括电热器件、温度控制器件及安全保护装置三部分。

（1）电热器件

电热器件的主要作用是将电能转变为热能。它由各类电热元件构成，常见的电热元件有发热板、管状电加热器、PTC 加热器等。

（2）温度控制器件

温度控制器件的主要作用是对发热器件的温度、电功率、通电时间等进行控制，以满足使用者的需要。常用的温度控制器件有双金属温控器、磁性温控器、热敏电阻温控器、热电偶温控器、PTC 温控器等。

（3）安全保护装置

安全保护装置的主要作用是在电热器具发热温度超过正常范围时，自动切断电源，防止器具过热而损坏，甚至酿成事故。常用的安全保护装置有超温保护熔断器、热继电器等。

5.2.2　电饭锅测试

电饭锅是一种能够进行蒸、煮、炖、煨、焖等多种加工的现代化炊具。它不但能够把食物做熟，而且能够保温，使用起来清洁卫生，没有污染，省时省力，是家务劳动现代化不可缺少的用具。

1. 分类、典型结构及工作原理

（1）分类

电饭锅按控制方式的不同可以分为机械式开关控制电饭锅和电子式开关控制电饭锅（包括微计算机模糊控制电饭锅）。

（2）典型结构

以机械式开关控制电饭锅为例介绍其典型结构。一般机械式开关控制的电饭锅均由外壳、内锅、发热盘、开关、磁钢限温器、温控器、热熔断体等组成，如图 5-14 所示。

① 外壳：发热元件、开关、磁钢限温器、温控器、热熔断体等器件的支承体，也是防止使用者与带电部件接触造成触电危险的防护装置。

② 内锅：是被发热盘直接加热的，其底部曲面应与发热盘表面非常吻合，以便提高热效率。

③ 发热盘：电饭锅的核心部件，使电能转化为热能的关键器件。

④ 开关：接通或断开电源用，电饭锅的开关通常与磁钢限温器结合在一起。

⑤ 磁钢限温器：利用软磁性材料的特性，使米饭在刚煮熟时切断电源的器件。

⑥ 温控器：使煮熟的米饭温度控制在一定范围之内的器件。

⑦ 热熔断体：在电饭锅温控装置发生故障使器具温度过高时，自动切断电源的器件。

（3）工作原理

电饭锅是一种通过电热元件将电能转化为热能，热能通过热传递的方式加热内锅中的大米，同时利用限温器在 $103℃±2℃$ 动作的特点，自动切断电热元件电源，起到自动煮饭功能的一种电器。电饭锅使用的电热元件主要是金属铠装电热元件，另外还有 PTC 发热元件和电磁感应元件等。

工作原理如图 5-15 所示，当按下按键接通电源时，电饭锅开始工作，磁钢限温器和双金属温控器并联连接，当锅内温度上升至 $(65±5)℃$ 之间时，温控器断开，但磁钢限温器仍接通，加热器仍通电，当锅内温度上升至居里点 $(103±2)℃$ 时，触点断开，由于磁钢限温器是人工复位的，加热器不工作，指示灯熄灭，此后，当内锅温度降至 $(65±5)℃$ 时，电饭锅进入自动保温状态，依靠温控器的反复通断，使锅内温度保持在 65℃ 左右。若磁钢限温器触点失灵，不能断开加热器，锅内温度不断上升至 180℃ 时，热熔断体断开，加热器断电，从而起到过热保护作用。

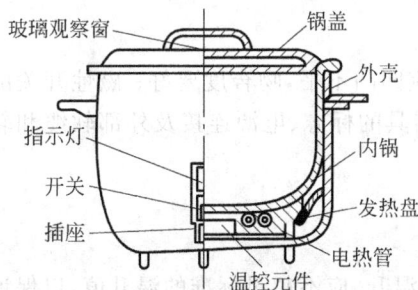

图 5-14　机械式开关控制电饭锅的典型结构

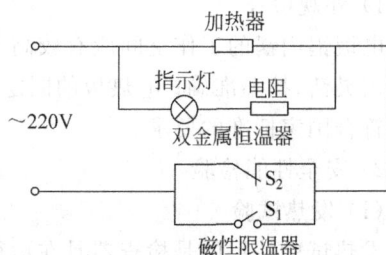

图 5-15　自动保温式电饭锅的电原理

　　此外,还有电子式开关控制电饭锅,其结构增设了锅体加热器、锅盖加热器、感温开关、双向晶闸管和微动开关等元件,其控制电路如图 5-16 所示,煮饭时按下煮饭按键,微动开关的触点 C—NC 接通,煮饭灯亮,锅底加热板通电工作,此时,由于微动开关触点 C—NO 断开,保温系统断电而不工作。当锅内温度升高到 72℃左右时,感温开关触点分离(常温下是闭合的),加热板继续工作,使锅内沸腾至饭熟水干后,锅底温度达 103℃左右时,磁钢限温器动作,使微动开关触点 C—NC 断开,加热板断电,煮饭指示灯熄灭,与此同时,触点 C—NO 被接通,保温灯亮。由于此时锅内温度较高(高于 72℃),感温开关触点仍处于分开状态,双向晶闸管因其控制极无触发电压也处于关断状态,锅体和锅盖加热器不工作。当锅内温度降至 72℃以下时,感温开关闭合,双向晶闸管因其控制极上有触发电压而导通,加热板、锅体加热器及盖加热器通电而加热。当锅内温度升高到 72℃以上时,感温开关再次断开,晶闸管关断,锅内温度下降,使锅内温度维持在 72℃左右。在保温过程中,加热板中流过的电流很小,因此煮饭指示灯也因发热板两端电压很低而不被点亮。

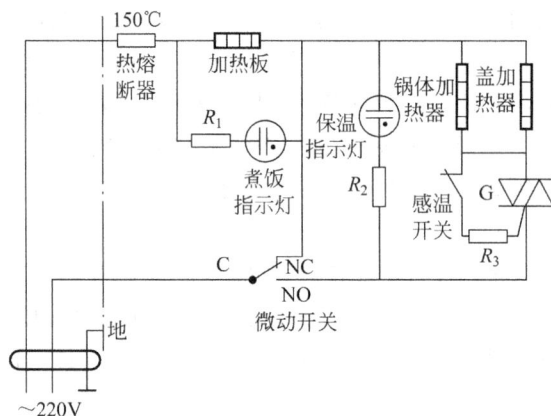

图 5-16　电子式开关控制电饭锅的电原理

2. 自动电饭锅的检验

　　自动电饭锅检验有安全性能检验和产品性能检验,安全性能检验项目以 GB 4706.1—2005《家用和类似用途电器的安全　第 1 部分:通用要求》和 GB 4706.6—1995《家用和类似用途电器的安全　自动电饭锅的特殊要求》为依据,产品性能标准 QB/T 4099—2010《电饭锅及类似器具》。具体检验项目包括:

　　1)外观检查

　　电饭锅内锅的工作空间应有较高的光洁度,不应凹凸不平,吻合度要好;磁性开关的运动应当灵活,控温准确;电热板的固定应当牢靠。器具的标志、电源连接及外部软缆和软线等应符合国家标准的要求。

　　2)安全性能检验

　　(1)发热试验

　　发热试验的目的是检查器具在运行中各部分的温升,应不超过标准的温升值,以保证器具不因超温而影响其性能和造成意外事故等。其具体方法如下:

　　电饭锅放在测试角中,测试时尽量使电饭锅放在靠近围壁的底板上,其温升用细线热电偶测量,用于测量测试角侧壁、底板表面温升的热电偶要埋入它的表面或黏附于铜或黄铜制成的漆黑小圆片的背面,并应放置于与板壁表面齐平的位置。

电饭锅按充分发热条件连续运行直至达到稳定状态为止。所有电热元件都接入电路中,电源电压使其在输入功率等于最大额定输入功率 1.15 倍的情况下工作。

试验期间,热熔断体不应动作,温升要连续监测,在工作周期结束后,迅速记录各部位温升,其值不应超过标准温升上限,如有密封填料等材料,则不流出。

(2) 工作温度下和湿热试验后的电气绝缘和泄漏电流

电饭锅在工作温度下(热态)和湿热试验后(冷态)进行的电气强度和泄漏电流的测试,在工作温度下,电饭锅按充分发热条件下连续运行直至达到稳定状态为止,在限温器切断电路前进行测量,泄漏电流不得超过 0.75mA(Ⅰ类器具)或 0.25mA(Ⅱ类器具)的标准值。这里的充分发热条件是指按电饭锅生产厂家说明书要求,内锅加入 15% 额定容量的冷水,工作至限温器动作为止的工作状态。

在湿热试验后,泄漏电流的测试在带电部件和与带电部件隔离的壳体之间,以及用绝缘材料做衬里的金属壳或金属盖和贴在衬里内表面的金属箔之间来进行。其试验电压施加在带电部件和仅用基本绝缘与带电部件隔离的金属部件之间,试验电压为额定电压的 1.06 倍,在施加试验电压后 5s 内进行测量。

(3) 非正常工作

电饭锅在使用时应避免由于非正常操作或误操作而引起损害安全的火灾、机械损坏或触电事故。具体方法如下:

电饭锅按充分散热条件下连续运行至达到稳定状态,并将电源电压调到使输入功率等于 1.24 倍额定输入功率。

重复上面的实验,并将限制温度的所有控制器依次短路。

上面任一次试验中,如热熔断体和热脱扣器动作、电热元件破坏或者电流在未达到稳定状态之前因其他原因中断,即可认为加热周期结束,但如果是由于电热元件或薄弱环节的损坏而引起的中断,则该项试验应在第二个样品上重复进行,并且器具不得产生火焰或熔融金属,或产生超过危险含量的可燃或有害气体。器具冷却至室内温度后,外壳不应有不符合标准的变形。

(4) 稳定性

电饭锅应有足够的稳定性,电饭锅按正常使用放置在一个与水平面成 15° 角的倾斜面上,其电源线以最不利的位置放在同一倾斜面上,在锅内注入液体直至不溢出为止。试验中,电饭锅不应翻倒。

3) 性能试验

(1) 传导热效率

器具的传导热效率不应低于表 5-10 中能效等级的 4 级,节能评价值为能效等级的 2 级。

用称量水的质量 m_1 的方法,向蒸煮容器内加水至蒸煮容器额定容积的 80%,称取内锅质量 m_2;测量初始水温 t_1,将热电偶通过容器的盖固定于蒸煮容器底部中心距容器底部高 (10 ± 5)mm 的位置上;接通电源使器具开始工作,并用电能表测量器具的耗电量 E;当蒸煮容器内水温升到 90℃ 时,立即切断电源,读取断电后水温的最高值 t_2。按公式(5-24)计算器具的传导热效率:

表 5-10   自动电饭锅能效等级

| 额定功率 P/W | 热效率值/% | | | | | 保温能耗/(W·h) |
| | 能效等级 | | | | | |
	1	2	3	4	5	
$P \leqslant 400$	85	81	76	72	60	40
$400 < P \leqslant 600$	86	82	77	73	61	50
$600 < P \leqslant 800$	87	83	78	74	62	60
$800 < P \leqslant 1000$	88	84	79	75	63	70
$1000 < P \leqslant 2000$	89	85	80	76	64	80

$$\eta_1 = \frac{1.16 m_1 (t_2 - t_1)}{E} \times 100 + \frac{cm_2(t_2 - t_1)}{3.6E} \times 100 \qquad (5\text{-}24)$$

（2）保温温度

对于具有蒸煮米饭且带有保温功能的器具,其保温温度应在 65～80℃ 范围内。

试验时,将热电偶固定在以蒸煮容器底部中心为圆心、直径为 50mm 圆的正上方、距容器底部高(20±5)mm 的位置上;按产品说明书规定的最大用米量和米水比例以及工作的蒸煮程序蒸煮米饭;在器具进入保温状态后的 4h、4.5h、5h 分别读取温度值,取 3 次平均值。

（3）保温能耗

对于具有蒸煮米饭且带有保温功能的器具,其保温能耗限定值应不超过表 5-10 要求。

按产品说明书提示的米量和米水比例以及工作的蒸煮程序蒸煮米饭;当器具停止工作并第一次进入保温状态时,开始记录时间;读取保温状态达到 5h 时的电能表读数,计算出每小时的保温能耗。

5.2.3   电热水器测试

电热水器可以为人们提供洗涤、淋浴所需的热水。它具有结构简单、热效率高、无污染、使用方便等优点,广泛应用于家庭、宾馆、医院、理发店等场所。

1. 分类、典型结构及工作原理

1）分类

（1）按对水的加热方式分类

按对水的加热方式,可以分为储水式和流动式两种。

流动式电热水器没有水箱,冷水直接流经电热元件表面而被加热。一般在接通电源15～60s 后即可源源不断地供应 40～60℃ 的热水,由于直接加热流动中的水,所以电功率较大(一般都大于 3kW)。

储水式电热水器有一个储水箱,加热器加热是储水箱中的水,10～20min 后才能供应热水。这种热水器的电功率较小(一般为 1～2kW)。

（2）按电热元件的安装位置分类

按电热水器上所用电热元件的安装位置,可以分为内插式和外敷式两种。如将电热元件安放在水中,即为内插式;如将电热元件包敷在水箱的外面,则为外敷式;内插式的热效率要高于外敷式。

(3) 规格分类

电热水器的规格,可按耗电功率大小或水箱的容积(储水式)大小来表示。按电功率大小,常用的有 500W、700W、900W、1500W、2000W、3000W 等多种规格。按容积大小,常用的有 5L、10L、15L、20L、30L、40L、50L、100L、200L 等多种规格。

2) 典型结构

储水式电热水器一般由箱休、电加热器、控制系统及进、出水系统组成,图 5-17 所示为常见的结构。

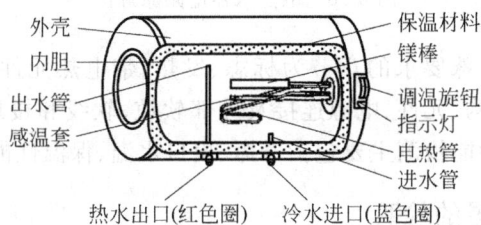

图 5-17　储水式电热水器的结构

(1) 箱体:由外壳、内胆及保温层等构成,主要起支承、储水及保温的作用;在内胆的中心位置有一根金属镁棒,主要用来保护金属水箱不被腐蚀和阻止水垢的形成。镁是一种化学性能较活泼的金属,其原子结构外层的两个电子容易失去,而与酸根相结合生成可溶性盐。当水中酸根与镁作用后生成镁盐,水的酸度也随之降低,从而保护了水箱不被腐蚀。

外壳与内胆之间设有保温层,一般可采用聚氨酯发泡、破墒棉、石棉、纤维等保温材料,其中以高密度聚氨酶发泡材料充填的保温层保温效果最好。

(2) 电加热器:储水式电热水器上的电加热器多采用管状结构。为提高热效率,一般采用内插式,直接放在水中加热,形状可根据内胆结构弯成 U 形或其他形状。金属电热管常为不锈钢管或钢管。

(3) 温度控制器:水温及干烧感温装置。有电子式、机械式、液体膨胀式等类别。

(4) 进、出水系统:进、出水系统由进水管、出水管、安全阀和淋浴头等组成。安全阀的作用是防止自来水压力突然增高或加热水温过热,造成内胆压力超过规定耐压值时损坏内胆。

3) 工作原理

常见电阻发热式热水器电路原理如图 5-18 所示。热水器加热器多为金属铠装发热元件,接通电源时,自动对储水箱内的自来水加热,当箱内水温达到设定温度时,温控器会断开加热电源,热水器进入保温阶段,当水温低于设定温度时,温控器会接通电源,热水器进入加热阶段。当温控器失效时,热断路器应能在发热元件过度加热而产生危险前切断器具加热电源。

储水式电热水器采用的安全检测特殊标准为 GB 4706.12—1995《家用和类似用途电器的安全　储水式电热水器的特殊要求》,该标准与通用标准 GB 4706.1—2005《家用和类似用途电器的安全　第 1 部分:通用要求》配合使用;性能试验标准 GB/T 20289—2006《储水式电热水器》。

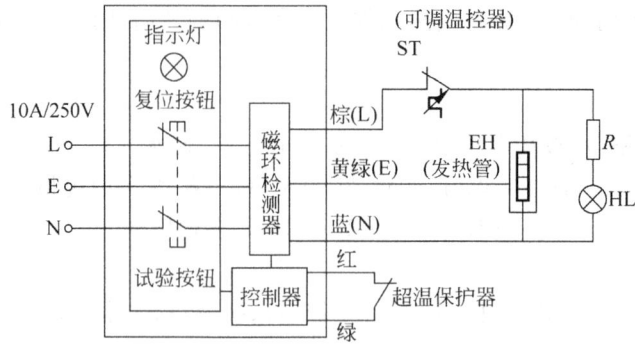

图 5-18　电热水器电路原理图

储水式电热水器有特殊要求的章节为标志、发热、带电热元件的器具在过载情况下工作、防水、非正常工作、结构、元件、电源连接及外部软缆、软线和接地措施等章节,其余与通用要求一致。热水器的性能检测主要包括寿命、出口水温、保温性能和使用性能等。

2. 储水式电热水器的检验

热水器测试应在下面条件下进行:

① 自然通风的房间。

② 环境温度为(20±2)℃。环境温度测量点应选择在被测试热水器与实验室墙壁的中间点或距离被测热水器 1m 处(两者取较小值),测量点高度为热水器最高点的一半,环境温度应在稳定条件下测量。

③ 相对湿度不超过 85%。温度和湿度在稳定条件下得到,而不是热水从热水器中排出的瞬间。

④ 额定电压±5%。

⑤ 供水温度先保持在(15±2)℃。

⑥ 在测试期间不排水时的水压在 0.275MPa 和热水器制造商规定的最大许可压力之间,水压应保持稳定。

⑦ 电气测量仪表的准确度应不低于 0.5 级。

1) 额定容量

热水器的水箱实际容量 C 的与额定容量 C_k 的偏差应不高于±10%。

测试方法:通过测量完全注满水(对封闭式热水器,应施加管道压力)的热水器的质量减去无水的热水器质量,并将结果除以所测量温度下的水的密度,以 L 为单位,精确到 0.1L。

2) 加热效率

热水器的加热效率应不低于 90%,加热效率的分级指标见表 5-11。

表 5-11　热水器加热效率等级

加热效率等级	加热效率 e	加热效率等级	加热效率 e
A	96%<e≤98%	C	92%<e≤94%
B	94%<e≤96%	D	90%<e≤92%

（1）水温测试方法

试验前预先将热电偶紧紧地贴在容器内胆外表面上，每个测试样品放置 5 点热电偶，如图 5-19 所示的具体位置：

温控器断开后的平均温度，通过多次温控器断开测得温度 θ_{Ai} 的平均值 θ_A。

$$\theta_A = \Sigma\theta_{Ai}/n \qquad (5-25)$$

温控器接通后的平均温度，通过多次温控器接通测得的温度 θ_{Ei} 的平均值 θ_E。

$$\theta_E = \Sigma\theta_{Ei}/n \qquad (5-26)$$

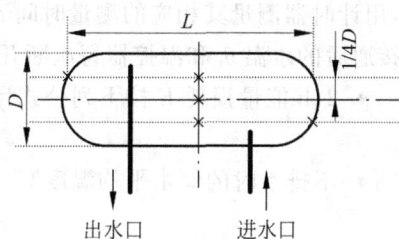

图 5-19　安装的热电偶放置
（注："×"—热电偶的放置位置）

（2）温度设定

热水器正常工作到温控器断开，每分钟观察平均温度（5 个温度探头）直到达到最高值，确定容器平均温度的最高值是否在（65±3）℃的范围里。如果没有，切断热水器，调节温控器，重新注水，启动正常工作到温控器断开，再次确定容器平均温度的最高值。重复此实验直到温控器断开后的容器平均温度的最高值在（65±3）℃的范围里。如果热水器有两个温控器，首先设定控制上加热棒的温控器使得通过安装在加热棒上方的温度探头测得的最高温度满足（65±3）℃。然后设置控制下加热棒的温控器使容器平均温度的最高值在（65±3）℃。

在整个测量过程中温控器的整定值不变。如温控器有指示温度的刻度盘，则记录刻度读数口。

对温控器无法调节的热水器，则外接可调温控器将热水器的平均水温整定到（65±3）℃。

（3）加热效率测试方法

测量热水器在冷态时的第一个加热过程，然后按照下列公式计算加热效率：

$$\eta = C(\theta_A - \theta_C)/(E_2 \times 860) \times 100\% \qquad (5-27)$$

式中：η——能量效率，%；

θ_C——通电前的平均水温，℃；

θ_A——温控器断开时的平均水温，℃；

C——水箱实际容量，L；

E_2——一次加热耗电量，kWh。

3）24h 固有能耗

热水器的 24h 固有能耗系数 ε 应不高于表 5-12。

表 5-12　热水器指标等级

能耗等级	24h 能耗系数 ε	热水输出率（μ）/%
A	$\varepsilon \leqslant 0.6$	$\geqslant 70$
B	$0.6 < \varepsilon \leqslant 0.7$	$\geqslant 60$
C	$0.7 < \varepsilon \leqslant 0.8$	$\geqslant 55$
D	$0.8 < \varepsilon \leqslant 1.0$	$\geqslant 50$

被试热水器按正常的方式灌满冷水，将热水器温度整定在（65±3）℃，在稳定状态下热水器在温控器控制下周期性地运行。用电能表测量调温器从某次断开电源后起，直到经过

48h 后,温控器第一次断开电源为止,电能的损耗量 E_1,用 kWh 表示,精确到 0.01kWh。同时,用计时器测量其相应的测量时间 t_1,用 h 表示。在这段测量期间内,分别测量温控器每次接通后的水温 θ_E 和温控器每次断开后的水温 θ_A。

◆ 24h 能量损耗 E 按下列公式计算,单位 kWh:

$$E = 24 \times E_1/t_1 \tag{5-28}$$

◆ 不排水时的储水平均温度℃:

$$\theta_M = (\theta_E + \theta_A)/2 \tag{5-29}$$

◆ 24h 固有损耗 Q_{pr} 按下列公式计算,单位 kWh:

$$Q_{pr} = E \times 45/(\theta_M - \theta_0) \tag{5-30}$$

式中:θ_0——为试验时环境温度。

则计算 24h 固有能耗系数:

$$\varepsilon = Q_{pr}/Q \tag{5-31}$$

其中 Q 为热水器 24h 能耗限定值,见表 5-13。

表 5-13　热水器 24h 能耗限定值

额定容量 C_R/L	24h 固有能耗限定值/kWh	额定容量 C_R/L	24h 固有能耗限定值/kWh
$0 < C_R \leqslant 30$	$0.024C+0.6$	$100 < C_R \leqslant 200$	$0.008C+1.5$
$30 < C_R \leqslant 100$	$0.015C+0.8$	$C_R > 200$	$0.006C+2.0$

4) 热水输出率

限定值见表 5-12。

能耗测试后接着将热水器温控器调整到使储水温度为(65 ± 3)℃,热水器在温控器切断后切断电源。通过安装在出水口的阀门控制放水流量(10L 以下按 2L/min,10~50L 按 5L/min,50~200L 按 10L/min,200L 以上按 5% 的额定容量/min),从开始放水 15s 后记录进水和出水温度,期间每 5s 记录一次温度,至出水温度下降 20℃止,计算平均放水温度 θ_P 和放出水的质量 m_P,计算热水输出率:

$$\mu = m_P \times (\theta_P - \theta_c)/(50 \times \rho) \, C_R \times 100\% \tag{5-32}$$

式中:ρ——在平均放水温度下的水的密度。

5) 刻度误差

具有具体温度指示值的热水器的刻度误差要求不超过 ±5℃。

温度偏差 A 通过比较平均水温和温度指示来确定:

$$A = \theta - \theta_M \tag{5-33}$$

本试验在热水器的额定功率下进行。

6) 温度回差(微差)

热水器的温度变化值 $\Delta\theta$ 要求不大于 ±5℃。

温控器的控温回差通过下列公式表达:

$$\Delta\theta = \theta_A - \theta_E \tag{5-34}$$

7) 容器脉冲压力

热水器容器至少应承受 8 万次脉冲压力试验后,加热管和容器焊缝无渗漏,容器无明显变形。容器机械强度分级指标见表 5-14。

表 5-14　热水器容器脉冲压力限定值

容器强度等级	承受脉冲压力试验次数 t	容器强度等级	承受脉冲压力试验次数 t
A	14 万次 $< t \leq$ 16 万次	C	10 万次 $< t \leq$ 12 万次
B	12 万次 $< t \leq$ 14 万次	D	8 万次 $\leq t \leq$ 10 万次

测试方法：

① 将一台未进行其他试验的待测试热水器的外壳和其他电器件剥落，只保留安装有加热管的热水器容器组件，进行额定压力下的检漏，容器在额定压力 100±5％的必须密封。

② 以常规方法或类似方法支撑容器组件，将待测试的容器连接到脉冲压力试验仪器上，并调节打压仪器的试验参数。

脉动压力：容器内注入环境温度的水（硅青铜容器除外）；排空容器内的空气，按额定压力值的 15％到(100±5)％之间的数值交替对容器加压。

◆ 频率——每分钟 25～60 次。

◆ 循环次数——8 万次。

◆ 每加压 10 000 次结束时，将压力至少维持在最大工作压力 10min，目测容器无明显变形，再进行下面的循环实验。

5.2.4　微波炉测试

微波炉是一种采用特殊加热方式的新型炊具。它先将电能转变为电磁场能，然后以微波形式将能量传递给待加热食品中的分子。微波炉能使食品的内、外部同时受热，具有加热速度快、热量损失少、无污染、无明火等优点。

1. 分类、典型结构及工作原理

（1）分类

按使用的频率分，微波炉有 915MHz 和 2450MHz 两种。家用微波炉一般使用2450MHz 的微波。

按结构的不同分，有柜式微波炉和台式微波炉两种。柜式微波炉输出功率一般在1000W 以上；台式微波炉输出功率在 1000W 以下，可放在灶台上或嵌入柜中。按控制方式的不同，可分为机电控制式（又称为普及式）及计算机控制式两种。

根据功能不同分，可分为单功能微波炉和复合型微波炉两种。复合型微波炉除了具有单功能微波炉加热食品的功能外，还增加了加热元件，利用热辐射实现烧烤、烘制等。

微波炉的规格表示其微波输出功率。家用微波炉的常用规格可分 600W、700W、800W、900W 等。这里所说的微波炉的输出功率并不是微波炉实际消耗的电功率，电能通过微波炉转换成微波能的效率一般为 50％～60％，因此，实际消耗的电功率一般都超过 1000W。

（2）典型结构

微波炉主要由磁控管、波导管、搅动器、炉腔、转盘、炉门、外壳及控制系统组成，微波炉的结构如图 5-20 所示。

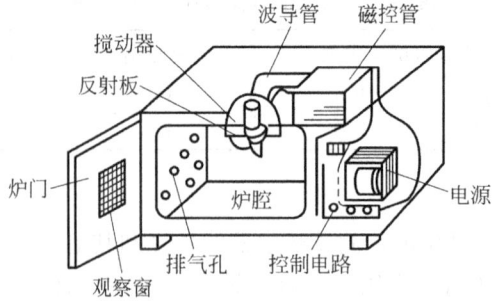

图 5-20　微波炉的结构

① 磁控管：磁控管又称为微波发生器，它是微波炉的心脏部件。磁控管的作用是将电能转变成微波能，产生和发射微波。

磁控管由灯丝、阴极、阳极、天线及磁铁等组成，如图 5-21 所示。灯丝采用钨丝绕成螺旋状，它的作用是对阴极加热。阴极采用发射电子能力很强的材料制成。阳极是用来接收发自阴极的电子的装置，通常采用导电性好、气密性能良好的无氧铜制成。在阳极朝阴极的面上，一般有偶数个谐振腔。天线又称为微波能量输出器，一般制成条状或棒状，一端接阳极，另一端延伸输出至管外。磁铁的作用是提供一个与阳极轴线平行的强磁场。

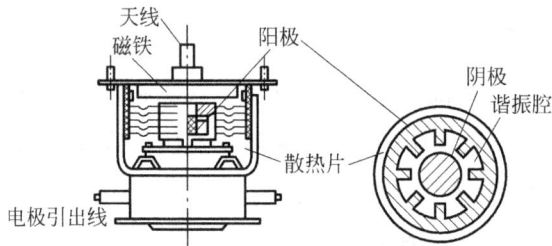

图 5-21　磁控管结构示意图

微波炉工作时，磁控管灯丝通电，阳极与阴极间加上 3kV 以上的直流电压。阴极被加热后，便有电子逸出，在电场力作用下向阳极运动。电子在运动过程中，同时还受到磁场力（洛伦兹力）的作用。在两种力的共同作用下，电子沿轮摆线轨迹向阳极运动，进入谐振腔中产生电磁振荡而输出微波，经天线进入波导管，由其引入炉腔。

② 波导管：波导管是用导电性能良好的金属组成的矩形空心管。它一端接入炉腔，另一端接磁控管的微波输出口。波导管的作用是使微波限制在管内，将磁控管产生的微波全部输入炉腔。

③ 搅动器：搅动器的作用是使炉腔内的微波场均匀分布。它由导电性能好、机械强度高的硬质铝镁合金制成。一般安装在炉腔顶部的波导管输出口处，由小电动机带动或靠风扇气流带动旋转。

④ 炉腔：炉腔是盛放被加热食品的空间。它实质是一个微波谐振腔，由钢板喷涂或不锈钢冲压成型。

⑤ 炉门：炉门是取放食品和进行观察的部件。一般由不锈钢板架镶嵌玻璃构成，玻璃窗中夹着金属多孔网板，以防止微波泄漏。

⑥ 转盘：转盘安装在炉腔底部，由一只微型电动机带动，以 5～8r/min 的转速旋转，使放在转盘上的食品的各部位周期性地不断处于微波场的不同位置上，使之均匀受热。

⑦ 外壳：外壳主要起微波的屏蔽和装饰作用，通常由镀锌薄钢板或镍铬薄钢板冲压成型。

⑧ 控制系统：控制系统由电源、定时器、功率控制器、风扇电动机、转盘电动机、过热保护器、与炉门联动的联锁开关等构成。

电源由变压器及倍压整流器件组成。变压器除提供磁控管灯丝 3.3V 左右的低电压外，还输出 2000V 左右交流电压，此电压经高压二极管及高压电容器组成的半波倍压整流电路后，变成峰值达 4000V 的脉动电压提供给磁控管。

功率控制器由定时器驱动，控制功率开关的开合，达到五挡功率可供选择，以满足加热、烹调时的不同要求。功率控制采用百分率定时的方式，即在某一固定循环时间周期内（一般为 30s），控制电源接通时间占固定循环时间的百分比。

风扇电动机一般采用单相罩极式，功率为 20～30W，转速为 2500r/min 左右。它的作用是给磁控管和变压器散热。转盘电动机为微型永磁式同步电动机，通过减速箱，使转盘以 5～10r/min 的转速转动。

为了确保微波炉的正常使用，防止磁控管因过热损坏，微波炉上还设有过热保护器，它的感温元件为碟形双金属片，安装在磁控管外壳上。当微波炉失控或温升超过额定值时，碟形双金属片因受热膨胀而翻转，带动动断触点断开，自动切断电源。

受炉门控制的联锁开关可以保证只有在微波炉的炉门关上后，磁控管才能开始工作。

（3）工作原理

微波是指波长为 1mm～1m，频率为 300～300 000MHz 的电磁波，它的传播速度等于光速。遇到金属物体会产生反射，而对玻璃、陶瓷、塑料等非金属具有可透射性，且不会被其吸收。从物理学知识中可知，组成介质的有极分子是杂乱无章的，当有外电场时，在电场力作用下这些有极分子会沿电场线的方向呈现有序排列，这种现象称为电介质的极化。当外电场方向变化时，有极分子的取向也会随之改变。

微波炉加热的对象是食物，食物中含有水分，而水就是一种电介质。微波炉中，由磁控管发出频率为 2450MHz 的微波，进入炉腔后，食物中的水分子在微波电场力作用下，将按电场力方向有序排列。但因这个电场是快速变化的（每秒变化几十亿次），迫使大量水分子跟着微波电场的变化而改变，使食物中的水分子产生振动。在振动过程中，分子间互相撞击、摩擦，短时间内便产生很大的热量。

2. 微波炉的检验

微波炉检验有安全性能检验和产品性能检验，安全性能检验项目以 GB 4706.1—2005《家用和类似用途电器的安全　第 1 部分：通用要求》和 GB 4706.21—2002《家用和类似用途电器的安全　微波炉的特殊要求》为依据，产品性能指标以应满足 GB/T 18800—2008《家用微波炉　性能测试方法》，反映微波炉使用性能最主要的一些指标有：微波泄漏、微波输出功率、微波效率、微波炉门系统耐久性试验。

1）微波泄漏测量

微波炉不应产生过量的微波泄漏。距微波炉外表面 50mm 或以上的任一点处，微波泄漏应不超过 50W/m² 。通过下述试验来检查是否合格。

将一个薄壁的直径约为 85mm 的硼硅玻璃容器放置在搁架中心,容器内放入 275g±15g、温度为 20℃±2℃ 的饮用水作负载,微波炉以额定电压工作,微波功率控制器调整到最大位置。

微波泄漏是通过仪器对微波能量密度的测量来确定的,在接受阶梯式输入信号时,该仪器在 2～3s 内迅速达到其稳定值的 90％ 。仪器天线在微波炉外表面上移动,以找到最大微波泄漏的位置,应特别关注炉门和门封处的微波泄漏。

2）微波输出功率测量

微波输出功率对额定微波输出功率的偏差应不超过 15％ 。

（1）试验条件

环境温度 20℃±5℃ ,负载用水 10℃±1℃ 低温水。除嵌装式微波炉外,其他微波炉按照电热器具的规定来放水量,试验开始时,微波炉和试验用玻璃容器的温度应达到环境温度。

（2）检测实施

进行微波输出功率测量时,必须严格按照标准规定的方法和条件进行试验。试验中使用的测温仪器和设备（如温度计和搅拌器）应是具有小的热容量的器具,以减少热损耗,使测量结果准确。

微波炉以额定电源工作,将微波功率调节到最大值,用 1000g±5g 的水作为负载测量微波输出功率。水装在最大壁厚为 3mm ,外径约为 190mm 的圆柱形玻璃容器中。水的初始温度为 10℃±1℃ ,在将水倒入容器之前测量。水倒入容器之后立即将负载放置搁架中,开启微波加热开关,测量水的温度为 20℃±2℃ 时所用的时间,然后测量最终水温。微波输出功率由下式计算:

$$P = \frac{4.187 \times m_w(T_2 - T_1) + 0.55 \times m_c(T_2 - T_0)}{t} \tag{5-35}$$

式中:P——微波输出功率,W;

　　m_w——水的质量,g;

　　m_c——容器的质量,g;

　　T_0——环境温度,℃;

　　T_1——初始水温,℃;

　　T_2——最终水温,℃;

　　t——加热时间(不包括磁控管灯丝加热时间),s。

3）微波效率

（1）试验条件

环境温度 20℃±5℃ ,负载用水 10℃±1℃ 低温水。试验开始时,微波炉和试验用玻璃容器的温度应达到环境温度。

（2）检测实施

微波炉的输入功率在测量输出功率的同时测量。微波炉的输入功率的测量方法按GB 4706.21,但需注意应通过预备试验掌握使水达到规定温升所用的时间。两次试验间的间隔应足够长,防止前次试验余热对后次试验的影响。微波炉效率计算:

$$\eta = \frac{Pt}{W_{in}} \times 100\% \qquad (5\text{-}36)$$

式中：P——微波输出功率，W；

　　t ——加热时间，s；

　　η ——效率，%；

　　W_{in}——输入能量，W·s。

输入功率包括磁控管灯丝预加热时的损耗。

4）加热性能

（1）加热饮料

试验的目的是当微波炉加热饮料时，评价其温度的均匀性和加热时间。

使用如图 5-22 所示两只杯子，每只杯子中加入 100g±2g、20℃±2℃ 的水，测量实际水温。按图 5-22（a）或（c）所示位置将杯子放在搁架上，微波炉工作到两杯的平均温度为 80℃±5℃ 测量加热时间。加热结束后，从炉中取出杯子放回绝热垫上，搅动水在加热周期结束后 10s 内测量水温。

重复上述试验，但按图 5-22（b）或（d）所示位置将杯子放在搁架上，加热时间相同。

如果 4 只杯子平均温度不在 80℃±5℃ 范围之内，调整试验时间重做试验以满足规定要求。

计算出水的温升为 60K 的加热时间，调整到最接近的秒。

计算出 4 只水杯中水的平均温升，与平均值的最大偏差除以平均温升，结果用百分数表示，准确度为整数。

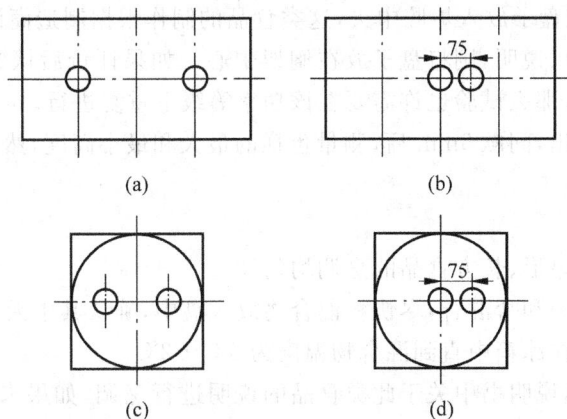

图 5-22　规定的试验中杯子分布图

（a）长方形搁架的第一种杯子分布图；（b）长方形搁架的第二种杯子分布图；
（c）方形搁架的第一种杯子分布图；（d）方形搁架的第二种杯子分布图

（2）加热模拟食品

试验目的是当微波炉加热模拟食品时，评价其微波炉加热均匀性方面的能力。

将微波炉用箱槽冷却到大约 10℃，放入 400g±4g 温度为 10℃±2℃ 的水，将箱槽其长边与微波炉正面平行放在搁架中心，在 25 个箱槽格中固定 25 根热电偶，并搅动水，测量每格水温，移走热电偶，微波炉在 15s 内工作，箱槽加热至最高温度为 40℃±5℃ 时停机。

箱槽在微波炉中布置热电偶,使热电偶固定在每格中间距底部 10mm 以上,注意不要搅动水,在试验结果后 30s 内测量水温。

计算出所有格子的平均温升,最高和最低温升分别除以平均温升。结果用百分数表示,调整为最接近的整数。

5)烹调性能

这是用食品评价微波炉烹调、烘烤、焙烧性能的试验方法。试验根据制造商的说明书进行,各类食品用厚度不超过 6mm 的硼硅玻璃盘盛放。评价烹调速度、烹调结果和使用微波炉的方便程度。烹调速度包括总的烹调时间和其间歇周期,但不包括加热以后的任何停滞时间。

(1)牛奶蛋糊

试验目的是评价中等厚度大块方形食品的烹调均匀性。

将牛奶加热到约 60℃,打碎鸡蛋,把牛奶倒入鸡蛋中,加糖,并用食品混合器中速搅拌,过滤混合物后,倒入容器中,盖好保鲜膜,放入冰箱直到混合物的温度为 5℃±2℃。

移开保鲜膜,对于这类食品的烹调按制造商的说明书进行。如果未提供说明,则将盘子放在搁架的中心,使其一边与门平行。如果评价后认为试验适合在一个更低的功率等级下进行,那么试验也许需要在该功率等级下重复进行。

将方形盘从腔体中移出,放置 2h 后进行评价。

(2)松软蛋糕

试验目的是评价圆柱形、厚的膨胀食品烘烤的均匀性。

在室温下进行配料,搅打蛋和糖 2～3min,加入融化的黄油,逐渐加入面粉、发酵粉和水,把烤面包纸放入盘子底,将糊状物倒入盘中。

混合后 10min,把盘子放入炉腔中央,这类食品的制作根据制造商说明书中关于负载的说明进行。如果未提供说明,则将盘子放在搁架中心。如果评价后认为试验适合在一个更低的功率等级下进行,那么试验也许需要在该功率等级下重复进行。

从炉中将负载取出,间歇 5min 后,测量蛋糕的最大和最小高度,然后把负载切成 8 块进行评价。

(3)肉块

试验目的是评价厚形、长方食品的烹调均匀性。

打碎鸡蛋与碎牛肉和盐混合,尽快将混合物放入盘中,确认其中无气囊后,将表面抹平,用保鲜膜盖好并放置在冰箱中直到混合物温度为 5℃±2℃。

去掉保鲜膜,根据说明书中关于此类食品的说明进行烹调,如果未提供说明,则将盘子放在搁架中心,如果评价后认为试验适合在一个更低的功率等级下进行,那么试验也许要在该功率等级下重复进行。

把盘子从炉中取出,间歇 5min 后,测量肉块的中心温度,然后把肉块垂直切成 6 等份进行评价。

(4)土豆

试验目的为评价中等厚度的大圆形食品烹调、着色的均匀性。

把土豆切成 3～4mm 厚的薄片,将约一半的土豆片放入无油盘中,并用一半的乳酪覆盖表面,放入剩下的土豆片并用剩下的乳酪覆盖其上,混合鸡蛋、奶油和盐,一起将这棍合物倒在土豆片上。

根据制造商的说明书中关于此类食品的说明进行烹调,微波和电热应按说明书同时或顺序工作。如果未提供说明,调整功率控制器使微波功率等级为 $300\sim400\text{W}$,电热加热使炉中温度为 $180\sim220℃$,烹调时间为 $20\sim30\text{min}$。

将盘中从炉中取出,间歇 5min 后,进行评价。如果评价后认为试验适合在不同的控制设置进行,那么试验也许要在该控制设置情况下重复进行。

（5）蛋糕

试验目的为评价圆柱形、厚的膨胀食品烘烤和着色的均匀性。

在室温下进行配料,搅打蛋和糖 $2\sim3\text{min}$,加入融化的黄油,逐渐加入面粉、发酵粉和水,把烤面包纸放在盘子底,将糊状物倒入盘中。

根据说明书中关于此类食品的说明进行烹调,微波和电热功能应按说明书同时或顺序工作。如果未提供说明,那么将炉温预加热至 $180℃$。然后调整控制器使微波功率等级为 $300\sim400\text{W}$,电热加热使炉中温度为 $190\sim230℃$,烹调时间为 $15\sim25\text{min}$。

将盘子从炉中取出,间歇 15min 后,将蛋糕切成 8 块进行评价。如果评价后认为试验适合在不同的控制设置进行,那么试验也许要在该控制设置情况下重复进行。

（6）鸡

试验目的为评价家禽焙烧和烹调的均匀性。

洗净晾干鸡,盖上保鲜膜放到温度为 $5℃\pm2℃$ 的冰箱中至少 12h。去掉保鲜膜,把鸡放在烤架和收集盘上,收集盘放在炉中根据说明书烹调。微波和电热功能按说明书同时或顺序工作。如未提供说明,则将收集盘放在微波炉搁架中心,调整控制器使适合这类食品烹调要求。

从炉腔中取出鸡,放置 2min。用探针式温度计测量鸡肉上最冷部分温度。

6）解冻功能

这是对评估固体食物块解冻处理能力的试验方法。

试验根据制造商的说明书中关于此类食品的解冻说明进行。对解冻速度、结果和使用微波炉的方便性进行评价。解冻速度包括间歇时间的总的解冻时间,不包括解冻后任何等待时间;方便性评价为整个解冻过程所需步骤数。

肉解冻试验为评价厚型食品解冻的均匀性。把保鲜膜或铝箔放到容器内,尽快将碎肉装入盘子,确认其中无气囊后,将表面抹平。把肉用保鲜膜或铝箔包好,从盘中取出放到平板上,置于温度约为 $-20℃$ 的冰箱中至少 12h。去掉保鲜膜或铝箔,把冻肉块放在平的塑料板上,根据制造商说明书中关于此类食品的说明进行解冻。如果未提供说明,应进行附加试验来确定微波炉的解冻能力。

把肉从炉中取出,间歇 5min 后,进行评价。

7）微波炉门系统耐久性试验

微波炉门系统是防止微波泄漏的重要屏障,包括铰链、微波密封件和其他相关部件的结构都应经受正常使用中产生的磨损。对门系统可经过总数为 100 000 个周期的循环操作试验来检查是否合格。

门系统试验按下述方法交替进行：先让微波炉在额定输入功率下工作并带有适当的微波吸收负载,操作 10 000 个周期,另外在微波发生器不工作状态下再操作 10 000 个周期。

按正常使用情况将门打开和关闭,门应从关闭的位置打开到 $135°\sim180°$ 之间,如炉门可打开的最大角度小于 $135°$,则应将门打开至最大的开启位置上,操作的速率为每分钟六个周期。

在开始试验前和每操作 10 000 个周期后,进行下述处理:

(1) 试验中如果用的是干负载,则加 100g 的水负载,微波炉工作直至水蒸发干为止。

(2) 如果微波炉有门封,那么在门封表面涂上足够厚的烹调油。

试验后微波炉的微波泄漏量应不超过规定限值而且炉门系统仍应功能正常。

5.3　制 冷 器 具

制冷器具是一类比较特殊的电动器具。常用的制冷器具包括电冰箱、房间空调器、制冰机等,是采用比较典型的压缩式制冷系统,其特点是由电动机压缩机、蒸发器、冷凝器、毛细管、制冷剂等组成制冷回路,高压液态制冷剂在蒸发器中蒸发时吸收热量,从而达到制冷效果,气态的制冷剂通过冷凝器时放热变为液态,再经过压缩机压缩成为高压液态,如此往复循环。除此之外,还有吸收式制冷系统、半导体制冷系统等。

制冷器具目前种类较多,应用较广,依使用用途,可分为以下几种:

(1) 工业用制冷器具:主要有压缩式制冷机组、离心式制冷机组、溴化锂吸收式制冷机组以及近年来发展起来的活塞式冷水机组、半导体制冷等。

(2) 商用制冷器具:主要有冷柜、装配式小型冷库等冷饮设备。

(3) 民用制冷器具:主要有家用电冰箱、空气调节器(空调)等。

本节重点在介绍制冷技术基本工作原理的基础上,着重介绍民用制冷器具中电冰箱、空调器的工作原理和测试方法。

5.3.1　制冷原理

根据制冷原理区分,有蒸气压缩式、吸收—扩散式、半导体制冷式等几种类型,其中蒸气压缩式制冷是目前应用最为广泛的制冷方式。

1. 蒸气压缩式制冷原理

压缩式家用制冷系统是由不同直径的管道组成的一闭合回路系统,制冷剂在其中流动,并发生液态—气态—液态的重复变化,利用制冷剂气化时吸热、冷凝时放热达到制冷的目的。单级压缩式制冷系统由四大部件组成,即压缩机、冷凝器、节流阀(膨胀阀或毛细管)、蒸发器,除四大部件外还增设了干燥过滤器。如图 5-23 所示是最简单的制冷循环系统,具体制冷循环过程说明如下:

(1) 在压缩机的带动下,压缩机电机 7 吸入在蒸发器 4 中沸腾气化后的低温低压 R12 蒸气,并将其压缩成为高温高压的 R12 蒸气后进入冷凝器 2。

(2) 在冷凝器内,R12 蒸气将其在蒸发器中吸收的热量(称为蒸发潜热)Q_0 和压缩机作功所放出的热量一起,以冷凝潜热(热量为 Q_k)的形式散发给四周的介质——空气,而凝结成为中温高压的液态 R12,进入干燥过滤器 5。

(3) 干燥过滤器吸收 R12 中残存的水分,滤除 R12 中的杂质,再进入毛细管 3。由于毛细管的内径很小,阻力极大,因而对 R12 液体起到节流降压作用。而且,由于毛细管与低压回气管 9 构成气—液热交换器以及流过毛细管的少量液体因降至低压而气化吸热,使其本身温度降低,成为低温低压的 R12 液体(少量液体蒸气),R12 离开节流元件时,变为液、气两相混合状态进入蒸发器 4。

（4）在蒸发器内,R12 不断吸收储存物品的热量(蒸发潜热),沸腾气化成为低温低压的R12 蒸气,然后再由压缩机吸入,压缩成为高温高压的 R12 蒸气。

如此周而复始地不断进行,便完成了连续的制冷循环。

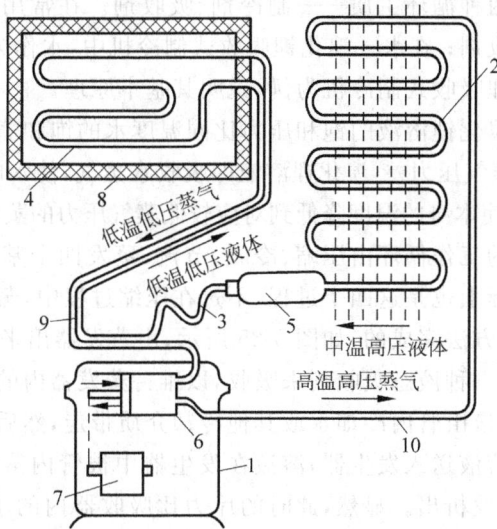

图 5-23　电冰箱的蒸气压缩式制冷循环系统

1—压缩机；2—冷凝器；3—毛细管；4—蒸发器；5—干燥过滤器；
6—气缸；7—压缩机电机；8—绝热层；9—低压回气管；10—高压排气管

从上面的制冷循环可以看出,制冷剂循环是一个复杂的热力学过程。在蒸发器中,低温低压制冷剂 R12 液体在蒸发器中不断地吸收热量(状态变化为气态)后,被压缩机吸排到冷凝器中。在冷凝器中,高温高压制冷剂 R12 蒸气在冷凝器中不断地放出热量(状态变化为液态),在这一循环过程中完成了热量的转移,实现了制冷。制冷循环过程中温度、压力和状态变化从图 5-24 中观察更为明显。

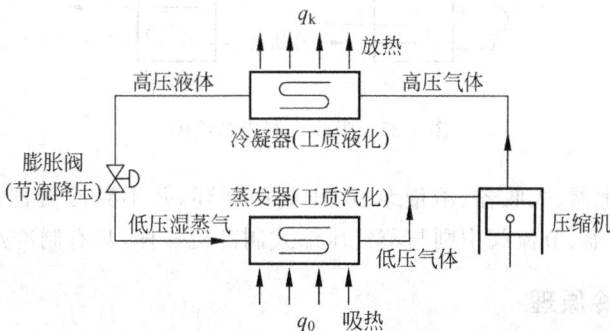

图 5-24　单级蒸气压缩式制冷循环系统

2. 吸收式制冷

根据热力学原理可知,任何液体工质在由液态向气态转化过程中必然向周围吸收热量,水在汽化(蒸发)时会吸收汽化热。水在不同压力下汽化,相应的温度也不同,而且汽化压力越低,汽化温度也越低,如一个大气压下水的汽化温度为100℃,而在0.05个大气压时汽化温度为33℃等,如果能创造一个压力很低的环境,让水在这个压力环境中汽化吸热,就可以得到相应的低温。

吸收式制冷机内有两种循环工质——制冷剂、吸收剂。在常用的氨—水吸收式制冷机中、氨为制冷剂,水为吸收剂;在水—溴化锂吸收式制冷机中,水作为制冷剂,溴化锂作为吸收剂。下面以水—溴化锂吸收式制冷机为例,说明其基本原理。

一定温度和浓度的溴化锂溶液的饱和压力比同温度水的饱和蒸气压力低得多。由于溴化锂溶液和水之间存在蒸气压力差,溴化锂溶液即吸收水蒸气,使水的蒸气压力降低,水则进一步蒸发并吸收热量,而使本身的温度降低到对应较低蒸气压力的蒸发温度,从而实现制冷。

蒸气压缩式制冷机的工作循环由压缩、冷凝、节流、蒸发四个基本过程组成。吸收式制冷机的基本工作过程实际上也是这四个过程,不过在压缩过程中,蒸气不是利用压缩机的机械压缩,而是使用另一种方法完成的,如图5-25所示,由蒸发器出来的低压制冷剂蒸气先进入吸收器,在吸收器中用一种液态吸收剂来吸收,以维持蒸发器内的低压。在吸收的过程中要放出大量的溶解热,热量由管内冷却水或其他冷却介质带走,然后用溶液泵将这一由吸收剂与制冷剂混合而成的溶液送入发生器,溶液在发生器中被管内蒸气或其他热源提高了温度,制冷剂蒸气又重新蒸发析出。显然,此时的斥力比吸收器内的压力高,成为高压的蒸气就进入冷凝器冷凝。冷凝液体经节流减压后,进入蒸发器进行蒸发制冷,发生器内余下的吸收剂又回到吸收器,继续循环。由上述过程可知,吸收式制冷机是由发生器、吸收器、溶液泵代替了压缩机。

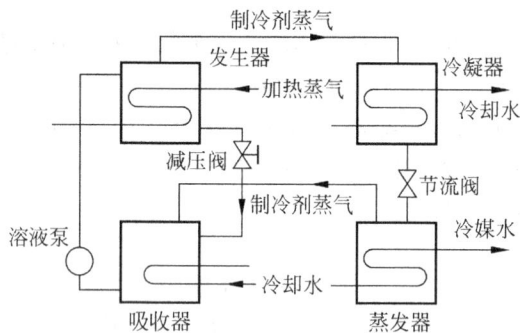

图 5-25　吸收式制冷系统图

吸收剂仅在发生器、吸收器、溶液泵、减压阀中循环,并不到冷凝器、节流阀、蒸发器中去。而冷凝器、蒸发器、节流阀中则与蒸气压缩式制冷机一样,只有制冷剂存在。

3. 半导体制冷原理

半导体制冷是利用电能直接使热量从低温物体移至高温物体的制冷装置,其特点是结构简单、工作稳定、无噪声、体积小；半导体制冷多用于小型制冷装置中，如小型电冰箱、饮水器、空调器或某些特殊场合。

半导体制冷是建立在温差电效应基础上的。如果把两种不同的金属组成一封闭回路，当两接头处的温度 T_1、T_2 不相等时，组合回路中将有电流产生，而产生电流的电动势称为温差电动势。与此相反，当电流通过两种不同的金属接头时，若电流沿某一个方向流动，则接头上要放出热量。而当电流沿相反方向流动时，则接头上将吸收热量。同样，如果把两种金属组成回路，当电流沿着某一个方向流过时，则在 A、B 两端产生吸热和放热现象，而在改变电流方向之后，则 A、B 两端分别产生相反的吸热和放热现象。

半导体制冷就是上述两个温差电效应的实际应用，所以半导体制冷也称温差电制冷。但组成温差电制冷器的材料不是任意取两种不同金属就能达到理想效果的。一般是取 N 型和 P 型两种半导体组件组成热电堆。图 5-26 所示为半导体组件串联组成的半导体制冷器工作原理图。直流电流沿回路依次从 N 型半导体流向 P 型半导体，然后又从 P 型半导体流向 N 型半导体。电流这样连续流过去，半导体的 A、B 两端便产生吸、放热现象。如果不断地把放热端 B 的热量移走，那么 A 端就不断地向周围吸取热量，从而达到

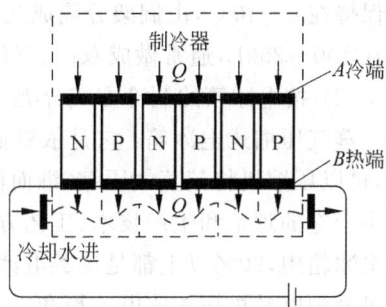

图 5-26　半导体制冷器工作原理图

制冷的目的。如果将半导体制冷与蒸气压缩制冷比较，则 A 端相当于蒸发器。假如组成回路中的电流沿反向流动，即电流由 P 型半导体流向 N 型半导体，然后再由 N 型流向 P 型，这时就变成了制热器。半导体制冷效果主要取决于半导体材料的选择和热端散热冷却的程度。目前半导体制冷所能达到的最低温度，单级制冷为 $-40\,℃$，多级制冷为 $-100 \sim -80\,℃$。此外，半导体制冷温度越低，其效率及每对半导体组件的制冷量就越小。通常以铋、锑、碲为半导体的 P 型材料，而以铋、硒及其他微量杂质作为 N 型材料。

半导体制冷可用于微型电冰箱和空调器中，其热端用冷却水冷却，空气流过冷端时放出热量使其温度降低。为提高热交换效果，其冷热端均设有散热片。如果将电极反接，使电流反向流动，则冷、热端互相转换，此时空调器即向外供热风。

5.3.2　电冰箱测试

家用电冰箱，即家庭用来存储食物的冷藏与冷冻设备。电冰箱有冷藏和冷冻的功能，在生活、生产和科研等许多方面都有着广泛的用途。

1. 分类、典型结构及工作原理

1) 分类

电冰箱的种类很多，一般按其功能、外形、制冷方法分类。下面是电冰箱的各种分类方法。

(1) 按电冰箱的用途分类

冷藏箱：是以冷藏、保鲜为主要功能的电冰箱。冷藏箱上部有一个由蒸发器围成的容

积较小的冷冻室,温度在 $-12\sim-6{}^{\circ}\!C$ 之间,可用来储藏少量冷冻食品。冷冻室下部为冷藏室,不隔热,温度在 $0\sim10{}^{\circ}\!C$ 之间,可用于冷藏而不需冻结的食品,这种冷藏箱通常做成单门电冰箱,容积多在 170L 以下。

冷冻箱:指专门用于储藏冻结食品的电冰箱,箱温保持在 $-18{}^{\circ}\!C$ 以下,多数为卧式,少数为立式。

冷冻冷藏箱:一般设有两个以上的储藏室,既有冷藏室,又有冷冻室,分别用于冷却储藏和冻结储藏食品。冷冻储藏室和冷藏储藏室之间彼此隔热,各设一扇门,开门时互不干扰。冷冻室保持 $-18\sim-12{}^{\circ}\!C$ 以下的低温,容积较大,可以储藏较多的冷冻食品。冷藏室温度保持在 $0\sim10{}^{\circ}\!C$,由搁架分隔成几个空间,以利于不同食品的冷藏。这类电冰箱的容积大多在 $100\sim250L$,通常做成双门、三门及多门,适合于一般家庭,目前已比较普及。

(2) 按电冰箱的制冷方式分类

蒸气压缩式电冰箱:它是依靠低沸点液态制冷剂(如氟利昂)汽化时吸热,达到制冷目的,再以压缩机将其蒸气压缩,继而使之放热液化,从而完成制冷循环的电冰箱。这种电冰箱由于它的理论和生产技术、工艺方面都比较成熟,使用寿命较长,所以目前国内外所生产的电冰箱中,90%以上都是这类电冰箱,根据压缩机所采用原动力不同,蒸气压缩机电冰箱又可分为电动机压缩式电冰箱和电磁震动式电冰箱。

连续吸收—扩散式电冰箱:它是以热源为动力、常用氨作制冷剂,可造成液氨蒸发条件的氢作扩散剂,利用氨—水—氨混合溶液完成连续吸疏—扩散方式的电冰箱。它的优点是由于没有运转机械,因而无噪声、结构简单、成本低、不易损坏,使用寿命长。可采用电、天然气、煤油灯及太阳能等各种热源加热使其工作。

半导体式电冰箱(又称热电冰箱):它是利用温差电效应实现制冷的电冰箱,将电流通过一个 P 型半导体和 N 型半导体元件组成的电路时,则在一端收热量,成为冷端。半导体制冷与机械制冷比较有体积小、重量轻、无机械运动部件,故无噪声、无震动、无磨损、冷却速率调整方便、无污染等特点。主要用于野外旅游车载小型携带式电冰箱,利用直流电源供电制冷。

(3) 按电冰箱的冷却方式分类

直冷式(冷气自然对流式)电冰箱:食品放在蒸发器围成的冷冻室中直接冷却而冻结,蒸发器下面的冷空气因密度大而下降,通过空气的自然对流使冷藏室降温,达到冷却的目的。直冷式双门电冰箱的冷冻室和冷藏室都有各自的蒸发器,冷冻室和冷藏室是隔开的。由于直冷式电冰箱蒸发器的金属表面直接与食品或空气接触,蒸发器表面容易结霜,因此又称有霜电冰箱。冷冻室或冷藏室蒸发器直接吸收食品中的热量,使食品被冷却的速度快且省电。但仅靠空气自然对流冷却,因此箱内温度均匀性差。同时,由于蒸发器表面容易结霜需经常进行化霜,化霜时又需要将食品从冷冻室取出,所以比较麻烦。

间冷式电冰箱:间冷式电冰箱是依靠箱风扇强制箱内空气对流循环来实现对储藏食品间接冷却的目的。蒸发器是装在冷冻室与冷藏室隔层中(横卧式)或装在冷冻室后壁隔层中(竖立式)。这种依靠强制循环气流与蒸发器进行热交换来实现冷却的形式称间冷式。间冷式电冰箱的霜只结在隔层中的蒸发器表面,所以冷冻室内无霜或结霜较少,因此这种电冰箱又称为无霜式电冰箱。由于冷气强制循环,冷藏室降温快,温度均匀好;化霜自动进行,不必将食品从冷冻室内搬出,有利于食品的长期储存。间冷式电冰箱因结构复杂,价格较贵;

冻结速度比直冷式电冰箱慢,门封条密封不良时,漏热损失大和化霜较频繁,使得电冰箱的耗电量较大。

　　(4) 按电冰箱制冷等级分类

　　根据电冰箱冷冻室所能达到的冷冻储存温度的不同,划分了制冷等级不同的电冰箱。制冷等级是指冷冻室内能保持的温度级别,温度等级用星号"＊"表示,每一星号所代表的温度为$-6℃$,以星级表示的温度等级见表 5-15。

表 5-15　星级表示的温度等级

星　级	符　号	冷冻室温度/℃	冷冻室食品储藏期
一星级	＊	不高于-6	1 星期
二星级	＊ ＊	不高于-12	1 个月
三星级	＊ ＊ ＊	低于-18	3 个月
四星级	＊ ＊ ＊ ＊	低于-24	6～8 个月

　　(5) 按电冰箱使用环境温度分类

　　根据国际标准规定,按电冰箱使用环境温度分类可将电冰箱分为四种类型,各种类型的代号及适应环境温度指标如下:

　　亚温带型(SN):适应环境温度 10～32℃;

　　温带型(N):适应环境温度 16～32℃;

　　亚热带型(ST):适应环境温度 18～38℃;

　　热带型(T):适应环境温度 18～43℃。

　　2) 典型结构

　　电冰箱的结构大体由四个部分组成,如图 5-27 所示。

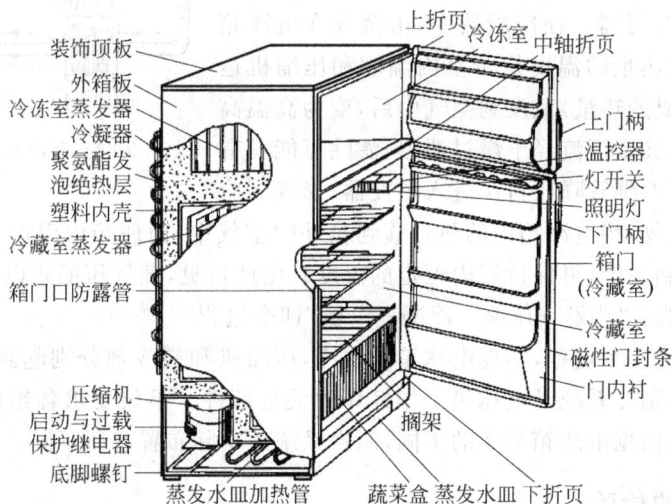

图 5-27　电冰箱结构

　　一为箱体,它是电冰箱的躯体,用来隔热保温,使箱内空气与外界空气隔绝,以保持箱内所需的低温环境。箱体主要包括外箱、内壳、绝热层组成的箱体,以及箱门、门内衬、磁性门封条、手柄和门铰链组成的箱门体。为了适应人们对冷藏冷冻食品的不同要求,一般箱内分成冷藏和冷冻两个部位。

二为制冷系统,制冷系统是通过制冷剂的制冷循环,吸收箱内热量,使箱内的热量转移到箱外空气中去,从而使箱内温度下降,达到制冷、降温、冷藏、冷冻的目的;制冷系统包括压缩机组、冷凝器、蒸发器、冷却风扇、干燥过滤器、毛细管、回气管、防漏管和制冷剂。

三为自动控制系统,它的作用是通过温度控制器、化霜温控器、启动继电器、热保护继电器、风扇电动机、启动和运行用电容器、冷藏室加热器、双蒸发器连管加热器、温控器加热器、化霜加热器、箱内照明灯和开关等部件,控制电冰箱按使用的要求自动开停、安全运转,达到自动控温、化霜的目的。

四为适应食品冷冻、冷藏的需要,还设置了所需的附件,如冰盒、搁架、果菜盒、接水盘或蒸发皿、肉品盒和蛋品架。

3)电冰箱工作原理

制冷系统工作原理如图 5-28 所示,系统内部抽出空气后,充入制冷剂,这一系统中,除蒸发器和部分节流毛细管装在箱内,其他部件都在箱体外,它的循环过程是:来自冷凝器的高温高压制冷剂液体,流经干燥过滤器,再流过节流毛细管,进入蒸发器,由于制冷剂液体流过细长的节流毛细管受到很大阻力,进入蒸发器后压力骤然下降,形成低压低温沸腾的液体,在制冷剂的液体在蒸发器内低温沸腾的液态变为汽态过程中,便会吸收电冰箱内空间的热量,蒸发器表面逐渐地结了冰霜使箱内温度下降,冷却箱内被储存的物品,同时已蒸发吸热后的低温低压制冷剂气体被运转着的压缩机吸回、压缩后,成为高温高压的蒸气排至冷凝器。在冷凝器中,由蒸气在电冰箱内吸收的热量(此热量的温度低于室内温度和压缩机运行消耗电能所形成的热量)散发到空气中后,变为高温高压的制冷剂液体,又重新流经干燥过滤器,滤除可能具有的污垢或水分,经毛细管降压再次进入蒸发器,形成制冷

图 5-28　制冷系统内循环变化

循环,如此循环往复,将电冰箱内的热量移到箱外的空气中,而使箱内温度不断下降,另外,通过温度自动控制系统,可保持箱内恒定的温度。由此可见,蒸气压缩式电冰箱制冷循环的工作原理可概括为:"蒸发—压缩—冷凝—节流"四个过程。

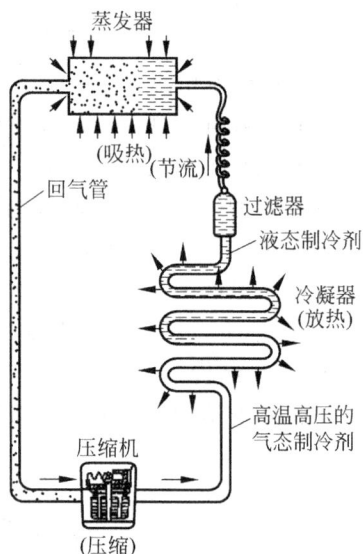

为了完成以上四个过程,实现电冰箱的制冷,压缩机和制冷剂分别起到了"心脏"和"血液"的作用,因此,制冷系统是电冰箱工作好坏的关键部件。不仅要求各组成部分性能可靠而且布置要合理,根据电冰箱类型的不同,制冷系统的实际布置有所不同。

2. 电冰箱的检验

电冰箱检验有安全性能检验和产品性能检验,安全性能检验项目以 GB 4706.1—2005《家用和类似用途电器的安全　第 1 部分:通用要求》和 GB 4706.13—2004《家用和类似用途电器的安全　制冷器具、冰淇淋机和制冰机的特殊要求》为依据;产品性能指标应满足 GB/T 8059《家用制冷器具》系列标准,电冰箱的性能试验项目主要分为制冷性能与结构和

材料性能两大类试验,见表 5-16。前者包含储藏温度、制冰能力、耗电量、化霜性能、负载温度回升时间、冷冻能力等试验;后者包括凝露、门封气密性、门铰链和把手耐久性、搁架及类似部件机械强度、制冷系统密封性能、噪声和振动、电镀件盐雾、表面涂层湿热和附着力等试验。

表 5-16　型式试验项目和试验方法

序号	试验项目	标准所属章节		不合格类别		
		技术要求	试验方法	A	B	C
1	总有效容积	5.3	附录 B			√
2	储藏温度	5.4.1	6.4.1		√	
3	制冰能力	5.4.2	6.4.2			√
4	耗电量	5.4.3	6.4.3			√
5	化霜性能	5.4.4	6.4.4			√
6	负载温度回升时间	5.4.5	6.4.5		√	
7	冷冻能力	5.4.6	6.4.6			√
8	绝热性能和防凝露	5.5.1	6.5.1			√
9	门封气密性	5.5.2	6.5.2			√
10	门铰链和把手的耐久性	5.5.3	6.5.3			√
11	搁架及类似部件的机械强度	5.5.4	6.5.4			√
12	冰箱内部材料及气味性试验	5.5.5	6.5.5			√
13	制冷系统密封性能	5.5.6	6.5.6	√		
14	噪声和振动	5.5.7	6.5.7			√
15	电镀件	5.5.8	6.5.8			√
16	表面涂层	5.5.9	6.5.9			√
17	外观要求	5.5.10	视检			√
18	包装试验	8.2	GB 1019		√	

其中,储藏温度、耗电量、负载温度回升时间、噪声和振动等试验是可直接体现出产品使用性能的好坏的试验项目,尤其是耗电量与噪声是普通用户最为关心的性能指标。下面以冷藏冷冻箱为例对储藏温度、耗电量、负载温度回升、冷冻能力、噪声试验等项目进行具体的介绍。

1) 储藏温度测试

储藏温度应满足表 5-17 要求。

表 5-17　储藏温度

气候类型	环境温度	冷藏室		冷冻室及"星"级间室	"二星"级室和"二星"级部分	冷却室 t_{ctm}	冰温室
		t_1、t_2、t_3	t				
SN	10						
	32						
N	16						$-2 \leqslant$
	32	$0 \leqslant t_1$、t_2、$t_3 \leqslant 10$	5	$\leqslant -18$	$\leqslant -12$	$8 \leqslant t_{ctm}$ $\leqslant 14$	t_{ctmmin}, $t_{ctmmax} \leqslant +3$
ST	18						
	38						
T	18						
	43						

（1）电冰箱环境试验室

电冰箱的工作范围通常按其气候类型不同来划分,为了模拟在不同环境温度下电冰箱的制冷性能,首先要求试验室温度范围为 $10\sim43℃$;为了减少环境空气流速的影响,试验室内空气流动速度不应大于 $0.25m/s$;试验室内的环境湿度可以控制,以满足冰箱整个工作过程中湿度在 $45\%\sim75\%$ 的范围内;试验室的内部空间应足够大,以满足电冰箱放置隔板的要求(图 5-29);试验室应有良好的保温性能,使试验室在各个规定的环境控制点达到GB/T 8059 所要求的波动范围及垂直的温度梯度要求:波动 $\pm0.5K$,在离试验平台 2m 高的范围内温度梯度不超过 $2K/m$。试验室结构如图 5-29 所示。

为了完成所要求的各个试验项目,试验室箱应在每个试验工位上安放如下附件:

① 涂黑色无光泽的木制坚固的试验平台。平台下面敞开以使空气自由流通,平台顶面应比试验室地面高出 300mm,平台向外延伸,比电冰箱的两侧壁及前壁伸出至少 300mm(但不超过 600mm)。平台后边则应伸出电冰箱背面的垂直隔板处。

② 三块涂黑色无光泽的垂直隔板。后隔板与电冰箱背面平行,且与电冰箱背面的限位器接近,或按制造厂规定要求与电冰箱背面保持距离。左、右隔板与电冰箱两侧平行并相距300mm,隔板宽度为 300mm(图 5-30)。

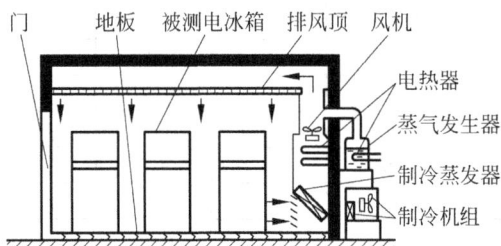

图 5-29　电冰箱环境试验室

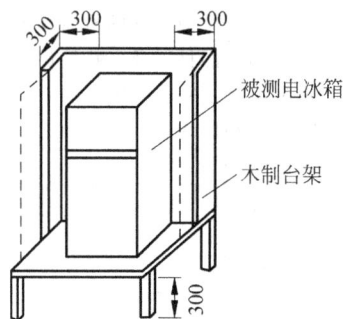

图 5-30　被测电冰箱的放置

在进行性能试验时,为模拟热负荷,冰箱内需放置试验包(采用具有直角平行六面体形状的试验包),根据其尺寸和质量,试验包分为三种:125g、500g、1000g。一般试验包的冻结点为 $-1℃$,其热学性能相当于瘦牛肉,而冰温室使用冻结点为 $-5℃$ 的材料制成的试验包,用于测量温度的试验包称为“M”包,又称测量包,其质量为 500g,在其几何中心处装有供测温用的热电偶。

（2）试验准备工作

将冰箱置于隔板的试验平台上,其与隔板的相对位置按标准要求放置,使冰箱在规定的环境温度下自然静置(打开电冰箱门),使箱内温度与环境温度达到平衡,其间的温差最大不超过 $\pm1K$。达到平衡后,电冰箱才可以进行试验。

温控器的调节:如果温控器可调,则按照各项试验要求,调节到符合规定的位置上。如果电冰箱有防凝露电加热器,电加热器应接通,如电加热器为可调时,应调至最大加热位置处。

试验开始时,电冰箱内各种附件和配件应处于正常位置,冰盒和所有容器、搁架等空着(除另有规定外),蒸发器应没有霜和冰,箱内附件及内壁应干燥。箱内布置的测温元件与测量仪器连接的引线应不影响冰箱的气密性。

冷冻室、冷冻食品储藏室及其三星级中"二星"级部分、冰温室内放置试验包及"M"包，放置的位置参见 GB/T 8059.2 的附录 A。

（3）测试方法

冰箱放置在试验室内，按照规定的试验条件进行试验，冷藏室内放置铜质圆柱，铜质圆柱应悬挂或安放在冷藏室后内壁和门内壁之间中心位置上的 3 个测点 T1、T2、T3 处。3 个测点的具体位置根据蒸发器的布置位置的不同而不同（具体位置参见 GB/T 8059.2 的图 4），冷冻室、冷冻食品储藏室及其三星级中"二星"级部分、冰温室内放置试验包及"M"包，按相应的气候类型确定试验的环境温度，如 N 型应分别在 16℃和 32℃环境温度下进行储藏温度的试验，在不同的环境温度条件下，分别将温控器调至适当位置，该位置可以是温控器可调范围内的任意一点。

电冰箱至少通电 24h，待冰箱达到稳定运行状态（指各"M"包和铜质圆柱在相邻控制周期的各相应点处的温度值在±0.5K 范围内波动，并已在约 24h 周期内平均温度差值不大于±1K）后测定冷藏室、冷冻室的温度。冷藏室温度 t_m 是通过铜质圆柱测得的三个位置的温度 t_1、t_2、t_3 的算术平均值，亦即在压缩机开机与停机时测得的温度的算术平均值，而冷冻室温度是指安放在冷冻室内的试验包中最热的一个"M"包的最高温度值。

2）耗电量及能源效率等级测试

（1）耗电量限定值及计算

电冰箱的耗电量限定值按照表 5-18 计算。

表 5-18　电冰箱的耗电量限定值

类型	类　别	电冰箱耗电量限定值 $E_{\max}$/(kW·h/24h)
1	无星级室的冷藏箱	$0.9\times(0.221\times V_{adj}+233+CH)\times S_r/365$
2	带 1 星级室的冷藏箱	$0.9\times(0.611\times V_{adj}+181+CH)\times S_r/365$
3	带 2 星级室的冷藏箱	$0.9\times(0.428\times V_{adj}+233+CH)\times S_r/365$
4	带 3 星级室的冷藏箱	$0.9\times(0.624\times V_{adj}+233+CH)\times S_r/365$
5	冷藏冷冻箱	$0.9\times(0.697\times V_{adj}+272+CH)\times S_r/365$
6	冷冻食品储藏箱	$0.9\times(0.530\times V_{adj}+1901+CH)\times S_r/365$
7	食品冷冻箱	$0.9\times(0.567\times V_{adj}+205+CH)\times S_r/365$

注：（1）当电冰箱内含有 15L 及以上容积、具有冰温区功能的变温间室时，CH 取值为 50kW·h，否则取值为零。

（2）当电冰箱容积小于或等于 100L 或容积大于 400L 并带有穿透式自动制冰功能时，S_r 取值为 1.10，否则取值为 1.00。

（3）无法归入表中所给出类别时，按照其最低温度间室的设计温度，归入最接近的电冰箱类别。

其中，调整容积计算（L），

$$V_{adj} = \sum_{c=1}^{n} V_c \times F_c \times W_c \times CC \tag{5-37}$$

式中：n——电冰箱不同类型间室的数量；

V_c——某一类型间室的实测有效容积，单位为 L；

F_c——常数，电冰箱中采用无霜系统制冷的间室等于 1.4，其他类型间室等于 1.0；

CC——气候类型修正系数，当电冰箱气候类型为 N 或 SN 型时等于 1，当气候类型为 ST 型时等于 1.1，气候类型为 T 型时等于 1.2；

W_c——各类型间室的加权系数，见表 5-19。

表 5-19　电冰箱各类型间室的加权系数 W_c

间室类型	冷藏室	冷却室	冰温室	1 星级室	2 星级室	3 星级室	冷冻室
T_c/℃	5	10	0	-6	-12	-18	-18
W_c	1.00	0.75	1.25	1.55	1.85	2.15	2.15

（2）能源效率等级

根据表 5-20 判定该产品的能效等级,此能效等级不应低于该产品的额定能效等级。对于可变温间室,分别计算不同设定温度条件下的能效等级,均不应低于该产品的额定能效等级。

表 5-20　电冰箱能效等级的能效指数

能效等级	能效指数 η	
	冷藏冷冻箱	其他类型（1、2、3、4、5、6、7）
1	$\eta \leqslant 40\%$	$\eta \leqslant 50\%$
2	$40\% < \eta \leqslant 50\%$	$50\% < \eta \leqslant 60\%$
3	$50\% < \eta \leqslant 60\%$	$60\% < \eta \leqslant 70\%$
4	$60\% < \eta \leqslant 70\%$	$70\% < \eta \leqslant 80\%$
5	$70\% < \eta \leqslant 80\%$	$80\% < \eta \leqslant 90\%$

电冰箱的能效指数按照式(5-38)计算:

$$\eta = \frac{E_{\text{test}}}{(M \times V_{\text{adj}} + N + CH) \times S_r/365} \times 100\% \tag{5-38}$$

式中：E_{test}——实测耗电量,kW·h/24h。

（3）试验条件

在电冰箱环境试验室中,环境温度：SN 型、N 型、ST 型为 25℃；T 型为 32℃；环境湿度；45%～75%；试验电压：额定电压。

（4）试验准备工作

冷冻室、冷冻食品储藏室及其三星级部分中"二星"级部分放置试验包及"M"包,放置的位置参见 GB/T 8059.2 的附录 A。

按标准的 6.2 及 6.3 条的规定,在冷藏室放置铜质圆柱,冷冻室放置试验包及"M"包。

冰箱如有防凝露电加热器及其他辅助电热装置,则应断开,然后,关闭箱门,通电运行。

调节温控器,使冷藏室温度达到下述要求：

① 以冷藏室特性温度为主：$t_{\text{m}} = 4.5 \sim 5℃$,那么 $t_{\text{max}}^{***} \leqslant -18℃$,$t_{\text{max}}^{**} \leqslant -12℃$,$t_{\text{cm}} \leqslant 12℃$；

② 以冷冻室特性温度为主：$t_{\text{max}}^{***} = -18℃$,那么 $t_{\text{m}} \leqslant 5℃$,$t_{\text{max}}^{**} \leqslant -12℃$,$t_{\text{cm}} \leqslant 12℃$。

（5）测试方法

冰箱达到稳定运行状态时,试验正式开始,记录冰箱制冷系统运行状况、温度状况、耗电量。试验期间应保持稳定运行状态,对非自动化霜的冷藏冷冻箱,其试验时间约为 24h 的一定整数控制周期的时间,然后折算为 24h 的耗电量。

3）负载温度回升测试

测得的负载温度回升时间不应小于 300min,如制造厂标出额定值为不小于 350min,则实测值不应小于额定值的 85%。

（1）试验条件

在电冰箱环境试验室中,环境温度:SN 型、N 型、ST 型为 25℃;T 型为 32℃;环境湿度;45%～75%;试验电压;额定电压。

放置试验包及"M"包,放置的位置参见 GB/T 8059.2 的附录 A。

（2）测试方法

该试验在耗电量测试完毕后进行。立即切断冰箱的电源,记录下最热一个"M"包达－18℃的时间和任何一个"M"包首先回升到－9℃的时间(注意:此两个"M"包不一定为同一个)。两者相差的时间即为负载温度回升时间,该项目主要是考核电冰箱冷冻室的保温性能及门封的密封性,与制冷系统无关。

4）冷冻能力测试

冷冻负载达到－18℃的时间应小于 24h,且箱内的温度必须符合下列要求:

① 试验过程中任何压仓负载的"M"包的最高温度应至少等于或低于－15℃。试验结束时,压仓负载中最热"M"包的最高温度应等于或低于－18℃;

② 任何单独的"三星"级室中最热"M"包的最高温度应等于或低于－18℃;

③ 任何"二星"级室(或二星级部分)最热"M"包的最高温度应分别等于或低于－12℃或－6℃;

④ 试验期间,冷藏室的温度 $t_m \leqslant 7℃, 0℃ \leqslant t_1、t_2、t_3 \leqslant 10℃$;

⑤ 冷却室的温度不应低于 0℃。

（1）试验条件

在电冰箱环境试验室中,环境温度:SN 型、N 型、ST 型为 25℃;T 型为 32℃;环境湿度:45%～75%;试验电压:额定电压。

冷冻室、冷冻食品储藏室及其三星级部分中"二星"级部分放置试验包及"M"包,放置的位置参见 GB/T 8059.2 的附录 A。

（2）试验准备工作

冷藏室和冷却室水平放量"M"包,放量位置与储藏温度试验中的铜质圆柱相同,冷却室容积如为可调者则调至最大容积。各冷冻室装入定量的试验包和"M"包作为压仓负载,压仓负载量按冷冻室的总有效容积而定(详见 GB/T 8059.2 的表 7)。预调温控器(调至在做储藏湿度试验时的位置)。

留给冷冻负载的空间不应超过下列两种情况之一(取大者为准):

① 冷冻室及"三星"级室总有效容积的 30%;

② 3L/kg 冷冻负载。

试验前,所有的试验包和"M"包放入冰箱内("M"包应均匀分布在压仓负载中),应预先冷冻至约为－18℃("二星"级部分则约为－12℃)。

冷冻室内的压仓负载应均匀分布及水平放置。安放冷冻负载的位置应留空(如制造厂的说明书与本标准无矛盾时,则应按制造厂说明书进行;如制造厂说明书无要求时,则应根据具体情况,留出有利于冷冻负载冻结的位置)。

装入压仓负载后的冰箱应继续运行并应重新调整温控器的位置。冷藏室温控器应调到使 $t_m = 4～5℃$。冷冻室应调定到连续运行的位置(如不可能时,则调至最低温度)。其他各间室应符合其特性温度。

（3）测试方法

装入压仓负载后的冰箱达到稳定运行状态后，装入制造厂标定的额定量的冷冻负载(冷冻负载温度：SN、N、ST 型为(25±1)℃，T 型为(32±1)℃)。冷冻负载应水平放置，并按制造厂说明书的位置安放，如无说明则应放在尽可能快地被冻结的地方，试验包堆与堆之间应保留适当的空间并且不应与压仓负载直接接触。冷冻负载的"M"包应均匀分布在冷冻负载试验包中，冷冻负载的"M"包数目不应少于 2 个。

从放入冷冻负载到试验完毕的过程中，不允许用人工来改变温控器的调定位置。试验期间记录以下试验数据：

① 记录压仓负载和冷冻负载的"M"包温度以及其他间室内"M"包的温度，直到全部冷冻负载"M"包的瞬时温度的算术平均值达到−18℃时止；

② 记录冷冻负载从装入至达到−18℃所需的时间。

5）噪声试验

冰箱运行时，不应产生明显噪声，其噪声声功率级：250L 以下(含 250L)的冰箱不应大于 52dB(A)；250L 以上的冰箱不应大于 55dB(A)。

（1）试验条件

噪声测试环境为半消声室(其他环境下的测试应符合 GB/T 4214 的规定)，环境温度：16～32℃；环境湿度：45%～75%；试验电压：额定电压。

（2）试验准备工作

在测试场所地面的几何中心处，将冰箱放在弹性基础上(厚 5～6mm 弹性橡胶垫层)。

冰箱应空着，将温控器调至中等程度或偏于强冷的位置上，关闭门(或盖)。冰箱至少运行 30min 后才开始测试。(在测试期间，如果箱内温度在达到温控器规定的温度而停机时，则应中断测量，待压缩机重新开始工作 3min 后再测量。)

（3）测试方法

噪声测试按图 5-31 所示，将传声器分别置于 1、2、3、4 各测试点(各测点的位置见表 5-21)，用声级计(A 计权)测试噪声，读取在噪声较大情况下指示的平均值，以四点噪声的算术平均值作为该机的平均声压级噪声。

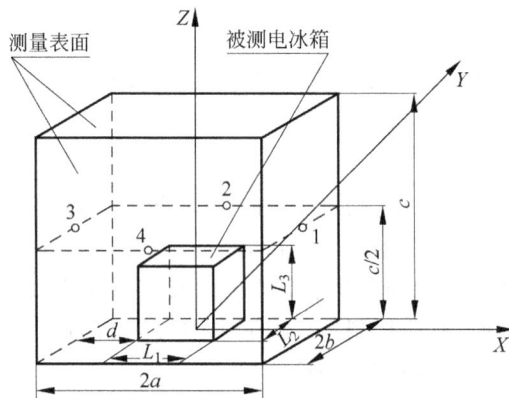

图 5-31 噪声测试坐标点

表 5-21　测点位置

编号	X	Y	Z
1	a	0	
2	0	b	
3	$-a$	0	$c/2$
4	0	$-b$	

根据测试结果，计算所测电冰箱的声功率级：

$$L_w = (L_{PA} - 2) + 10\lg S \tag{5-39}$$

式中：L_w——A 声功率级，dB（基准值为 1pW）；

　　L_{PA}——测量表面平均声压级，dB（基准值为 $24\mu Pa$）；

　　S——测量表面的包络面积，m^2；设 l_1, l_2, l_3 分别为冰箱的长、宽和高，m；则 $a = \dfrac{l_1}{2} + d$，$b = \dfrac{l_2}{2} + d$，$c = l_3 + d$，取 $d = 1m$，则 $S = 4(ad + bc + ac)$。

5.3.3　空调器测试

空调系统大多由空气处理设备、空气输送管道和空气分配装置等组成。按使用场合、使用目的、处理方式等可组成多种类型。房间空调器是局部式空调器的一种，广泛用于家庭、餐饮娱乐和办公室等场所。

1. 分类、典型结构及工作原理

1）分类

房间空调器形式多种多样，主要分三大类：窗式空调器、分体式空调器、柜式空调器。

（1）窗式（整体式）空调器又分为冷风型（L）、热泵型（R）、电热型（D）和热泵辅助电热型（Rd）。

（2）分体式空调器主要由室内机组和室外机组构成，室内机组又分吊顶式、壁挂式、落地式、嵌入式、台式。

根据一台室外机组配置室内机组数的不同，可分为一拖一式、一拖二式、一拖三式，也有冷风型、热泵型、电热型、热泵辅助电热型。

（3）柜式空调器又分为整体式和分体式。

2）典型结构

（1）窗式空调器的结构

窗式空调器的各部分零件装在一个箱体内，又称为整体式空调器。通常安装在窗架上或墙孔中，它的外侧伸出室外，以便与室外空气进行热交换。空调制冷时，室外空气流过冷凝器，再排至室外，放出冷凝热量。伸向室内侧的部分有进口风门和出风口，依靠风机使室内空气流过蒸发器，再回到室内，吸收室内空气中的热量。

窗式空调器分为单冷型和冷暖型两种。单冷型有制冷、抽湿、通风功能。冷暖型有制冷、供暖功能。按内部结构的不同，供暖有热泵供暖和电热器供暖两种。

窗式空调器内设有新鲜空气调节风门，工作时可使一部分室外新鲜空气流入室内风机，并送入室内房间。另外还设有排风门,使一部分室内循环空气排至室外。因而可调节房间内的空气以使新鲜。

(2) 分体壁挂式空调器的结构

分体壁挂式空调器包括室内机和室外机两部分。室内机安装在房间内,室外机安装在室外。在安装室内机的墙上,只需开一个能使连接管道及凝结水泄水管通过的孔。室内机一般挂装在离地面 2m 以上的墙壁上,因此需通过遥控器操作控制。

分体式空调器有单冷型和冷暖型两种,冷暖型绝大多数是使用热泵制热。有的空调器还用热泵加电热器辅助制热,以适应冬季寒冷地区使用。

分体壁挂式空调器室内机、室外机结构如图 5-32 所示。

(3) 变频空调器

变频式空调器是一种新型节能型空调器。这种空调器通过改变电源电压的频率改变压缩机转速,使制冷量随转速在整个调速范围内连续变化,以适应设定的不同需要。其产品的出现主要依赖于电子变频技术、变频压缩机、电子膨胀阀和微计算机控制。

① 变频空调器的特点

变频器能使压缩机电动机的转速变化达到连续的变量控制,而压缩机电动机转速是根据室内空调负荷而成比例变化的。当室内需要急速降温(或急速升温)、室内空调负荷加大时,压缩机转速就加快,制冷量(或制热量)就按比例增加;当接近设定温度时,随即处于低速运转,以维持室温基本不变。

变频空调器的节流是运用电子膨胀阀控制流量的方式,它能使变频压缩器的优点得到充分发挥。电子膨胀阀节流的变频空调,它的室外微处理器可以根据设在膨胀阀进出口、压缩机吸气管多处的温度传感器收集的信息,来控制阀门的开启度,随时改变制冷剂的流量,从而实现制冷系统的高效率的最佳控制。采用电子膨胀阀作为节流元件的另一突出优点是除霜时不停机,利用压缩机排气热量先向室内供热,余下的热量输送到室外,将换热器翅片上的霜融化。

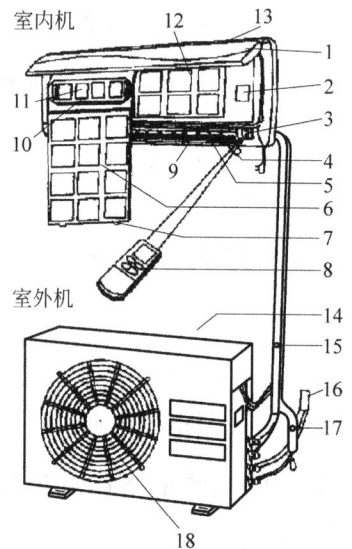

图 5-32   分体式空调器室内、外机结构
1—面板;2—主机操作部分;3—主机显示部分;4—上下风向调节板;5—左右风向调节板;6—空气过滤网;7—空气过滤网捏手;8—遥控器;9—出风口;10—网架;11—滚筒式风轮;12—除臭过滤网;13—进风口(室内);14—进风口(室外);15—配管与连接线;16—接另一台室内机的配管与连接线;17—排水管;18—风罩

② 与普通空调器相比,变频空调器具有以下优点

优异的变频特性:变频空调器运用变频技术与模糊控制技术,变频压缩机能在频率为 $12\sim150\,Hz$ 范围内连续变化,调制范围大,容易控制,反应快,体积小。

高效节能:变频空调器采用先进的控制技术,功率可在较大范围内调整。开机时,能很快地从低速转入高速运行,从而迅速使室内达到所需的设定温度,随即在较长时间内处于低速节能运转,维持室温基本不变,避免了定速空调器中压缩机的频繁启动,节省了额外启动电流消耗,节约了能源,比定速机节约 $20\%\sim30\%$ 的用电量。

舒适度高:在室温接近设定温度时,降低频率进行控制,室温波动小且较为平稳。温度波动仅为±0.5℃(定速空调器的大于1.5℃),所以人体没有忽冷忽热的感觉。

噪声低:由于避免了定速空调器频繁启动,压缩机噪声大大减小。

超低温运行:室外温度在−15～−10℃时,仍能正常工作,适应性强(传统空调器在环境温度低于0℃时,制热效果会变得较差)。

3) 空调器工作原理

空调器由制冷系统、通风系统和电气系统三部分组成(图5-33),下面叙述其工作过程。

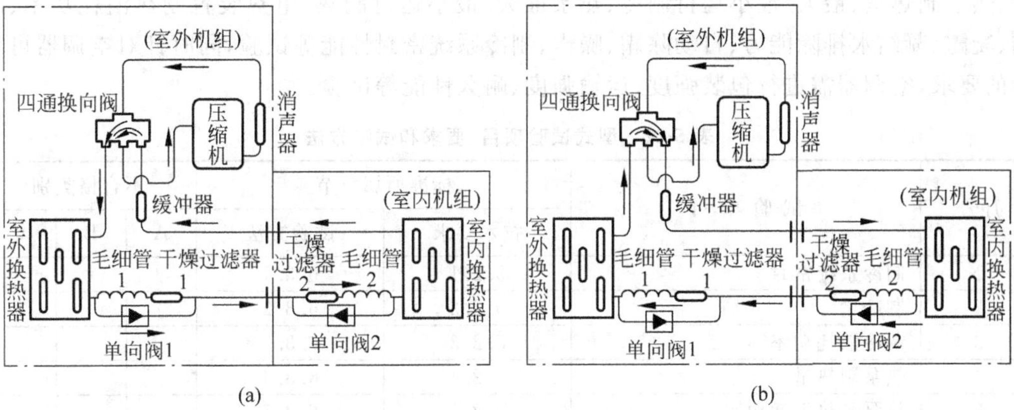

图 5-33　热泵式空调器制冷、热系统
(a) 制冷工况工作;(b) 热泵工况工作

(1) 制冷工作原理

压缩机从蒸发器吸入低温低压的制冷剂蒸气,压缩成高温高压气体,排入冷凝器,轴流风扇用室外空气冷却冷凝器,使制冷剂在其中冷凝成高压低温的液体。高压液体制冷剂进入毛细管节流降压后,成为低温低压湿蒸气,进入蒸发器,在蒸发器中吸收室内空气的热量蒸发成低温低压蒸气,然后再被压缩机吸入,重复上述制冷循环。

(2) 制热工作原理

空调器制热方式有两种:一是电热型,加辅助电热元件,通电后发热;另一种是热泵制热型,其工作原理与上述制冷循环工作相反,若在制冷系统中将蒸发器变为冷凝器,从压缩机排出高温制冷剂蒸气流向室内机蒸发器中放热,同时变冷凝器为蒸发器,将热量向室内排入,然后冷凝成高压低温的制冷剂液体通过毛细管节流降压,进入室外机组的冷凝器中蒸发吸热,以吸收室外空气中的热量,制冷剂蒸发成低温低压的蒸气,被压缩机吸入,重复上述制热循环。

在实际系统中,制冷、制热两种工况切换靠四通换向阀工作完成,所不同的是利用了单向阀1、2与毛细管1、2,干燥过滤器1、2来分别完成不同工况的干燥过滤节流降压,这样能较好防止冰堵、脏堵。系统还采用了缓冲器,较好地解决了负荷平衡系统稳定性。

(3) 除湿工况

空调器在制冷工况时,蒸发器盘管表面的温度往往低于空气的露点温度,因而室内循环空气流经蒸发器时,空气中的水蒸气就会冷凝成水,落在积水盘上,排出室外,从而使室内空气的含湿量降低。所以,空调器制冷运行时兼有除湿作用。但由于室内空气含湿量减少,绝对湿度降低,并不等于相对湿度也降低。影响空调舒适性的湿度指标是相对湿度而不是绝对湿度,因而有些空调器增加了独立除湿功能。

2. 空调器的检验

空调器检验有安全性能检验和产品性能检验,安全性能检验项目以 GB 4706.1—2005《家用和类似用途电器的安全　第 1 部分:通用要求》和 GB 4706.32—2004《用和类似用途电器的安全　热泵、空调器和除湿机的特殊要求》为依据;产品性能指标应满足 GB/T 7725—2004《房间空气调节器》标准,产品检验项目见表 5-22。空调器的性能试验项目主要包含制冷量、热泵制热量、最大/最小运行制冷、热泵最大/最小运行制热、电热装置制热消耗功率、冻结、凝露、凝结水排除能力、自动除霜、噪声、制冷系统密封性能等试验,同时针对空调器可靠性的要求,空调器需进行包装强度、运输强度、耐久性能等试验。

表 5-22　型式试验项目、要求和试验方法

序号	试验项目		标准所属章节		不合格类别		
			技术要求	试验方法	A	B	C
1	制冷系统密封		5.2.1	6.3.1	√		
2	制冷量		5.2.2	6.3.2	√		
3	制冷消耗功率		5.2.3	6.3.3	√		
4	热泵制热量		5.2.4	6.3.4	√		
5	热泵制热消耗功率		5.2.5	6.3.5	√		
6	电热制热消耗功率		5.2.6	6.3.6	√		
7	最大运行制冷		5.2.7	6.3.7		√	
8	最小运行制冷		5.2.8	6.3.8		√	
9	热泵最大运行制热		5.2.9	6.3.9		√	
10	热泵最小运行制热		5.2.10	6.3.10		√	
11	冻结	空气流通	5.2.11	6.3.11 a)		√	
		滴水		6.3.11 b)		√	
12	凝露		5.2.12	6.3.12		√	
13	凝结水排除能力		5.2.13	6.3.13		√	
14	自动除霜		5.2.14	6.3.14		√	
15	噪声		5.2.15	6.3.15	√		
16	包装		5.3.1	6.3.16			√
17	运输		5.3.2	6.3.17			√
18	耐候性能		5.3	6.3.18			√
19	可靠性寿命		5.3	6.3.19			
20	能效比(EER)、性能系数(COP)		5.2.16	6.3.2～3 6.3.4～5	√		
21	季节性能源消耗功率		E5.2.17	附录 E	√		
22	外观检查		5.1	视检			√
23	安全检查		GB 4706.32				

制冷量、制热量、能效比及噪声是空调器最重要也是最受关注的性能指标,其中,由制冷量试验所得出的器具的能效指标是评价空调器节能好坏的关键指标,标准规定空调器的能效指标应符合 GB 12021.3 的规定要求。下面具体介绍试验项目。

1)制冷量和热泵制热量试验

标准技术要求:空调器实测制冷/制热量不应小于标称制冷/制热量的 95%;空调器实

测制冷消耗功率不应大于标称制冷/制热消耗功率的 110%。

空调器制冷量和制热量试验通常采用空气焓值法或房间型量热计法进行试验,试验相应地分别在空气焓值法试验室或平衡环境型房间量热计试验室进行。空调器的其他性能试验也可在上述试验室进行,或在环境工况试验室进行。

（1）空气焓值（法）试验室

空气焓值法是通过测试间环境工况调节系统使放置被测空调器的测试间的温度和湿度达到标准规定的稳定性,然后对空调器的送风参数、回风参数以及循环风量进行测量,用测出的风量与送风、回风焓差的乘积确定空调器的制冷能力。制冷量的计算公式为

$$\phi = \frac{q(h_{a1} - h_{a2})}{V_n'(1 + W_n)}$$

（5-40）

式中：ϕ——空调器室内侧总制冷量,W;

q——空调器室内测点的风量,m^3/s;

h_{a1}——空调器室内回风空气焓值,J/kg;

h_{a2}——空调器室内送风空气焓值,J/kg;

V_n'——喷嘴处空气比容,m^3/kg;

W_n——喷嘴处的绝对湿度,kg/kg 干空气。

空气焓值法试验室分为室内侧和室外侧,室内侧和室外侧都设有空气再处理机组,以保证符合 GB/T 7725 要求的试验工况。如图 5-34 所示,空气测量装置安装在室内侧,通过风管与被测空调器的出风口相接。在离出风口较远处设有整流板,为喷嘴提供均匀的速度。喷嘴的下游设有整流板和空气取样装量,以测量空调器出风的干球温度和湿球温度。由于空调器出风口与测温点的距离较远,所以从空调器出风口开始,直至测温点为止,要求测试装置有良好的保湿,漏热量不超过被测量的 5%。排风室装有排风扇和风门,以克服排风室、喷嘴和整流板的阻力,调节排风扇将接收室内的空调器出口处的静压调到零,模拟空调器出口的真实状态。

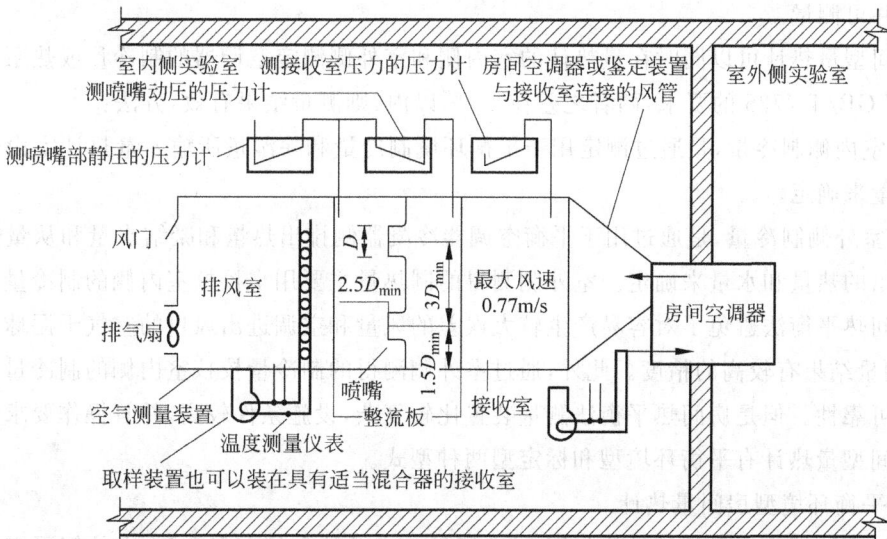

图 5-34　室内侧空气焓值法装置的布置

空气焓值法的优点是测试装置简单、操作方便、稳定时间短。但由于空气循环量不容易测准,因而误差相对较大。因此,通常用于制冷量较大的机组的测量。

根据空气焓值法测试原理,将被测试空调器放置在工况试验室内,通过如图5-35所示的空气取样装置测量空调器的进风、出风口处的干球、湿球温度。通常以空调器回风口处的温度作环境温度设置,试验室的空气再处理装置使空调器进风口空气参数稳定。循环风量的测量通过循环风量测量装置完成,如图5-36所示。

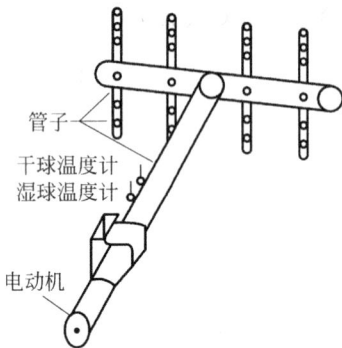

图 5-35　空气取样装置

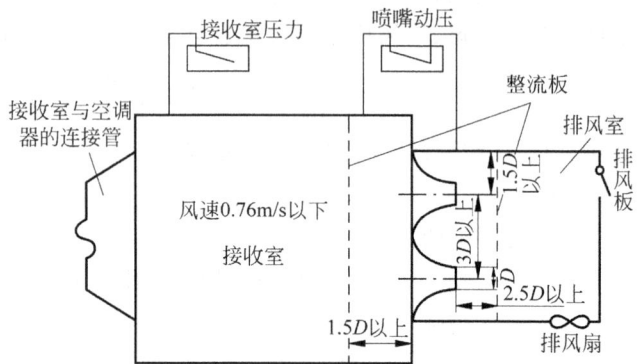

图 5-36　循环风量测量装置

（2）房间型量热计试验室

房间型量热计由两间相邻、中间有隔墙的房间所组成,一间作为室内侧,另一间作为室外侧,隔墙上有孔洞用于安装空调器。绝热隔墙上应该装有压力平衡装置,以保证量热计的室内、室外侧压力平衡,并用以测量漏风量、排风量和通风量。每间均装有空气调节设备,以保持室内侧、外测空气循环和 GB/T 7725 规定的工况条件;室内侧再处理机组由供给热量的加热器和加湿用的加湿器组成;室外侧再处理机组包括冷却、去湿和加湿设备,其能量可以控制并可测量。

房间型量热计可以同时在量热计的室内侧和室外侧测定空调器的制冷量或热泵的制热量,根据 GB/T 7725 的要求,两者之差在 $\pm 4\%$ 以内,则测量结果有效,方法:

① 室内侧制冷量,是通过测定用于平衡环境制冷量和除湿量所输入量热计室内侧的热量和水量来确定。

② 室外侧制冷量,是通过用于平衡空调器冷凝器侧排出热量和凝结水量和从量热计室外侧取出的热量和水量来确定。室外侧测得的制热量主要用来校核室内侧的制冷量。

房间热平衡法避免了对容易产生较大误差的风量和空调进出风口的空气干湿球温度的测量,测量结果有较高的精度。此外,通过室外侧测得的制冷量校核室内侧的制冷量保证了测量的可靠性。但是房间热平衡法测量装置比较复杂,设施条件较高,并且操作要求也比较高。房间型量热计有平衡环境型和标定型两种型式。

a）平衡环境型房间量热计

平衡环境型房间量热计结构如图5-37所示。主要特点是在室内侧、室外侧隔室的外面设置温度可以控制的套间,使套间内的干球温度分别等于相对应室内、外侧干球温度。

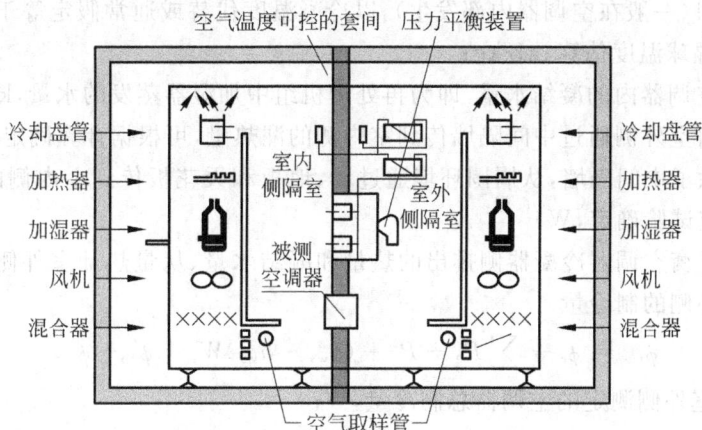

图 5-37　平衡环境型房间量热计结构

b）标定型房间量热计

标定型房间量热计装置如图 5-38 所示。标定型量热计与平衡环境型量热计不同的是不设温度可控的套间，要求隔室的围护结构要有良好的保温性能，标准要求漏热量（包括辐射热量）应不超过被测空调器制冷量的 5%。量热计室内侧隔室的漏热量、室外侧隔室的漏热量、中间隔墙的漏热量按照标准的要求进行标定。因没有温度可控的套间，与平衡环境型量热计相比，测量的稳定性和精度稍差。

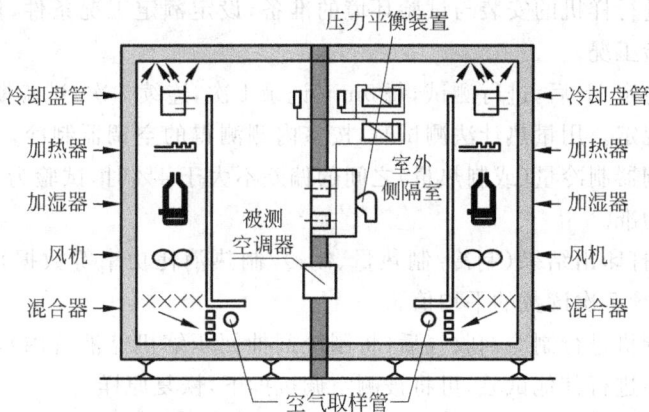

图 5-38　标定型房间量热计装置

房间型量热计法的制冷量计算，空调器室内侧的制冷量

$$\phi_{tic} = \sum P_r + (h_{w1} - h_{w2})W_r + \phi'_{1p} + \phi_{1r} \tag{5-41}$$

式中：ϕ_{tic}——室内侧测定的空调器总制冷量，W；

$\sum P_r$——室内侧的总输入（电）功率，W；

h_{w1}——加湿用的水或蒸气的焓值，如试验过程中未曾向加湿器提供水，则 h_{w1} 取再处理机组中加湿器内水温下的焓值，kJ/kg；

h_{w2}——从室内侧排到室外侧的空调器凝结水的焓值；若凝结水的温度不能实现测试

时(一般在空调器内部发生),以冷凝温度代替或通常假定等于空调器送风的湿球温度估算,kJ/kg;

W_r——空调器内的凝结水量,即为再处理机组中加湿器蒸发的水量,kg/h;

ϕ_{1p}——由室外侧通过中间隔墙传到室内侧的漏热量,可根据计算确定,W;

ϕ_{1r}——除了中间隔墙,从周围环境通过墙、地板和天花板传到室内侧的漏热量,由标定试验确定,W。

通过用于平衡空调器冷凝器侧排出的热量和凝结水量、从量热计室外侧取出的热量和水量来确定室外侧的制冷量

$$\phi_{tco} = \phi_c - \sum P_0 - P_t + (h_{w3} - h_{w2})W_r + \phi'_{1p} + \phi_{1\infty} \tag{5-42}$$

式中:ϕ_{tco}——室外侧测定的空调器总制冷量,W;

ϕ_c——室外侧再处理机组中冷却盘管带走的热量,W;

$\sum P_0$——室外侧再加热器、风机等全部设备的总输入功率,W;

P_t——空调器的总输入功率,W;

h_{w3}——室外侧再处理机组排出的凝结水在离开量热计隔室的温度下的焓值,J/kg;

ϕ'_{1p}——通过中间隔墙,从室外侧漏出的热量,当隔墙暴露在室内侧的面积等于暴露在室外侧的面积时,$\phi'_{1p} = \phi_{1p}$,W;

$\phi_{1\infty}$——室外侧向外的漏热量(不包括中间隔墙),由标定试验确定,W。

(3)测试方法

按规定要求进行样机的安装与试验环境的准备,设定额定工况条件,然后开启样机,调节试验房间的试验工况。

当试验工况稳定1h后,进行测试,每5min记录1次,连续7次,试验期间的读数允差应符合标准的相关规定。用量热计法测试时,按室内侧测得的空调器制冷量(或制热量)与按室外侧测得的空调器制冷量(或制热量)之间的偏差不大于4%时,试验为有效,试验数据以室内侧测得的值为准。

保存数据,并打印出结果(制冷/制热量、制冷/制热消耗功率等数据),制冷量(或制热量)试验结果取连续7次读数的平均值。

对分体式空调机进行制冷剂收气后(将制冷剂抽回压缩机储液管内),关闭被测机及房间空调装置。若不进行其他试验,可将被测空调机拆下,恢复原样。

2)性能系数(能效比)

性能系数是指空调器工作在制冷工作状态时,其实测制冷量与制冷所消耗的总功率之比,单位为W/W,即:

$$性能系数(EEP) = \frac{实测制冷量(W)}{实测消耗总功率(W)} \tag{5-43}$$

由于性能系数的物理意义是每消耗1W的电能所能产生的冷量数,因而性能系数大的空调器,产生同等的冷量,消耗的电能就少。因此,性能系数越大越好。对每一种空调器来说,其性能系数是有要求的,标准规定其值不能小于表5-23所示的规定值。

在测量完制冷量和热泵制热量时,即可计算出其性能系数及能效比。根据产品的实测能效比,查表5-23,判定该产品的能效等级,此能效等级不应低于该产品的额定能效等级。

表 5-23　性能系数规定值与能效等级

类型	名义制冷量(CC)/W	能效比/(W/W)	能效等级		
			1	2	3
整体式		≥2.90	3.30	3.10	2.90
分体式	CC<4500	≥3.20	3.60	3.40	3.20
	4500~7100	≥3.10	3.50	3.30	3.10
	7100~14 000	≥3.00	3.40	3.20	3.00

3）最大运行制冷和最小运行制冷测试

最大运行制冷测试时,将空调器的所有风门关闭,试验电压分别为额定电压的 90% 和 100%,按 GB/T 7725 规定的最大运行制冷工况运行稳定后,连续运行 1h,然后停机 3min（此间电压上升不超过 3%）,再启动运行 1h。

4）凝露及冷凝水排除试验

标准技术要求:按照 GB/T 7725 规定的凝露试验工况,空调器启动并运行 4h,箱体外表面凝露水不应滴下,室内送风不带有水滴。

在进行冷凝水排除试验时,将空调器的温度控制器、风扇速度、风门和导向格栅调到最易凝水状态,在接水盘注满水（即达到排水口流水）后,按照 GB/T 7725 规定的凝露试验工况运行,至接水盘的水位稳定后,空调器再连续运行 4h,空调器应该具有排除冷凝水的能力,并且不应有水从空调器中溢出或吹出,以至弄湿建筑物或周围环境。

5）噪声试验

标准技术要求:噪声试验在房间的声学环境符合标准要求的噪声测试室进行。T1 型和 T2 型空调器在半消声室噪声测定值（声压级）应符合表 5-24 规定,T3 气候类型空调器噪声值可增加 2dB(A)。

表 5-24　性能系数规定值与能效等级

名义制冷量/W	室内噪声/dB(A)		室外噪声/dB(A)	
	整体式	分体式	整体式	分体式
C<2500	≤52	≤40	≤57	≤52
2500~45 100	≤55	≤45	≤60	≤55
4500~7100	≤60	≤52	≤65	≤60
7100~14 000		≤55		≤65

将空调器安装在噪声室内,在室内侧按图 5-39、图 5-40、图 5-41 所示位置放置传声器（应佩戴海绵球风罩）进行测量。室外侧分体式机组放在 5mm 厚橡胶垫上,若出风口中心高度离地面不足 1m 可垫高至 1m 处。在距机组前面板 1m 处,噪声最大位置放置传声器。在空调器运行 30min 后进行噪声测量。测试频率范围一般应包括中心频率 125~8000Hz 之间的倍频程和中心频率 100~10 000Hz 之间的 1/3 倍频程。测试用声级计指示表时可用"慢"挡特性,其指针的波动小于±3dB 时应采用合适噪声仪器系统进行检测。

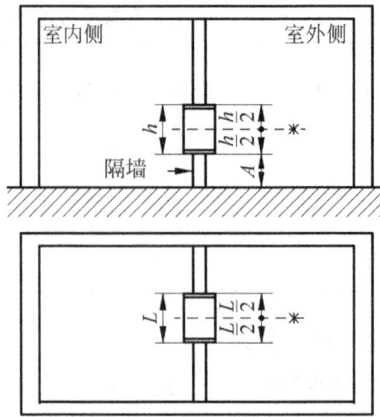

图 5-39   窗式空调器噪声测试

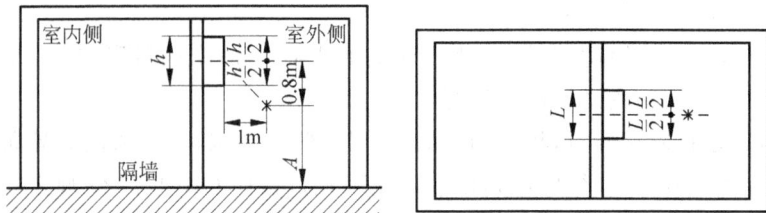

图 5-40   壁式空调器噪声测试

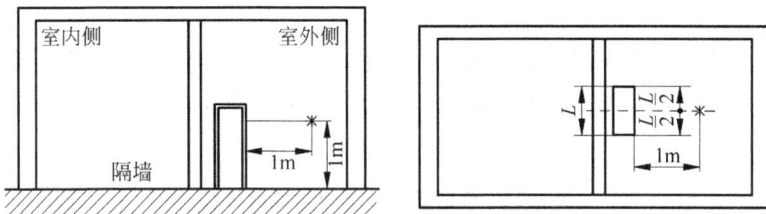

图 5-41   落地式空调器噪声测试

6) 制冷系统密封性能试验

环境温度为 16～35℃,空调器可不通电置于正压室内(防止已泄漏制冷剂对漏点检查的干扰),空调器的制冷系统在正常的制冷剂充灌量下,用灵敏度为 $1\times10^{-6}\mathrm{Pa\cdot m^3/s}$ 的检漏仪进行检验。

本 章 小 结

(1) 本章讲述家用微电机的测试转速、转矩、机械特性三个参数的测试方法、测量仪器的工作原理。

(2) 讲述常用的家用电器电风扇、洗衣机、电热水器、电冰箱的使用性能测试,介绍相应标准,讨论了参数的测试方法、测量仪器的工作原理。

思 考 题

1. 电风扇的检验有几种项目？电风扇的调速比如何检验？

2. 落地扇的噪声如何检验？

3. 洗衣机有哪些主要技术要求？

4. 洗衣机绕组的温升如何测定？绝缘电阻如何测定？

5. 洗衣机电机铜绕组为 B 级绝缘，温升试验测得以下数据：环境初始温度为 23.6℃，绕组电阻为 42.36Ω，试验结束时环境温度为 24.5℃，绕组电阻 51.01Ω，是否判为合格？为什么？

6. 家用电热器具按其工作原理分类有哪几种类型？并简述它们各自的工作原理。

7. 电暖器具按对人体传送热量的形式可分为哪两种类型？它们的区别在哪里？

8. 观察身边能见到的电饭锅的结构，并分析其工作原理。

9. 简述自动保温电饭锅的结构特点。

10. 电饭锅磁性限温器受热触点断开后，能否会自动闭合？为什么？

11. 简述电饭锅主要特殊要求的检验。

12. 简述对电炒锅主要特殊要求的检验。

13. 微波炉主要由哪几部分组成？并介绍微波发生器的结构和工作原理。

14. 结合通用安全要求内容，设计针对某一具体电器产品（如电饭锅）的一般检查方法。

第 6 章

电器产品质量智能测试系统

学习要点

（1）了解智能仪器系统的一般组成、结构，测试系统设计中的干扰问题。

（2）熟悉数据采集系统的几种常用电路和应用。

（3）掌握自动测试系统中 GPIB 接口电路，产品测试技术中软、硬件系统设计。

（4）熟悉在线自动测试系统的设计和应用。

随着高新技术产品、制造过程复杂程度的日益提高，用于电器产品质量检测、检验中的测试系统越来越多地用到智能化、自动化，这是产品质量可靠运行的必要保证。从一个产品或设备的全寿命周期角度来看，测试贯穿于系统整个寿命周期的各个阶段。以电冰箱为例，产品从研制到生产及使用过程都离不开测试，通过测试将产品质量隐患排除在生产环节，提高产品的使用寿命。

产品质量测试就是用试验的方法，借助一定的仪器或设备，得到测量数据大小的过程。测试技术发展到今天已完全突破了原有的意义，它综合测量、控制、仿真、信号处理、网络、人工智能等技术，成为一门独立发展的学科。

测试系统的发展经历了从人工检测到智能、自动测试的演变。所谓智能、自动测试，就是对被测对象的整个测试过程，包括数据采集、数据分析处理及测试结果的显示输出，整个测试工作是在预先编制好的测试程序统一控制下自动完成的。自动测试系统通常指能自动进行测量、数据处理，并以适当方式显示或输出测试结果的系统。

本章在简述自动测试系统的典型体系结构、特征的基础上，介绍几种在电器产品检测中常用的自动测试系统：数据采集系统、自动测试系统和在线自动测试系统，需要学生有检测技术、计算机原理等课程基础知识，以便课程间衔接。

6.1　智能仪器系统基础

6.1.1　智能仪器的组成及特点

随着微处理器在体积小、功能强、价格低等方面的发展，电子测量与仪器和计算机技术的结合越加紧密，形成了一种全新的微型计算机化仪器。目前，人们习惯将这种内含微型计算机并带有通信接口的电子仪器称为智能仪器，以区别于传统的电子仪器。

1．智能仪器的典型结构

智能仪器实际上是一个专用的微型计算机系统，由硬件和软件两大部分组成。

硬件包括微处理器、存储器、输入通道、输出通道、人机接口电路、通信接口电路等部分，其通用的基本结构如图 6-1 所示。微处理器是仪器的核心；存储器中包括程序存储器和数据存储器，用来存储程序和数据；输入通道主要包括传感器、信号调理电路和 A/D 转换器等，要完成信号的滤波、放大、模数转换等；输出通道主要包括 D/A 转换器、放大驱动电路和模拟执行器等，将微处理器运算和处理后的数字信号转换为模拟信号；人-机接口电路主要包括键盘和显示器，是操作者和仪器的交流桥梁，操作者可通过键盘向仪器发出控制命令，仪器可通过显示器将处理结果显示出来；通信接口电路可实现仪器与计算机或其他仪器的通信。

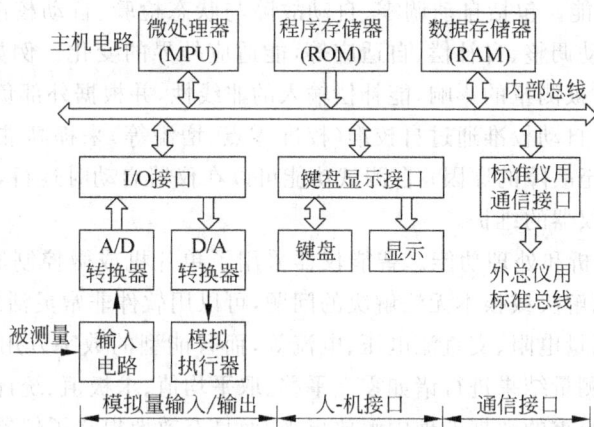

图 6-1　智能仪器基本结构框图

智能仪器的软件分为监控程序和接口管理程序两部分。监控程序是面向仪器面板键盘和显示器的管理程序，内容包括通过键盘输入命令和数据，以对仪器的功能、操作方式与工作参数进行设置；根据仪器设置的功能和工作方式，控制 I/O 接口电路进行数据采集、存储；按照仪器设置的参数，对采集的数据进行相关的处理；以数字、字符、图形等形式显示测量结果、数据处理的结果及仪器的状态信息。接口管理程序是面向通信接口的管理程序，其内容是接收并分析来自通信接口总线的远控命令，包括描述有关功能、操作方式与工作参数的代码。

2．智能仪器的工作原理

如图 6-1 所示，被测量通过传感器获取被测参数的信息并进入输入电路转换成电信号，经 A/D 转换器转换成相应的脉冲信号后送入微处理器或单片机中，微处理器或单片机根据仪器所设定的初值进行相应的数据运算和处理（如非线性校正等），运算的结果被转换为相应的数据进行显示和打印，同时微处理器或单片机把运算结果与存储器内的设定参数进行运算比较后，根据运算结果和控制要求，输出相应的控制信号（如报警装置触发、继电器触点等）。此外，智能仪器还可以与 PC 组成分布式测控系统，由下位机——智能仪器采集各种测量信号与数据,通过通信接口将信息传输给上位机——PC,由 PC 进行全局管理。

随着微电子技术的不断发展,集成了 CPU、存储器、定时器/计数器、并行和串行接口、前置放大器,甚至 A/D、D/A 转换器等电路在一块芯片上的超大规模集成电路芯片出现了。将计算机技术与测量控制技术结合在一起,组成了所谓的“智能化测量控制系统”。

3. 智能仪器的主要特点

智能仪器内部带有处理能力很强的智能软件,具有类似人类智能的特性或功能,其特点包括:

(1)操作自动化。仪器的整个测量过程,如键盘扫描、量程选择、开关闭合、数据采集、传输与处理、显示打印等功能用微控制器控制,实现了测量过程的自动化。

(2)具有自测功能。包括自动调零、自动故障与状态检验、自动校准、自诊断及量程自动转换、触发电平自动调整、自补偿、自适应等,能适应外界的变化。例如,能自动补偿环境温度、漂移、压力等对被测量的影响,能补偿输入的非线性,并根据外部负载的变化自动输出与其匹配的信号等。自动校准通过自校准(校准零点、增溢等)来提高准确度。自诊断能检测出故障的部件,甚至故障的原因;自测试功能可以在仪器启动时运行,也可在仪器工作中运行,极大地方便了仪器的维护。

(3)具有数据分析和处理功能。智能仪器采用了单片机或微控制器,这使得许多原来用硬件逻辑电路难以解决或根本无法解决的问题,可以用软件非常灵活地解决。例如,传统的数字万用表只能测量电阻、交直流电压、电流等,而智能型的数字万用表不仅能进行上述测量,而且还具有对测量结果进行诸如零点平移、取平均值、求极值、统计分析等复杂的数据处理功能,使用户从繁重的数据处理中解放出来,而且有效地提高了仪器的测量精度。

(4)具有友好的人机对话功能。智能仪器使用键盘代替传统仪器中的切换开关,操作人员通过键盘输入命令,用对话方式选择测量功能和设置参数。同时,智能仪器能输出多种形式的数据,如通过显示屏将仪器的运行情况、工作状态和处理结果以数字或图形的形式输出。

(5)具有可程控操作能力。智能仪器一般都配有 RS-232 等通信接口或网络接口,可以接收计算机的命令,具有可程控操作的功能。这些特性方便与 PC 和其他仪器一起组成用户所需要的多种功能的自动测量系统,完成更复杂的测试任务。

6.1.2　传感器的选用原则

传感器在原理与结构上千差万别,仪器的性能在很大程度上取决于传感器。选用传感器往往关注的是稳定性、可靠性、线性度、重复性好,灵敏度和精度高,测量范围、工作温度适用范围宽,寿命长、成本低等。在实际选用传感器时可根据具体的测量目的、测置对象和测量环境等因素合理选择,一般主要考虑以下两个方面。

1. 传感器的功能或类型

由于同一物理量可能有多种原理的传感器可供选用测量,可根据被测量的特点、传感器的使用条件(如传感器的量程、体积、测量方式、接触式还是非接触式)、信号的输出方式、价格等因素考虑选用何种原理的传感器。

2. 传感器的性能指标

确定传感器的功能或类型后应考虑传感器的具体性能指标。

1) 线性范围

传感器的线性范围越宽,量程越大。在选择传感器时,当传感器的种类确定以后首先要了解其量程是否满足要求。在量程范围内,灵敏度在理论上应保持定值,并且保证一定的测量精度。但实际中,传感器的线性度是相对的,当测量精度比较低时,为了测量方便,可将非线性误差较小的传感器在一定的范围内近似看做线性的。

2) 精度

传感器的精度越高,价格越昂贵。为提高性价比,在选用传感器时,如果测量目的是定性分析,则选用重复性好的传感器即可,不必选用绝对精度高的传感器,如果是定量分析,需要获得精确的测量值,可选用精度等级能满足要求的传感器。

3) 灵敏度

当灵敏度提高时,传感器输出信号的值随被测量的变大而加大,有利于信号处理。通常,在传感器的线性范围内,希望传感器的灵敏度越高越好。但传感器灵敏度提高,混入被测量中的干扰信号也会被放大,影响测量精度。因此,要求传感器本身应具有较高的信噪比,尽量减少外界引入的干扰信号。

4) 稳定性

传感器的结构和使用环境是影响传感器稳定性的主要因素,传感器性能不应随时间变化而变化。根据具体使用环境选择具有较强适应环境能力的传感器,或采取适当措施减小环境的影响。传感器的稳定性有定量指标,若超过有效期,在使用前应对其重新标定,以保证传感器的性能不发生变化。在某些要求传感器长期使用而又不能轻易更换或标定的场合,应选用稳定性要求更严格的传感器。

5) 频率响应特性

在允许频率范围内保持不失真的测量条件下,传感器的频率响应特性决定了被测量的频率范围。传感器的频率响应特性宽,则可测量的信号频率范围宽。实际中,传感器的响应总有一定时延,时延时间越短越好。

6.1.3　可靠性与抗干扰技术

可靠性是描述系统长期稳定、正常运行的能力的一个通用概念,也是产品质量在时间方面的特征表示。噪声和干扰是仪器仪表的大敌,它混在信号之中会降低仪器的有效分辨能力和灵敏度,使测量结果产生误差。随着工业自动化技术的发展,许多仪器仪表需要在干扰很强的现场运行,抗干扰问题是智能仪器设计中必须考虑的问题。主要介绍影响智能仪器可靠性和产生干扰的主要因素,以及为提高仪器的可靠性采取的软件、硬件措施,为减小干扰因素的影响而采取的抗干扰技术。

1. 可靠性设计

针对影响智能仪器可靠性的各种因素的特点,必须采取相应的硬件或软件方面的措施,这是智能仪器可靠性设计的根本任务。为提高可靠性,可以从硬件、软件两方面考虑采取相应的措施,特别是在系统设计时就予以考虑。

1) 硬件可靠性设计

可靠性设计遵循的基本准则主要有:元器件的选择是根本,合理安装调试是基础,测量系统设计是手段,外部环境是保证,这贯穿于系统设计、制作、运行的全过程。

(1) 元器件的可靠性措施。元器件是仪器系统的基本部件,元器件的性能与可靠性是系统整体性能与可靠性的基础。由于电子元器件引起的故障率的降低主要由生产厂家提供,对其质量把关来保证,采取严格管理元器件的购置和储运,安装前筛选、测试等措施。

(2) 系统结构设计。包括硬件电路结构设计和运行软件设计。元器件选定之后,根据系统运行原理与生产工艺要求将其连成整体,并编制相应软件。电路设计中要求元器件或线路布局合理,以消除元器件之间的电磁耦合相互干扰;优化的电路设计也可以消除或减弱外部干扰对整个系统的影响,如去耦电路、平衡电路等;也可以采用冗余结构,当某些元器件发生故障时不致影响整个系统的运行。

(3) 安装与调试。元器件与整个系统的安装与调试,是保证系统运行可靠性的重要措施,尽管元器件选择严格、系统整体设计合理,但如果安装工艺粗糙,调试不严格,仍然不会达到预期的效果。

(4) 智能仪器所处工作环境中的外部设备或空间条件。为了保证智能仪器可靠工作,必须创造一个良好的外部环境。例如,采取屏蔽措施,远离产生强电磁场干扰的设备,加强通风以降低环境湿度,安装紧固以防止摆动等。

2) 软件可靠性设计

智能仪器运行软件是系统实现各项功能的具体反映,软件可靠性的主要标志是软件是否真实而准确地描述了欲实现的各种功能。为了提高软件的可靠性,应尽量将软件规范化、标准化和模块化,尽可能把复杂的问题化成若干较为简单明确的小任务。把一个流程分成若干独立的小模块,通过接口串接起来,这有助于直观发现设计中的不合理部分,而且检查和测试几个小模块要比检查和调试大程序方便很多。

为了提高智能仪器的可靠性,可以采用重复执行某一操作或某一程序,并将执行结果与前一次的结果进行比较对照,来确认系统工作是否正常。只有当两次结果相同时,才被认可进行下一步操作。如果两次结果不一样,可以再重复一次比较,当第三次结果与前两次之中的一次相同时,则认为另一结果是偶然故障引起的,应当剔除。如果三次结果均不相同,则初步判定为硬件永久性故障,需要进一步检查。

这种方法是以时间为代价来换取可靠性,称为时间冗余技术(俗称重复检测技术),它不用增加设备的硬件投资,简单易行,其不足之处是减慢了运行速度,因而只能用在执行时间比较宽余、操作步骤比较重要的情况。

为了使"乱飞"的程序在程序区迅速纳入正轨,应该用单字节指令,并在关键地方人为地插入一些单字节指令NOP,或将有效单字节指令重写,这称为指令冗余。

当"乱飞"程序进入非程序区(如 EPROM 未使用的空间)或表格区时,采用冗余指令使程序入轨的条件便不满足,此时可以设定软件陷阱,拦截"乱飞"程序,将其迅速引向一个指定位置,在那里有一段专门对程序运行出错进行处理的程序。

PC 受到干扰而失控,会引起程序"乱飞",也可能使程序陷入"死循环"。指令冗余技术、软件陷阱技术不能使失控的程序摆脱"死循环"的困境,通过用程序监视技术"把关定时器",又称"看门狗"技术,可以使程序摆脱死循环。测控系统的应用程序往往采用循环运行方式,每一次循环的时间基本固定,"看门狗"技术就是不断监视程序循环运行时间,若发现时间超过已知的循环设定时间,则认为系统陷入了死循环,然后强迫程序返回到 0000H 入口,在 0000H 处安排一段出错处理程序,使系统运行纳入正轨。

软件"看门狗"技术的基本思路是:在主程序中对 T0 中断服务程序进行监视,在 T1 中断服务程序中对主程序进行监视,T0 中断监视 T1 中断。这种相互依存、相互制约的抗干扰措施从概率来看将使系统正常运行的可能性大大提高。

2. 抗干扰技术

众所周知,许多工业现场环境恶劣、振动大,而且空间充满电磁场,因而必然会对仪器系统产生各种各样的干扰。这些干扰有可能使系统误差加大、程序远行失常,甚至系统瘫痪,后果十分严重。因而必须采取有效措施来抑制或削弱干扰。

1) 干扰与噪声及其分类

(1) 干扰与噪声

在电子电路中,有用信号以外的所有信号统称为噪声信号。噪声的存在是绝对的,它的产生或存在不受接收者的影响,是独立的。干扰是相对有用信号而言的,只有噪声达到一定数值,它和有用信号一起进入仪器系统并影响其正常工作才形成干扰。噪声与干扰是因果关系,噪声是干扰之因,干扰是噪声之果,是一个量变到质变的过程。干扰是噪声信号中的一种,通常指受环境影响产生的噪声,如电磁干扰、工业电火花干扰、雷电干扰等。干扰在满足一定条件时,可以抑制或消除。而噪声在一般情况下,难以消除,只能减弱。日常生活中接触到的频率分布如图 6-2 所示。

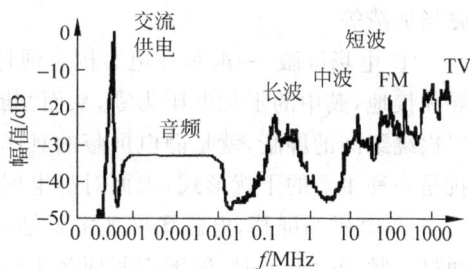

图 6-2　日常生活中接触到的频率分布

(2) 干扰的来源与特点

干扰的来源很多,性质也不一样。干扰窜入仪器的渠道主要有以下三个(图 6-3):

① 空间电磁场。通过电磁波辐射窜入仪器,如电场、磁场、雷电、无线电波等;

② 传输通道。各种干扰通过仪器的输入、输出通道窜入,特别是长传输线受到的干扰更严重;

③ 配电系统。如来自市电的工频干扰,它可以通过电源变压器分布电容和各种电磁路径对测试系统产生影响。各种开关、晶闸管的启闭、元器件的机械振动等都会对测试过程引入不同程度的干扰。

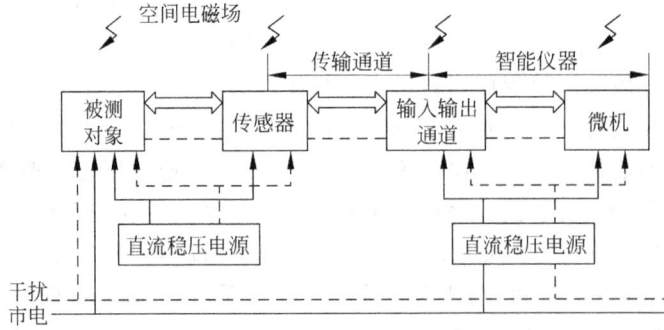

图 6-3　干扰窜入系统的渠道示意图

2) 抑制干扰的主要措施

干扰的特点是来自测试系统的外部,因此一般可以通过合理的硬件电路设计,如屏蔽、滤波,电源线和地线的合理连接,引线的正确走向等措施加以减弱或消除。下面介绍在工程上广泛采用的一些硬件抗干扰电路的工作原理及参数设计,主要包括滤波技术、屏蔽技术、隔离技术和接地技术等。

(1) 空间电磁场的抗干扰措施

针对电场、磁场、雷电、无线电波等干扰,通过屏蔽技术与双绞线传输方式都可以起到抑制外部电磁感应的作用。屏蔽是指用屏蔽体把通过空间进行电场、磁场或电磁场耦合的部分隔离开来,割断其空间场的耦合通道。良好的屏蔽是与接地紧密相连的,这样可以大大降低噪声耦合,取得较好的抗干扰效果。通过屏蔽可以隔离系统向外施加干扰,也隔离了被屏蔽部分接受外来的干扰。根据干扰的耦合通道的性质,屏蔽可分为电场屏蔽、电磁场屏蔽和磁场屏蔽等。

① 电场屏蔽,一般是在电容耦合通道上插入一个接地的金属屏蔽导体。由于金属屏蔽导体接地,其中的干扰电压为零,从而割断了电场干扰的原来耦合通道。电源变压器的一、二次绕组间的屏蔽,就是静电屏蔽的具体例子。对于处于高压电场中的高阻抗回路,电场干扰是一种主要的干扰形式,因而对静电屏蔽技术应充分注意。

② 电磁场屏蔽,电磁场屏蔽主要是用来防止高频电磁波对受扰系统的影响。当导体上通过高频变化电流时,周围空间便产生相应变化的电磁场,这些变化的电磁场可以在邻近的电路引起电磁感应,向外辐射通过空间而干扰周围电路。如果环绕导体有一个反方向的变化电流,所产生的磁场与导体中电流产生的磁场方向相反,对其起抵消作用,这就减弱了对外界的干扰。反方向的电流由载流导体外的接地屏蔽罩来产生。由于屏蔽罩在高频磁场的作用下产生涡流,而涡流的磁场又与原磁场方向相反,因而可以实现高频磁场屏蔽。又因屏蔽罩接地,所以又可以实现电场屏蔽。

③ 磁场屏蔽,对于低频磁场的干扰,用感生涡流所形成的屏蔽并不是很有效。一般采用导磁率高的材料作为屏蔽体,利用其磁阻较小的特点,给干扰源产生的磁通提供一个低磁阻回路,并使其限制在屏蔽体内,从而实现磁场屏蔽。

④ 双绞线和金属屏蔽线的使用,对于从现场信号开关输出的开关信号,或从传感器输出的微弱模拟信号,通常采用塑料绝缘的双平行软线传送,但由于平行线间的分布电容较大,抗干扰能力差,不仅静电感应容易通过分布电容耦合,而且磁场干扰也会在信号线上感

应出干扰电流。因此,在干扰严重的场所,一般不简单使用这种平行导线来传递信号,而是将信号线加以屏蔽,以提高抗干扰能力。

双绞线有抵消电磁感应干扰的作用,但对静电干扰几乎没有抵抗能力。采用屏蔽信号线的办法,一种是采用双绞线,其中一根用做信号传输线;另一种是采用金属网状编织的屏蔽线,金属编织网作为屏蔽外层,芯线用来传输信号。一般的原则是抑制静电感应干扰采用金属网的屏蔽线,抑制电磁感应干扰应用双绞线。屏蔽层起静电屏蔽作用,屏蔽层必须正确接地(图 6-4)。

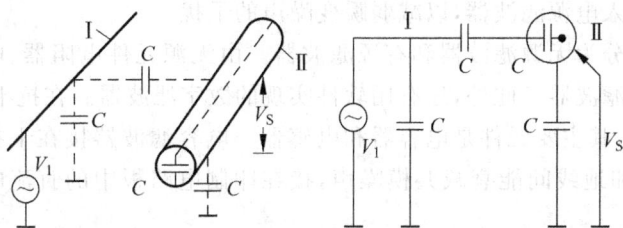

图 6-4　屏蔽线接地

⑤ 地线系统的抑制,接地设计的基本目的是消除各电路电流流经公共地线时所产生的噪声电压,同时免受电磁场和地电位差的影响,即不使其形成地环路。

一般高频电路应就近多点接地,低频电路应一点接地。在高频时,地线上具有电感,因而增加了地线阻抗,而且地线变成了天线,向外辐射噪声信号,因此,要多点就近接地;在低频电路中,接地电路形成的环路对干扰影响很大,因此应一点接地。流过交流地和功率地的电流较大,会造成数毫伏甚至几伏的电压,这会严重地干扰低电平信号的电路。因此信号地应与交流地、功率地分开。

变压器的屏蔽层接地,电源变压器的静电屏蔽层应接保护地。具有双重屏蔽的电源变压器的一次绕组的屏蔽层保护地,二次绕组的屏蔽层接屏蔽地。

(2) 传输通道的抗干扰措施

对传输通道而言,由于它直接与对象相连,因此无论是开关量输入/输出通道,或是模拟量输入/输出通道,都是干扰窜入的渠道。要切断这条渠道,就要去掉对象与过程通道之间的公共地线,实现彼此电隔离以抑制干扰脉冲。如上所述,可采用的器件有变压器和光耦合器。

① 光电隔离,对开关量输入输出通道的抗干扰,一般采用光耦合器,光耦合器的输入阻抗很低,一般在 $100 \sim 1000\Omega$ 之间,而干扰源的内阻一般都很大,通常为 $10^5 \sim 10^9\Omega$。输入部分的发光二极管在通过一定强度的电流时发光,输出部分的光电三极管(光敏三极管)在一定光强下才能工作。光耦合器是在密封下工作的,故不会受到外界光的干扰(图 6-5)。

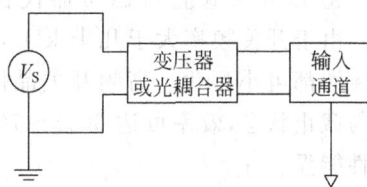

图 6-5　输入隔离

② 安全栅隔离,模拟量 I/O 电路与外界的电气隔离可用安全栅来实现。安全栅是有源隔离式的四端网络,输入信号由电压/电流变换器提供,都是 $4 \sim 20mA$ 的电流信号,输出信号是 $4 \sim 20mA$ 的电流信号或 $1 \sim 5V$ 的电压信号。经过安全栅隔离处理后,可以防止一些

故障性的干扰损害智能仪表。但是,一些强电干扰还会经此或通过其他一些途径,从模拟量输入、输出电路窜入系统。因此在设计时,为保证仪表在任何时候都能工作在既平稳又安全的环境里,要另加隔离措施加以防范。

(3) 配电系统的抗干扰措施

① 采用滤波器,滤波是为了抑制噪声干扰,在数字电路中,当电路从一个状态转换到另一个状态时,就会在电源线上产生一个很大的尖峰电流,形成瞬变的噪声电压。在电感负载下,当电路接通与断开时产生的瞬变噪声干扰往往严重妨碍系统的正常工作。所以在电源变压器的进线端加入电源滤波器,以减弱瞬变噪声的干扰。

滤波器按结构分为无源滤波器和有源滤波器。由无源元件电阻器、电容器和电感器组成的滤波器为无源滤波器。此外,还有用软件实现的数字滤波器。在抗干扰技术中,使用最多的是低通滤波器,其主要元件是电容器和电感器。电容滤波器接在干扰源间能衰减串模噪声,接在干扰源和地线间能衰减共模噪声,接在印制电路板中的直流电源间能抑制电源噪声。

② 隔离变压器(图 6-6),在一、二次绕组之间加有静电屏蔽层,以进一步减小进入电源的各种干扰。该交流电压通过整流、滤波和直流稳压后将干扰抑制到最小。

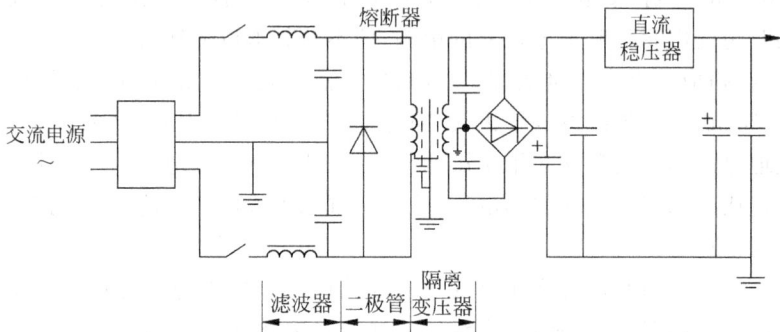

图 6-6　电源抗干扰

③ 采用不间断电源 UPS,UPS 除了有很强的抗干扰能力外,更主要的是万一电网断电,它能以极短的时间(小于 3ms)切换到后备电源上去,后备电源能维持 10min(满载)～30min(半载)的供电时间,以便操作人员及时处理电源故障或采取应急措施。

④ 以开关式直流稳压器代替各种稳压电源。由于开关频率大于几十 kHz,因而变压器、扼流圈都可小型化。高频开关晶体管工作在饱和与截止状态,效率可达 60%～70%,而且抗干扰性能强。

⑤ 印制电路板电源开关噪声的抑制,印制电路板与电源装置的接线状态如图 6-7 所示,从电源装置到集成电路 IC 的电源一地端之间有电阻和电感。另一方面,如果印制板上的 IC 是 TTL 电路,那么当以高速进行开关动作时,其开

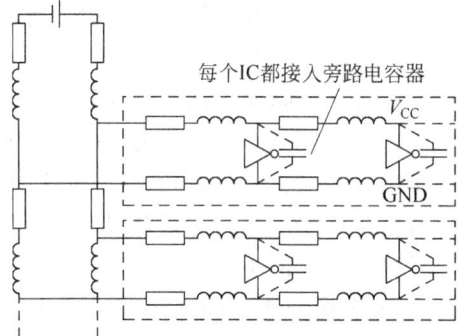

图 6-7　电路板的接线状态

关电流和阻抗会引起开关噪声。因此,无论电源装置提供的电压多么稳定,V_{CC} 线、GND 线也会产生噪声,致使数字电路发生误动作。

　　降低这种开关噪声的方法有两种:其一是以短线向各印制电路板并行供电,而且印制电路板里的电源线采用格子形状或用多层板,做成网眼结构以降低线路的阻抗。其二是在印制电路板上的每个 IC 都接入高频特性好的旁路电容器,将开关电流经过的线路局限在印制电路板内一个极小的范围内。旁路电容可用 $0.01\sim0.1\mu F$ 的电容器,旁路电容器的引线要短而且要紧靠在需要旁路的集成器件的 V_{CC} 与 GND 端,若远离了则毫无意义。

　　若在一台仪表中有多块逻辑电路板,则一般应在电源和地线的引入处附近并接一个 $10\sim100\mu F$ 的大电容和一个 $0.01\sim0.1\mu F$ 的瓷片电容,以防止板与板之间的相互干扰,但此时最好在每块逻辑电路板上装一片或几片稳压块,形成独立的供电,防止板间干扰。

　　(4) 软件抗干扰的一般方法,窜入智能仪器计算机测控系统的干扰,其频率往往很宽,且具有随机性。采用硬件抗干扰措施,只能抑制某个频率段的干扰,仍有一些干扰会侵入系统。因此,除了采用硬件抗干扰方法外,还要采取软件抗干扰措施。

　　叠加在系统被测模拟输入信号上的噪声干扰,会导致较大的测量误差。由于这些噪声的随机性,可以通过软件滤波(即数字滤波技术)剔除虚假信号,求得真值。常用的软件抗干扰措施有:数字滤波方法、软件拦截技术(指令冗余、软件陷阱)、"把关定时器"技术。

　　所谓数字滤波,即通过固定的计算程序,对采集的数据进行某种处理,从而消除或减弱干扰和噪声的影响,提高测量的可靠性和精度。数字滤波具有硬件滤波器的功效,却不需要硬件投资,从而降低了成本。不仅如此,由于软件算法的灵活性,还能产生硬件滤波器所达不到的功效。数字滤波方法有多种,每种方法有其不同的特点和适用范围。下面选择几种常用的方法加以介绍:

　　① 限幅滤波。尖脉冲干扰信号随时可能窜入智能仪器中,使得测量信号突然增大,造成严重失真。对于这种随机干扰,限幅滤波是一种十分有效的方法。其基本方法是通过比较相邻(n 和 $n-1$ 时刻)的两个采样值 y_n 和 $\overline{y_{n-1}}$,如果它们的差值过大,超出了参数可能的最大变化范围,则认为发生了随机干扰,并视这次采样值为非法值,将其剔除。y_n 作废后,可以用 $\overline{y_{n-1}}$ 代替,其算法为

$$\Delta y_n = |\, y_n - \overline{y_{n-1}}\,| \begin{cases} \leqslant a, & \overline{y_n} = y_n \\ > a, & \overline{y_n} = \overline{y_{n-1}} \end{cases} \tag{6-1}$$

　　上述限幅滤波算法很容易用程序判断的方法实现,故又称程序判断法。应用这种方法时,关键在于 a 值的选取。过程的动态特性决定其输出参数的变化速度。

　　② 中值滤波。中值滤波就是对被测参数连续采样 N 次(一般 N 取奇数),然后把 N 次采样值按大小排列,取中间值为本次采样值。中值滤波能有效地克服因偶然因素引起的波动或仪器不稳定引起的误码所造成的脉冲干扰。对温度、液位等缓慢变化的被测参数,采用这种方法能收到良好的效果;但对于流量、压力等快速变化的参数,一般不采用中值滤波算法。

　　③ 算术平均滤波。算术平均滤波法就是连续取 N 个采样值进行平均。其数学表达式为

$$\bar{y} = \frac{1}{N}\sum_{i=1}^{N} y_i \tag{6-2}$$

算术平均滤波法用于对一般具有随机干扰的信号进行滤波。这种信号的特点是围绕着一个平均值,在某一范围作上下波动。因此仅取一个采样值作为滤波值是不准确的。算术平均滤波法对信号的平滑程度完全取决于 N。算术平均滤波法每计算一次数据,需测量 N 次。这种方法不适于测量速度较慢或要求数据计算速度较高的实时系统。

④ 递推平均滤波法(又称移动平均滤波),是把 N 个测量数据看成一个队列,队列的长度固定为从每进行一次新的测量,把测量结果放入队尾,而扔掉队首的一个数据,这样在队列中始终有 N 个最新的数据。计算滤波值时,只要把队列中的 N 个数据进行算术平均就可得到新的滤波值。这样每进行一次测量,就可计算得到一个新的平均滤波值。这种滤波算法称为递推平均滤波法,其数学表达式为

$$\overline{y_n} = \frac{1}{N}\sum_{i=0}^{N-1} y_{N-i}$$ (6-3)

⑤ 加权递推平均滤波,算术平均滤波和递推加权滤波法中,N 次采样值在输出结果中的比重是均等的,即 $1/N$。用这样的滤波算法,对于时变信号会引入滞后。N 越大,滞后越严重。为了增加新采样数据在递推滤波中的比重,以提高系统对当前干扰的抑制能力,可以采用加权递推平均滤波算法。它是递推滤波方法的改进,N 项加权递推平均滤波算法为(C_i 为权值)

$$\overline{y_n} = \frac{1}{N}\sum_{i=0}^{N-1} C_i y_{N-i}$$ (6-4)

6.2　智能仪器的输入通道及数据采集系统

测量参数从传感器中检出后到智能仪器要经过信号放大、传输、转换等过程(图 6-1),对一个测量系统来说,经常要实时测量多个参数,还要评判、控制数据,如:

(1) 对某产品或试验装置往往需要几乎在同一时间内测量若干参数的变化,从而确定参数间的函数关系,或者测量产品的各个参数,来整体评价产品的各种性能指标。或对新设计的电器产品进行各参数的数据采集来确定这个电器的性能指标是否符合设计和标准要求。

(2) 对工厂生产的各个电器的每一个参数进行数据采集,以确定它的安全性能、使用性能等是否符合国家规定的标准,是不是合格产品,可不可以出厂。

(3) 对多路模拟信号和数字信号进行分时的数字化测量,从而获得大量数据的技术称为数据采集技术。如在自动化生产的过程中,往往有大量反映工艺流程的模拟信号、数字信号,需要实时测量、实时控制。

以下介绍常用的数据采集电路、接口电路。

6.2.1　数据采集电路

对多路模拟信号采集需要有多通道共享采样器和 A/D 转换器、多通道共享 A/D 转换器、多通道 A/D 转换电路和差动数据采集系统四种。其中常用的是多通道共享采样器与 A/D 转换器结构,如图 6-8 所示。

多路信号 → 模拟开关 → A/D转换器 → 单片机

PC的USB控制器 ← USB接口芯片 ←

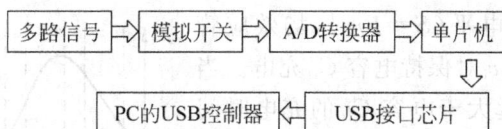

图 6-8　多通道共享采样器和 A/D 转换器

下面对模拟多路开关、采样器和 A/D 转换器等分别作介绍。

1．模拟多路开关

模拟多路开关(analog switch)又称多路转换器(multipexer)，主要用于信号的切换，是输入通道的重要元件之一。当系统中有多个变化较为缓慢的模拟量输入时，常常利用模拟多路开关将各路模拟量分时与放大器、A/D 转换器等接通。这样，利用一片 A/D 转换器可完成多个模拟输入信号的依次转换，提高硬件电路的利用率，节省成本。

模拟多路开关分为机械触点式开关和集成模拟电子开关。机械触点式开关导通电阻小，主要用于大电流、高电压、低速场合，如继电器。集成模拟电子开关切换速率快、无抖动、耗电少、体积小、工作可靠且容易控制，但导通电阻较大，输入电流容量有限，动态范围较小，主要用于高速切换、系统体积较小的场合，在智能仪器中应用广泛。

选择开关时需要注意以下性能指标：

(1) 通道数量。集成模拟多路开关通常包括多个通道，通道数量对传输信号的精度和开关切换速率有直接的影响，通道数量越多，寄生电容和泄漏电流越大。

(2) 泄漏电流。指开关断开时流过模拟开关的电流。一个理想的开关要求导通时电阻为零，断开时电阻趋于无限大，漏电流为零。但由于实际开关断开时电阻不为无限大，导致泄漏电流不为零。一般希望泄漏电流越小越好。

(3) 导通电阻。指开关闭合时的电阻。导通电阻会损失信号，使精度降低，尤其是当开关串联的负载为低阻抗时损失会更大。因此，导通电阻的一致性越好，系统在采集各路信号时由开关引起的误差就越小。

(4) 开关速度。指开关接通或断开的速度。对于频率较高的信号，要求模拟开关的切换速度快，同时还应考虑与后级采样/保持器、A/D 转换器的速度相适应，从而以最优的性能价格比选择器件。

目前已有多种型号的集成模拟多路开关，如 CD4051(双向、8 路)、CD4052(单向、差动 4 路)、AD7501(单向、8 路)、AD7506(单向、16 路)等。它们的功能相似，仅在某些参数和性能指标上有所差异。

2．采样/保持器

1) 采样/保持器的原理

采样是对模拟信号周期性地抽取样值，使模拟信号变成时间上离散的脉冲串，采样值的大小取决于采样时间内输入模拟信号的大小。图 6-9 所示为一种常见的采样/保持电路，A 为理想运算放大器，C_H 为保持电容器，VT 为场效应管。

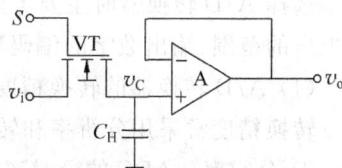

图 6-9　采样/保持电路

当控制信号 S 为高电平（$S=1$）时，场效应管 VT 导通，输入模拟信号 v_i 对保持电容 C_H 充电。当 $S=1$ 的持续时间 t_w 远远大于电容 C_H 的充电时间常数时，在 t_w 时间内，C_H 上的电压 v_c 跟随输入电压 v_i 的变化，使输出电压 $v_o=v_c=v_i$，这段时间为采样时间。当 S 为低电平（$S=0$）时，场效应管 VT 截止，由于电压跟随器的输入阻抗很高，存储在 C_H 上的电荷不会泄漏，C_H 上的电压保持不变，使输出电压 v_o 能保持采样结束瞬时的电压值，这段时间为保持时间。每经过一个采样周期 T_s，对输入信号 v_i 采样一次，在输出端得到输入信号的一个采样值。采样/保持电路的输出随输入变化的波形如图 6-10 所示。

由图 6-10 可见，采样脉冲的频率即采样频率 $f_s(1/T_s)$ 越高，采样越密，采样值越多，采样信号的包络线越接近输入信号的波形。由采样定理可知，一个频率有限的模拟信号所包含的最高频率若为 f_{max}，则当采样频率 $f_s \geq 2f_{max}$ 时，采样信号可以正确地反映输入信号。当采样信号通过低通滤波器时，可以不失真地还原为原来输入的模拟信号。理

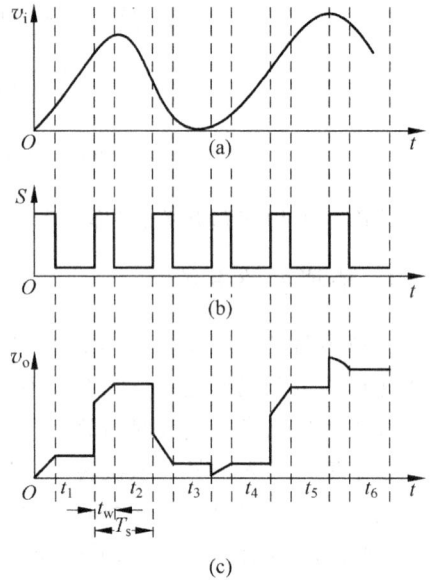

图 6-10　采样/保持电路的输出
随输入变化的波形图
（a）输入模拟信号；（b）采样脉冲信号；
（c）采样保持后的信号

论上 f_s 越大越好，但也不能无限制地提高采样频率，因为将每个采样值转换为数字量需要一定的时间，采样频率越高，转换速度相应地也要求越快。

2）集成采样保持器

将采样/保持电路的元器件集成在一片芯片上可构成集成采样/保持器（sample and holder）。集成采样保持器种类繁多，常用的集成芯片有 LF198/298/398、AD582 等。LF198/298/398 这 3 种芯片工作原理相同，仅参数有所差异。

3. A/D 转换器（ADC）

模拟信号在时间和数值上都是连续的，而数字信号在时间和数值上都是离散的，所以进行模数转换时只能在一些选定的瞬间对输入的模拟信号进行采样，使它变成时间上离散的采样信号，然后将采样信号保持一定的时间，以便在此时间内对其进行量化，使采样值变成数值上离散的量化值，再按一定的编码形式转换成数字量。完成一次 A/D 转换通常需要经历采样、量化和编码三个步骤。不同的量化和编码过程对应不同原理的 A/D 转换器。

1）A/D 转换器的主要技术指标

选择 A/D 转换器时主要考虑的技术指标有转换精度和转换速度，此外，还应该考虑输入电压的范围、输出数字的编码形式等。

（1）A/D 转换器的转换精度

转换精度常采用分辨率和转换误差来描述：

① 分辨率。ADC 的分辨率是数字量变化一个最小量时对应的模拟信号的变化量。其中不足以引起一个最小数字量变化的模拟量形成的误差称为量化误差，它是由分辨率有限

引起的。分辨率和量化误差是统一的,当输入电压一定时,位数越多,则能够区分模拟输入电压的最小值越小,分辨能力越高,量化误差越小。所以,分辨率常以 ADC 输出的二进制数或十进制数的位数表示。例如,输出为 12 位二进制数,则分辨率为 $1/2^{12}=1/4096$。

② 转换误差。通常以输出误差的最大值形式给出,表示实际输出的数字量与理论上应该输出的数字量之间的差别,并用最低有效位的倍数表示。例如,转换误差在 $\pm 1/2$ LSE 以内,表示实际输出的数字量与理论应得到的输出数字量之间的误差小于最低有效位的半个字。

(2) A/D 转换器的转换速度

A/D 转换器的转换速度常用转换时间或转换速率描述。转换时间指完成一次 A/D 转换所需要的时间。转换速率是转换时间的倒数,一般指在 1s 内可以完成的转换次数,转换速度越高越好。转换速度主要取决于转换器的类型,不同转换器的转换速度相差很多。

① 积分型 ADC 的转换速度最慢,转换时间一般是毫秒级;

② 并联比较型 ADC 的转换速度最快,例如:8 位二进制输出的并联比较型 ADC 的转换速度一般在 50ns 以内;

③ 逐次逼近型 A/D 转换器的转换速度次之,多数产品在 $10\sim 100\mu s$ 之间,有些 8 位转换器转换时间小于 $1\mu s$。

(3) 满量程输入范围

满量程输入范围是指 ADC 输出从零变到最大值时对应的模拟输入信号的变化范围。例如:某 12 位 ADC 输出 000H 时对应输入电压为 0V,输出 FFFH 时对应输入电压为 5V,则其满量程输入范围是 $0\sim 5$V。

2) A/D 转换器选用原则

不同厂商生产的集成 A/D 转换器种类繁多、性能各不相同,表 6-1 所列为几种常用 A/D 芯片的性能参数。将 A/D 转换器与微处理器相连时,应主要考虑以下几方面的问题:

(1) 从输入端来看,有单端输入的,也有差动输入的,差动输入有利于克服共模干扰。输入信号的极性有单极性和双极性输入,这由极性控制端的接法决定。

(2) A/D 转换器启动信号的连接,ADC 芯片的启动转换信号有电平和脉冲两种形式。设计时应特别注意,对要求用电平启动转换的芯片,如果在转换过程中撤去电平信号,则将停止转换而得到错误的结果。

(3) 从输出方式来看,数据输出寄存器具有可控的三态门,此时芯片输出线允许和CPU 的数据总线直接相连,并在转换结束后利用读信号 $\overline{\text{RD}}$ 控制三态门将数据送上总线;若不具备可控的三态门,输出寄存器直接与芯片管脚相连,此时芯片的输出线必须通过输入缓冲器连至 CPU 的数据总线。

(4) 转换结束信号的处理方式,ADC 转换完成后将发出结束信号,以示主机可以从转换器读取数据。结束信号也用来向 ADC 发出中断申请,CPU 响应中断后,在中断服务子程序中读取数据,也可用延时等待和查询转换是否结束的方法来读取数据。

在实际应用中,应根据具体情况选用合适的 ADC 芯片。例如某测温系统的输入范围为 $0\sim 500$℃,要求测温的分辨率为 2.5℃,转换时间在 1ms 之内,可选用分辨率为 8 位的逐次比较式 ADC0809 芯片;如果要求测温的分辨率为 0.5℃(即满量程的 1/1000),转换时间为 0.5s,则可选用双积分型 ADC14433 芯片。

表 6-1　几种常用 A/D 芯片的参数

型号	分辨率	转换时间	转换方法	输入范围/V	生产工艺	端子数/个	厂商
ADC0809	8 位(8 通道)	$100\mu s$	SA	$0\sim5$	CMOS	28	NS
ADC1210	10/12 位	$30/100\mu s$	SA	$0\sim5$ $0\sim\pm15$	CMOS	24	NS
AD574	8/12 位	$15/35\mu s$	SA	$0\sim5$ $0\sim\pm5$	CMOS	28	AD
AD572	8/12 位(串 或并输出)	$17/25\mu s$	SA	$0\sim10$ $0\sim\pm5$		32	AD
SG14433	11 位	$>100ms$	INTEG	$0\sim2$ $0\sim0.2$	CMOS	24	上海元件五厂
ICL7135	14 位	$>1.5ms$	INTEG	$0\sim2$ $0\sim0.2$	CMOS	28	Harris
MAX187	12 位(串出)	$8.5\mu s$	SA	$0\sim5$		8	Maxim
ADC530	12 位	$0.35\mu s$	DC	$0\sim\pm5$		32	Datel
HS9576	16 位	$17\mu s$	SA	$0\sim20$ $0\sim\pm10$		32	Sipex
AD7703	20 位(串出)	$250\mu s$	$\Sigma-\Delta$	$0\sim2.5$ $0\sim\pm2.5$	LC^2 MOS	20	AD

6.2.2　集成化数据采集系统的设计

随着数据采集系统的广泛应用以及大规模集成电路技术的迅速发展,许多厂家生产了专门用于数据采集的大规模混合集成电路块,把多路开关、模拟放大器、采样保持器、A/D转换器、控制逻辑以及与微处理器系统的接口电路等都集成在一块芯片中,构成数据采集集成电路。例如 MN7150、MN7150-16 及 ADAM-12 等就是这类芯片的典型代表。

1. 基于单片机 AT89C52 的数据采集系统

根据系统的实际工作原理和应用,由以下几个重要模块组成:CPU、RAM、AD574、电源电路、模拟量输入采集处理模块等,其系统框图如图 6-11 所示。

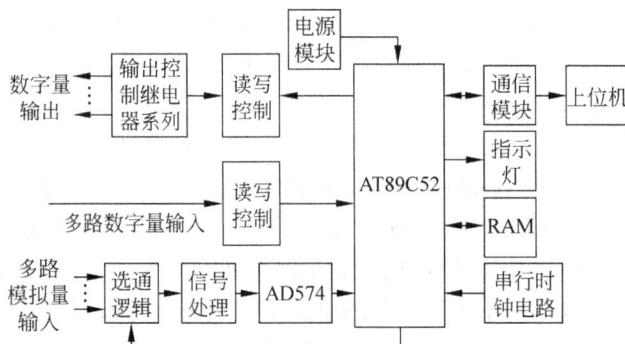

图 6-11　系统框图

1) 硬件设计

系统采用 AT89C52 单片机作为中心控制单元,应用 12 位高精度并行 A/D 转换芯片 AD574 和八通道故障保护模拟开关实现八路数据采集;不仅记录采集的数据,而且利用串行实时时钟芯片记录数据出现的时间,有利于用户准确了解和把握生产过程的状态;与上位机进行通信,将采样数据和采样时间存储在上位机文件中,便于数据的查询和分析,给工业过程的长期运行和检查带来了很大的方便。下面主要介绍几个重要模块的硬件电路设计。

(1) 单片机控制模块

本数据采集系统采用 ATMEL 公司生产的 AT89C52,其控制电路如图 6-12 所示。

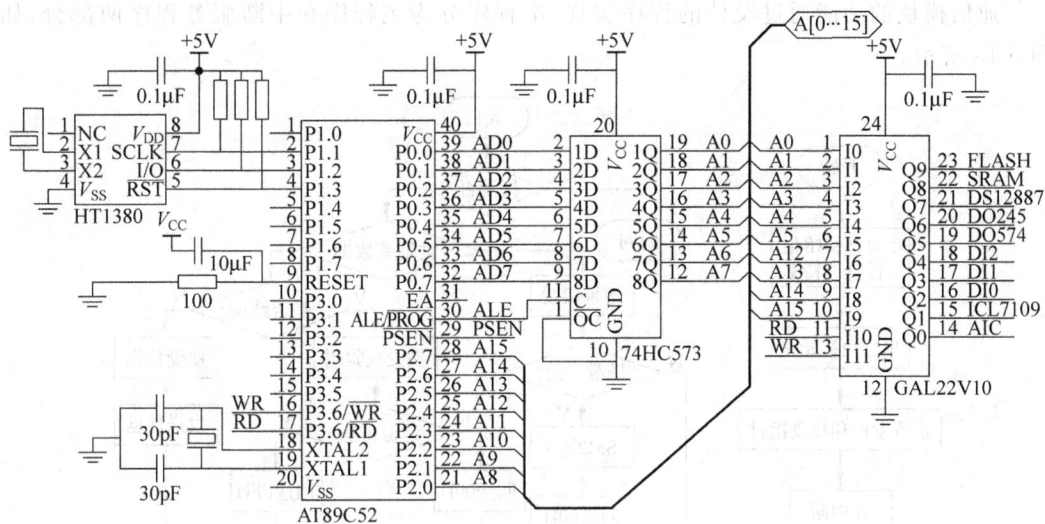

图 6-12　控制电路图

(2) 模拟输入采集与 A/D 转换模块

模拟输入量的采集通过 A/D 转换器 AD574 完成,AD574 是 12 位逐次比较型 A/D 转换器,内部包含有与微型计算机接口的逻辑电路,可以很方便地与多种微型计算机系统相连,AD574 内部具有参考电压源和时钟电路,给用户提供了方便。再加上其转换速度快只有 $25\mu s$,具有良好的性能价格比等优点,使得 AD574 成为目前在国内外应用较多的器件之一。AD574 采用逐次比较方式完成转换,当逻辑控制电路接到转换指令时,立刻启动时钟电路,同时将逐次比较寄存器 SAR 清零。这时输入信号首先同 A/D 转换器的最高位输出的电压相比较,判断取舍后在时钟的控制下,按顺序进行逐次比较,一直到 A/D 转换器输出的数码都被确定,SAR 向逻辑控制电路送回结束信号时转换结束,时钟脉冲使输出状态变低。当外部加入读数据指令时,逻辑控制电路可以发出指令读取数据。

(3) 通信模块

数据采集系统在数据通信时通过隔离器件 6N135 与计算机进行通信,串口通信标准选用 RS-232 通信协议。

在接口电路中还采用了高速光耦合器件 6N135。高速耦合器 6N135 是日本东芝公司生产的具有优良特性的光耦合器件,内封装一个高度红外放光管和光电三极管。它具有体积小、寿命长、抗干扰性强、隔离高电压、高速度、与 TTL 逻辑电平兼容等优点。该器件广泛用于线路隔离、开关电路、D/A 转换、逻辑电路、长线传输、过流保护、高压控制、电平匹配以及线性放大等方面。

2）软件设计

数据采集系统的软件包括主程序和数据采集、数据处理、对象控制等一系列子程序。这里主要介绍通信模块子程序。

单片机采用中断方式发送和接受数据，当某台单片机与 PC 发出的地址码一致时就发出应答信号给 PC。某一时刻 PC 只与一台单片机传输数据。单片机与 PC 沟通联络后，先接受数据，再将机内数据发往 PC。

通信模块的功能通过设计的程序实现，本程序分为主程序和中断服务程序两部分，如图 6-13 所示。

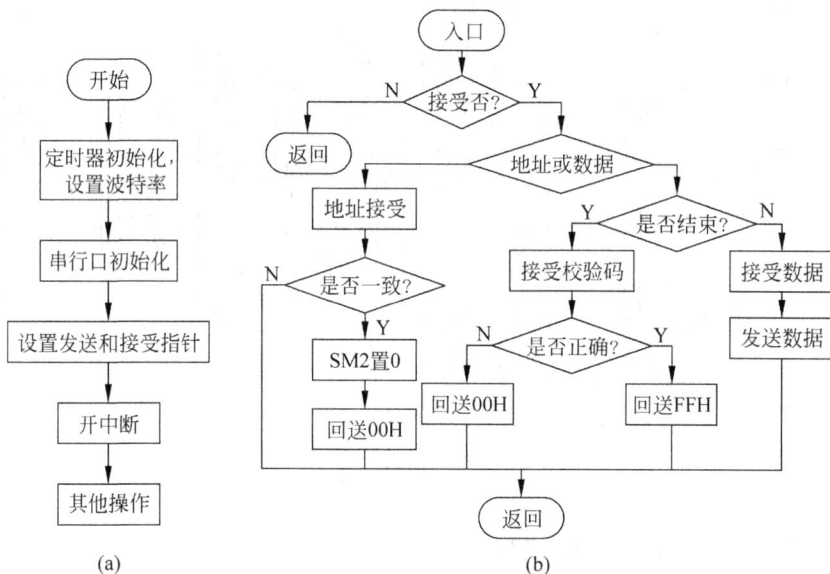

图 6-13　通信模块流程图
（a）主程序；（b）中断程序

2. 基于 ARM9 的分散式数据采集系统

目前，数据采集技术朝着并行、高速、大量存储、实时分析处理、集成化和智能化等方向发展。本设计即采用模块化的设计结构，设计了一个智能化的采集系统。系统主要的设计思路是：工业现场中需要测量的量很多，有模拟量（如电流、电压）、数字量和开关量等，把各种采集的信号分别做成模块，且各模块采用统一的总线通信，方便控制，在实际的应用中可以根据需要灵活地添加和减少模块。主控制器通过总线接收各模块的数据，对数据进行实时的存储、分析和处理，并用液晶显示处理后的数据，实现人机交互，系统整体设计图如图 6-14 所示。

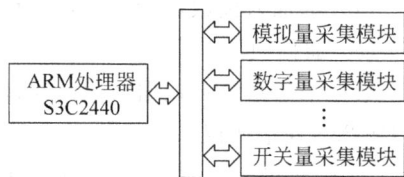

图 6-14　系统整体设计结构图

1) 数据采集模块设计

数据采集模块可分为模拟量采集模块、数字量采集模块和开关量采集模块等,主要完成底层数据的采集。各模块采用统一的结构,选用相同的独立的单片机处理器,并采用 SPI (serial peripleral interface)总线进行通信,通信接口引脚定义相同。这种设计使得制作和添加新模块相对简单,同时也使得主控器控制各模块相对容易,系统操作灵活、方便。

数据采集模块处理器选用的是 Atmel 公司生产的 AT 89C51 单片机,兼容标准的 MCS-51 指令系统,片内置有通用 8 位中央处理器(CPU)和 Flash 存储单元,32 个 I/O 口线,满足系统要求。

工业现场采集的信号大部分是模拟量,如温度、压力、流量和液位等信号。这些信号首先由传感器接收并转换成电流或电压信号,再经信号处理电路送入 A/D 转换单元,单片机接收控制转换处理后的数字信号并存储起来,这样就完成了一次数据的采集。选通多路采样开关,用同样的方法进行其他路信号的采集。图 6-15 为模拟量数据采集模块的硬件结构图。

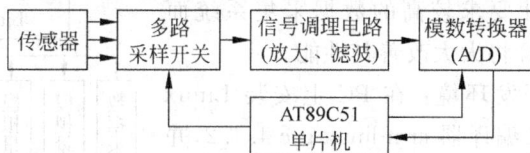

图 6-15　模块硬件结构图

2) 主控制器

主控制器作为系统的控制核心,主要完成各模块数据的采集、处理、保存以及控制输出。结合目前工业现场对实时性和控制精度的要求,本系统的主控制器采用的是 Samsung 公司生产的 S3C2440 处理器。该处理器的主要特点是:采用 ARM 920T 处理器架构,低功耗、高性能,主频高达 400MHz,大大提高了数据处理的速度,保证了控制装置的可靠性;片上集成了指令/数据分开的 16kB Cache、SDRAM 控制器、LCD 控制器、四通道 DMA、三通道 UART、IIC 总线、IIS 总线、SPI 总线、SD 主机接口、PWM 定时器、"把关定时器"、片上 PLL 时钟发生器、八通道 10 位 A/D 控制器和触摸屏接口以及带日历函数的实时时钟,资源丰富,扩展性强,极大地方便了系统的开发。

3) 主控器与采集模块的通信

本系统采用 SPI 总线实现各采集控制模块与主控器之间的通信。主控器与各采集模块的通信结构图如图 6-16 所示。

SPI 总线是 Motorola 公司提出的一种高速全双工同步串行通信总线,它容许 CPU 与各种外围接口器件以串行方式进行通信,该总线由一个主设备和一个或多个从设备组成。同时,SPI 接口只由 MOSI、MISO、CLK 和 CS 这四个信号

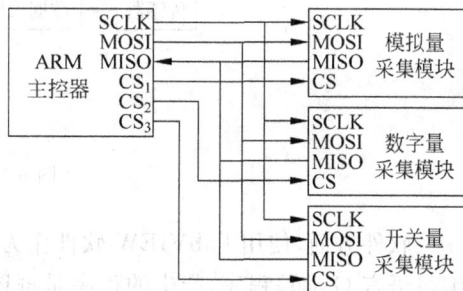

图 6-16　通信结构图

组成,在芯片上只占用四根线,这大大节约了芯片的引脚,也为 PCB 的布局设计节省了空间,提供了方便。

主控制器与各采集模块的通信原理是:主控制器作为主设备,各采集模块作为从设备,

主设备驱动串行时钟发起通信。主控制器使用 CS 线路指明与哪个采集模块传送数据（总线上的每个采集模块都需要给主设备提供自己的 CS 信号）；通信时，数据由 MISO 输出、MOSI 读入，在串行时钟脉冲的控制下，主控制器与采集模块的双向移位寄存器同时进行数据交换；完成数据交换后，通过 CS 信号选择下一个采集模块，再进行同样操作，完成对各模块的数据采集传输。

4）系统软件设计

嵌入式操作系统 Linux 是一个源代码公开的实时多任务操作系统内核。Linux 以其高可靠性、支持多种硬件平台和开放源代码等优良的特性，在工业测控和嵌入式领域获得广泛应用。利用 Linux 系统的多任务特性，可以灵活地对八个以内的任意数目的通道进行数据采集，并在片上直接对数据进行转换处理再传输给主控机，以减少主控机的负担。这对于实时性和稳定性要求较高的数据采集系统而言，引入 Linux 系统无疑将大大改善其性能。

首先建立 Linux 开发环境：在 PC 上安装 Linux 系统 Fedora 9.0 和交叉编译器 arm-linux-gcc 4.1.2，并根据系统需要配置 Linux 内核，添加相应的驱动程序，然后编译下载到开发板。最后建立 QT 的编程环境：开发应用程序，编写源代码，将其编译成可执行文件再下载到目标板上执行，系统主程序流程如图 6-17 所示。

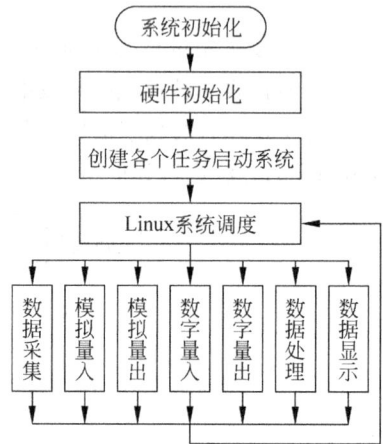

图 6-17　主程序流程图

3. 基于 LabVIEW 的数据采集系统

系统设计主要分为三个模块：数据采集模块、数据实时显示与存储模块和数据处理分析模块；硬件方面由传感器和数据采集卡组成，如图 6-18 所示。

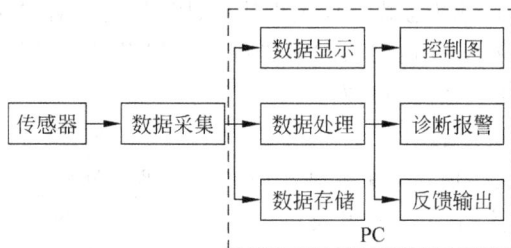

图 6-18　检测系统框图

软件方面，使用 LabVIEW 软件作为程序开发的编译平台。LabVIEW 使用的是图形化编辑语言 G 编写程序，产生的程序是框图的形式，提供了实现仪器编程和数据采集系统的便捷途径。由于软件内部已经有对应的数据采集卡的驱动程序，与数据采集卡进行通信采集时，可以大大提高工作效率。数据采集模块的实现如下：

（1）对传感器进行标定，传感器的信号输出端接到采集卡的模拟信号输入端 AI[i] 上；

（2）把采集卡的高速 USB 接口插到上位机的主机上，采集卡上绿色指示灯开始闪烁，

表明连接正常,数据采集卡已经可以正常工作;

（3）打开 LabVIEW 程序,新建一个 VI 项目,在程序框图中放置一个 DAQ Assistant 控件,并设置输入信号类型、通道数和波特率等一些相应的参数,实现采集卡与上位机的通信,为之后的数据采集做好准备。

数据实时显示和存储的界面是在 LabVIEW 的编译环境里进行,具体实现如下:

（1）同时对三个通道进行数据采集,对 DAQ Assistant 的输出信号进行拆分处理,运用拆分信号控件可以将三个通道的输出信号分离开来;

（2）按照传感器标定的结果,对采集卡的三个通道以及三个通道数据的平均值进行数值运算,使输出对应滑动轴承垫圈厚度值;

（3）分别采用数组形式的数值显示控件和波形图形式的图形显示控件,对经过拆分后的三个信号进行显示,达到实时显示的效果;

（4）在系统前面板上放置文件路径输入控件,在程序框图（图 6-19）上放置写入电子表格文件控件,这样就可以在运行系统的时候选择一个特定的 Excel 表格,并将采集的数据按照设定的方式保存。

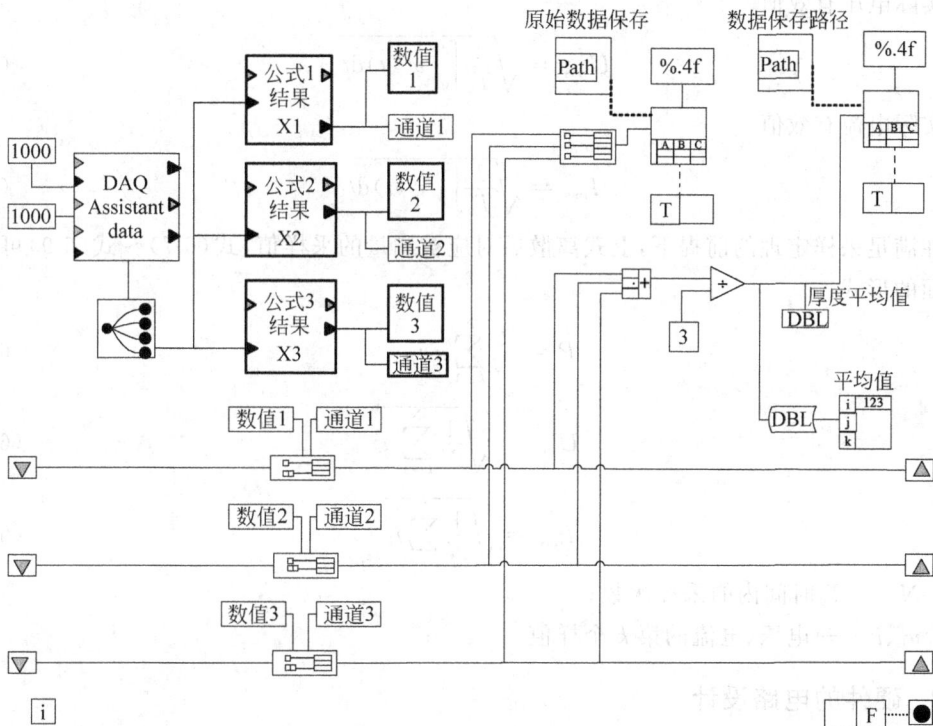

图 6-19　系统程序框图

6.2.3　交流电量综合测试

数字化电参数测量仪是一种利用数字采样技术对信号进行分析处理的智能型仪表,主要用于电压、电流、功率、功率因数、频率等交流电参数的综合测试。尤其适用于电机电器、家用电器、电热器具和照明电器生产厂的生产线、实验室和质检部门。

系统测量的工作是将交流电参数采集下来,以便测得(显示)电压、电流、功率等数据。电压、电流、功率测量的主要芯片采用 CS5460A/D 转换芯片,芯片带串口功能,能够同时测量电信号的电压、电流、功率、电能计量等。

1. 电参数变换

交流信号瞬时值是时变的,通常测得的是有效值,对一组模拟信号(时间上和幅值上均是连续的)进行采样后,再根据数学模型求出各个电参数的相应量值。

设电器上的交流电压、电流为

$$u(t) = U_m \sin(\omega t + \varphi_U) \tag{6-5}$$
$$i(t) = I_m \sin(\omega t + \varphi_I) \tag{6-6}$$

相应的输入功率

$$P = \frac{1}{T_0}\int_0^{T_0} u(t) \cdot i(t)\,dt \tag{6-7}$$

实际电压有效值

$$U_{rms} = \sqrt{\frac{1}{T_0}\int_0^{T_0} u^2(t)\,dt} \tag{6-8}$$

实际电流有效值

$$I_{rms} = \sqrt{\frac{1}{T_0}\int_0^{T_0} i^2(t)\,dt} \tag{6-9}$$

在满足采样定理的前提下,上式离散后对应被测量的采样值,式(6-7)~式(6-9)可改写成下面的形式:

$$P = \frac{1}{N}\sum_{k=1}^{N} u_k i_k \tag{6-10}$$

$$U_{rms} = \sqrt{\frac{1}{N}\sum_{k=1}^{N} u_k^2} \tag{6-11}$$

$$I_{rms} = \sqrt{\frac{1}{N}\sum_{k=1}^{N} i_k^2} \tag{6-12}$$

式中:N——T_0 时间内的采样次数;

u_k、i_k——电压、电流的第 k 个样值。

2. 硬件的电路设计

1) 硬件电路设计及系统框图

将被测信号通过信号处理电路转换成适当幅值的电信号,再将此电信号分割成离散的信号,即对信号进行采样,把离散的数字信号经过量化处理,利用高速 A/D 转换器转换成数字量。利用微处理器对采集到的数字量进行计算处理,将最终计算的数据以数字的形式显示出来。通过串行通信接口,可以实时与计算机进行通信,实现智能化。测量频率利用 CPU 的定时器 T2 对信号进行计数处理,输入信号先经过处理电路变成标准方波,利用 CPU 的定时器 T2 计算出 1s 输入信号周期个数,就是这个信号的频率。

系统还具有存储功能,利用片外存储器存储数据,当按下锁存键时,数据就会存在存储器里。在测试仪外接一个把关定时器电路 X5045P,该把关定时器电路具有上电复位、低电压监视、把关定时器、重新设置 V_{CC} 门限及 SPI 串行存储器功能,把关定时器电路的作用是防止 CPU 程序跑乱而出现错误码。测试仪的系统如图 6-20 所示。

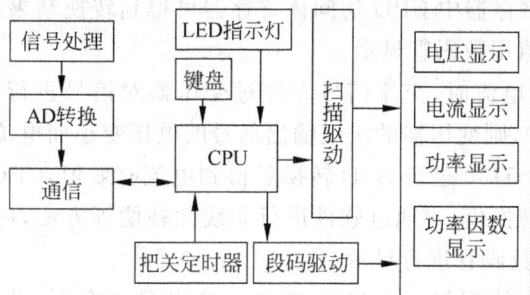

图 6-20 硬件电路系统框图

2) 硬件模块单元电路

该系统整体电路较复杂性,因此将整个系统分成实现不同功能的模块,这种设计方法降低了设计的复杂性,便于调试和检测。该系统主要分为键盘控制和显示模块、电压电流采集模块、电源模块、通信模块等。

(1) 显示电路 显示模块用于显示实时电压、电流、功率、功率因数、频率等数据。通过 P2.0、P2.1、P2.2、P2.3 控制 2 片 74LS145 来进行 16 个数码管的位选选通,74LS245 作为段码驱动。数码管的位选选用芯片 74LS145 为 BCD——十进制译码——驱动器,输入信号为 BCD 二进制码,输出为对应的十进制码,输入高电平有效,输出低电平。

(2) 电压、电流、功率测量电路 电压、电流、功率测量的主要芯片采用 CS5460,芯片内部集成了 2 个 $\Delta\text{-}\Sigma$ A/D 转换器、高、低通数字滤波器、能量计算单元、串行接口、数字-频率转换器、寄存器阵列和把关定时器等模拟、数字信号处理单元,能够同时测量电信号的电压、电流、功率、电能等,其内部结构框图如图 6-21 所示。

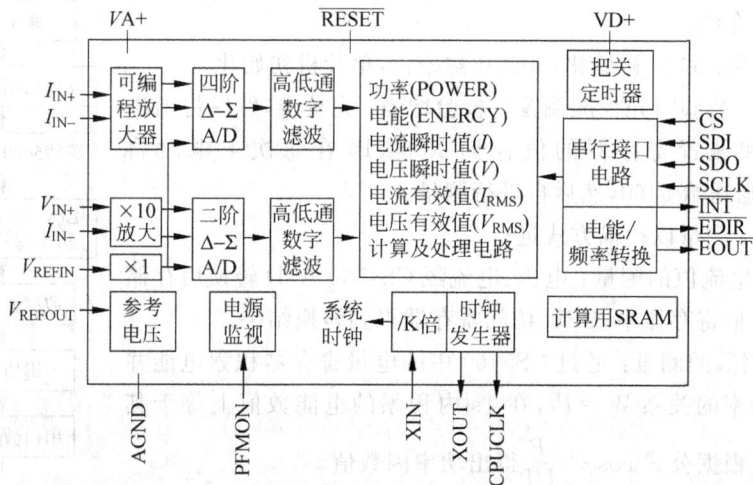

图 6-21 CS5460 内部结构图

下面主要介绍：

① 电压测量：测量电压时，交流工频信号先经过电阻进行分压，分压后的信号再经运放 LF353 进行放大，CPU 通过双四选一模拟开关 CD4052 选择不同的反馈电阻，从而达到控制运算放大器 LF353 放大倍数的目的，经放大后的电压信号输入 CS5460 进行 A/D 转换，存储在电压有效值寄存器中 CPU 访问该寄存器可得到转换结果，再得到对应电压有效值 CPU 把读出的电压值用数码管显示。

② 电流测量：测量电流时，交流信号先经过变压器对信号进行能量转换，$U_o = U_i / T$，$I_o = I_i \times T$（T 为分压比），则变压器的次级输出信号的电压变小而电流变大。此信号经运算放大器放大后输入到 CS5460 进行 A/D 转换后得到电流有效值，CPU 读取 CS5460 电流有效值寄存器中的 A/D 转换值，再通过软件进行非线性补偿等方法，可得出对应的电流有效值，CPU 把读取的值用数码管进行显示。

③ 功率与功率因数的测量：CS5460 内有一个电量寄存器，此寄存器能够积累电能 CPU，只要读出此寄存器里的电能数据，根据电能与功率的关系 $W = Pt$，在 1s 内积累的电能数值上等于其有功功率 P，再根据公式 $\cos\varphi = \dfrac{P}{UI}$ 算出功率因数值，再把功率值与功率因数值用数码管显示。

④ 频率测量：测量频率时利用单片机的定时器/计数器 T2 对信号进行计数。输入信号先经运算放大器 TL084 构成的积分电路对波形进行初步整型，再经三极管 8050 对信号波形进行放大，TP521 光耦合器防止前级电路对后级电路的影响，74HC14 施密特触发反相器能很好地消除信号波形的毛刺，使信号更加接近方波，经处理后的信号输入到单片机进行计数，单片机 1s 后计算的周期数就是信号的频率，并通过数码管显示。

3. 系统软件的设计

程序流程如图 6-22 所示。

下面主要介绍：

（1）初始化：5460 初始化，5045P 初始化，单片机初始化。

（2）校验：校验时先校准偏置后校验增溢；先校准，然后将增溢寄存器的值和偏置寄存器的值存到 X5045P，在每次上电时将 X5045P 的数据送给 5460，然后再进行测量。

（3）测量：测量以扫描方式进行。

① 电压、电流值的测量：电压、电流经 CS4560 A/D 转换后存储在相应的有效值寄存器中，CPU 访问寄存器得到转换结果。

② 功率因数的测量：通过 CS5460 中的电量寄存器积累电能并根据电能与功率的关系 $W = Pt$，在 1s 内积累的电能数值上等于其有功功率 P。根据公式 $\cos\varphi = \dfrac{P}{UI}$ 得出功率因数值。

（4）显示：将电压、电流、功率、功率因数、频率测量的值进行显示。

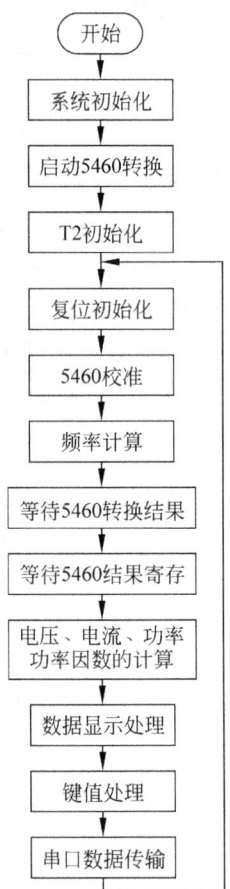

图 6-22　主程序流程图

6.2.4　电机自动测试系统

电机自动测试时,需要对电机中的多种电量和非电量进行检测,根据这些检测量就可以计算出被测电机的各种特性,有些量还要用于系统的控制,如常需要对电源的频率、电压和被测电机的负载等进行调节(设定工作状态)。在此,需要检测的电量包括被试电动机的线电流、线电压、三相输入电功率、频率以及定子绕组的冷态和热态电阻等,这部分测试系统可参照前述部分,在此不再重复。非电量主要有被试电动机轴上输出的转速和转矩,这是重点介绍的内容。一种典型的电机自动测试系统的原理框图如图 6-23 所示。

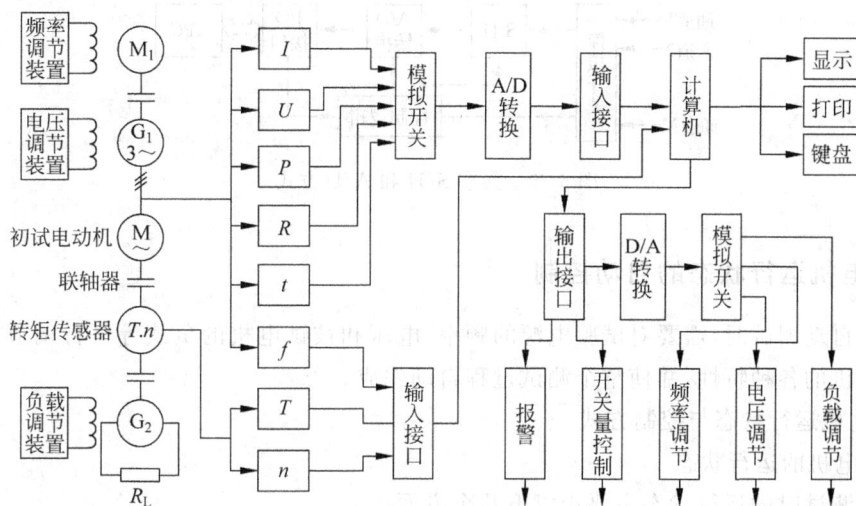

图 6-23　电机自动测试系统典型原理框图

电量的检测主要使用各种电量变送器,变送器与传感器的输出(电流或电压)信号与被测物理量的大小成比例,电机自动测试的精度在很大程度上取决于这些变送器与传感器的精度,一般说来,电机自动测试时使用的变送器与传感器的精度应不低于 0.5%,转矩和转速的检测主要使用转矩-转速传感器和数字式转矩仪。

1. 电机自动测试的数据采集系统

如所述数据采集系统的构成,电机自动测试系统中一般需处理两种数据,一种是模拟量,一种是数字量。数字量数据可通过数字量接口电路直接送入计算机进行处理和运算。数据采集系统主要包括采样保持器 S/H、模拟多路开关和 A/D 转换器等,如图 6-24 所示。

此系统称为共享 A/D 转换方式。在模拟开关前,每一信号通道配置一个采样保持器,用同一个状态控制信号控制这些采样保持器,可实现对各通道的同时采样,然后进行分时处理。对于电机自动测试系统,这种采样的"同时性"十分可贵,可以保证被测试点数据的准确性,减小测试的系统误差。如果电机自动测试系统的试验电源和负载均具有良好的稳定性(如采用了负反馈闭环控制),可采用一种经济实用的结构方式,即共享 S/H 和 A/D 转换方式,如图 6-25 所示。

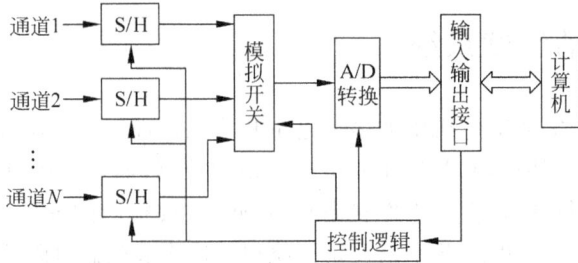

图 6-24   数据采集系统的一般构成

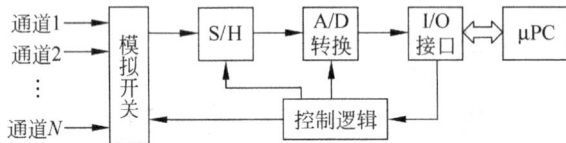

图 6-25   共享 S/H 和 A/D 方式

2. 电机运行状态的自动控制

电机自动测试时,需要对试验电源的频率、电压和被试电机的负载等进行调节,以便准确测取电机的各种特性,并使整个测试过程自动完成。

1)电机运行状态与控制方式

(1)电机的运行状态

电机测试时的运行状态主要指以下几个方面:

① 完成不同的试验项目时,电机处于不同的运行状态。例如空载试验、堵转试验、负载试验、温升试验等,电机将分别处于空载运行、堵转运行、变负载运行、恒负载运行等不同的运行状态。

② 试验项目一般都需要测取特性曲线。例如空载特性曲线、堵转特性曲线、工作特性曲线、转矩—转速特性曲线以及温升曲线等。为了测取这些特性曲线,需要对电源的频率、电压及负载等进行调节,以便测取多个测试点的数据,从而测得完整的特性曲线。有时虽然只需要额定运行点的数据,但为了避免测量的偶然误差,仍然需要测出特性曲线,然后在曲线上查得额定运行点的数据。即使是最简单的绕组冷态直流电阻的测量,一般也需要测量三次以上,然后取其平均值作为绕组电阻值。

③ 电机的每一个试验都是在满足一定条件的情况下完成的,这些条件不应因负载、温度等变化而改变。例如,感应电动机负载试验时,必须保证电源电压始终保持额定电压不变,即保持 $U_1 = U_N$ 不变,电源频率始终保持额定频率不变,即保持 $f_1 = f_N$ 恒定,而每个测试点的负载也必须保持稳定;测取同步电动机 V 形曲线时,必须保证 $U = U_N$、$f_1 = f_N$ 和 $P_2 = $ 恒定等。电机自动测试时,需要对这些试验条件进行自动控制,以保持测试条件的稳定性,才能保证测试数据的准确性。

(2)运行状态的控制方式

电机测试时,需要不断对电机的上述运行状态进行调节,而主要是对第二种和第三种运行状态进行调节,以便测取电机的各种特性曲线,同时保证测试系统的稳定性和运行特性测定的准确性。对于电机自动测试系统,这种运行状态的调节应能实现自动控制。一般应采用负反馈闭环控制,给定值与反馈量的比较以及偏差量的 PID 运算等可由程序软件实现,也可用硬件电路实现。

下面以三相感应电动机自动测试时的控制方式为例加以说明。

① 频率控制:三相感应电动机测试时,一般要求在额定频率下进行,电源频率的变化不应超过额定频率的 $\pm 1\%$,因此,电动机组的转速应具有良好的稳定性。采用同步电动机驱动时,只要电网频率稳定,机组转速的稳定性条件就会自动满足。采用直流电动机驱动时,负载或电源电压的变化将引起直流电动机转速的变化,因此需要进行稳速控制。但他励直流电动机的特性较硬,其转速变化率一般不大于 20%,因此可以采用晶闸管励磁稳速的控制方式,以减少稳速控制装置的容量。由于励磁绕组的电感较大,使稳速控制的快速性受到影响,然而对于电机测试系统,响应速度一般不是主要问题。

② 电压控制:三相感应电动机空载试验和堵转试验时,需要调节电源电压,以便测取空载特性 $P_0 = f(U_0)$、$I_0 = f(U_0)$ 和堵转特性 $I_k = f(U_k)$、$T = f(U_k)$。在进行曲线上每个测试点的测量时,又要求每点的电压具有良好的稳定性。电机负载试验(包括温升试验)时,则要求试验的全过程电源电压均保持额定值不变。

要使某一物理量保持恒定,只需对这一物理量进行负反馈闭环控制就可以了。电机自动测试系统采用电动-发电机组供电时,引入电压负反馈闭环控制,通过调节同步发电机的励磁,来保持试验电源供电电压的稳定性。一般可采用晶闸管励磁稳压控制方式。晶闸管电路的型式可根据同步发电机的励磁容量和控制要求适当选用。

对于直接利用电网作为试验电源的电机自动测试系统,应采用感应调压器来实现电压调节。这时可采用伺服电机自动改变调压器的耦合角度,实现电压的自动调节。利用自动测试系统进行电机的空载试验和堵转试验,各测试点电压要求自动调节时,各测试点的电压给定值可按定时、定步长由软件编程自动给定。也可在控制台上设置给定电位器,手动调节电压给定值。

③ 负载控制:电机自动测试时的负载控制也应包括两个方面,一是负载大小的自动调节,二是每个测试点的负载稳定性控制。

当采用图 6-23 所示的他励直流发电机 G_2 作为被试电动机的负载时,可利用直流发电机电压负反馈闭环控制,通过调节直流发电机 G_2 的励磁来改变其输出电压,从而进行负载的自动调节和稳定性控制。但直流发电机 G_2 的负载电阻 R 的阻值是随温度的变化而变化的,即使直流发电机输出电压保持恒定不变,随着电阻 R 温度变化而引起电阻值的变化,发电机的功率仍然是会变化的。而且由于直流发电机损耗的改变,也会对被试电动机轴上输出的机械功率产生影响。为此,在负载自动控制时,需要采取温度自动补偿措施,以便消除温度的影响,维持负载的稳定性,从而保证系统的测试精度。

也可以利用转矩传感器输出的转矩 T 和转速 n 信号作为负载调节的被控量,这是因为 T 与 n 的乘积即为直流发电机的输入功率信号,也是被试电动机的输出功率信号。以这一信号作为负载控制的被控量,通过调节直流发电机励磁电流来实现负载的调节及稳定性控制。这种控制方式与温度无关,是一种比较理想的负载稳定控制方式。

当采用磁粉制动器作为被试电动机的负载时,由于磁粉制动器大多采用水冷结构,在采用恒流源励磁时,温度的影响一般较小。一种简单的减小温度影响的方法是,负载试验时,先测功率最大的一点,然后逐次减小负载,直至空载。这时,测试过程中绕组温度的变化很小,常可忽略不计。

2）计算机控制的输出通道

用计算机对试验电源的频率、电压、被试电机的负载等进行调节以及对继电器、接触器和报警器等进行控制时,需要在计算机与被控对象之间设置接口电路,称为计算机控制的输出通道,可分为模拟量输出通道和开关量输出通道,下面分别简要介绍。

（1）模拟量控制的输出通道

前文所述的频率控制、电压控制及负载控制均为模拟量控制。由计算机完成给定值和反馈量的比较及偏差值的 HD 运算后,计算机输出数字控制信号,还需经模拟量输出通道把数字量转换成模拟量才能完成上述模拟量的控制。

模拟量控制的输出通道包括 D/A 转换器、模拟多路开关、数据保持电路以及电平转换与放大电路等,如图 6-26 所示。

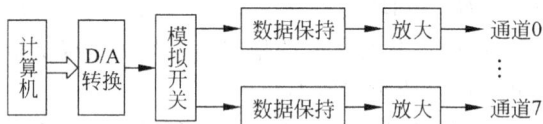

图 6-26　模拟量输出通道原理框图

计算机运算处理后送出的控制信号是数字量,需要转换成模拟量才能去控制相应的外部设备（如晶闸管、伺服电动机等）。将数字量转换成模拟量的器件称为 D/A 转换器,是模拟量控制通道的核心器件,决定了转换的精度和速度。当计算机发出某通道的控制命令时,首先通过数据总线发出 D/A 转换器的启动命令及该通道的选通命令,然后由 D/A 转换器将数字控制信号转换成模拟量;由数据保持电路保持,并经放大电路输出,去控制晶闸管的导通角或伺服电机的转子角位移,以便对频率、电压以及负载等进行控制。

（2）开关量控制的输出通道

电机自动测试系统中,还有一些需要控制的开关量,例如电动机组的启动与停止、试验电源的投入与分断、负载的投入与切除、各励磁电源的投入、系统故障的声光报警等。开关量控制时,由计算机发出控制命令,经过开关量输出通道后,对继电器、接触器、报警器和信号灯等进行控制。

图 6-27 示出了开关量输出通道的原理框图,主要由输出接口、光电隔离和功率放大等部分组成。除自动控制外,一些开关量还应设置手动控制,如电动机组的启动与停止、试验电源的投入与分断以及负载的投入与切除等。

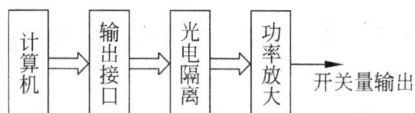

图 6-27　开关量输出通道原理框图

3. 电机自动测试系统软件

电机自动测试系统需要完成的试验主要有空载试验、堵转试验、负载试验及温升试验等,由于完成不同试验时电机所处的工作状态不同,试验条件和调节参数也各不相同,因此不同的试验项目应编制不同的主程序、子程序。这些程序可存放在计算机中,也可存放在其他存储器中,供试验时调用。而一些子程序则可为各种试验所共享,例如,电动-发电机组的启动与停止、被试电机的软启动、负反馈闭环控制中给定值与反馈量的比较与 PID 调节、数据采集、数据处理以及显示、打印等。将这些公共部分编制成子程序,供各主程序调用,可以有效地简化软件程序的编制,也节省了程序的存储空间。

本节将主要以负载试验为例,介绍电机自动测试系统的软件编制。

1) 主程序的编制

图 6-28 示出了三相感应电动机自动测试系统的负载试验主程序流程图。

可以看出,负载试验的主程序编制应按以下步骤进行。

(1) 试验前的准备:试验前准备阶段的操作流程如图 6-29 所示。首先根据被试电机的额定数据确定好各仪表及传感器的量程,量程确定无误后即可给系统加电,包括系统的主电源,控制电源,测量仪表与传感器电源,计算机系统电源等。然后即可调用试验程序并输入被试电机的铭牌数据等,准备开始进行试验。

(2) 开始试验:试验准备工作完成后,在确认系统各部分均处于正常工作状态的情况下就可以开始试验了。开始试验部分的程序流程如图 6-30 所示。首先按下启动键开始执行程序,然后,由计算机发出指令,将直流电动机 M_1 的励磁电流调节到额定值后,即可启动电动-发电机组。机组稳定运行后,令被试电动机 M 的主接触器吸合,接着调节同步发电机励磁,将试验电压逐渐升高至额定值,使被试电动机实现空载降压启动。

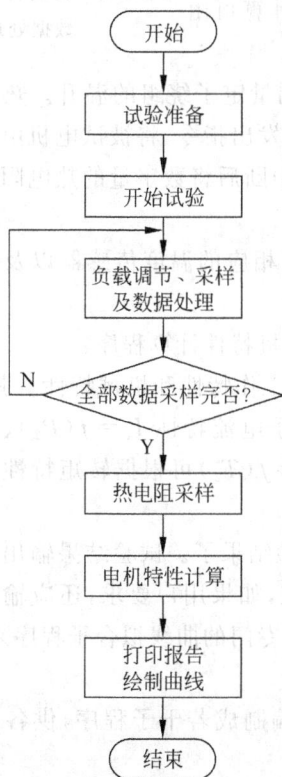

图 6-28　负载试验主程序流程图

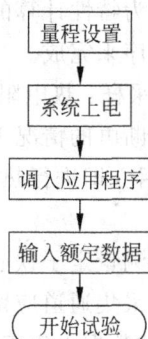

图 6-29　试验准备的操作流程图

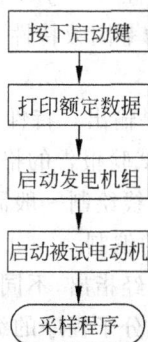

图 6-30　开始试验的流程图

（3）负载调节、数据采样及数据处理：待被试电动机 M 稳定运行后，就可以开始执行负载调节、数据采样及数据处理程序，其程序流程如图 6-31 所示。

过程说明：

首先，由计算机发出负载调节指令，通过模拟量输出通道调节晶闸管的导通角来调节作为负载的直流发电机 G_2 的励磁，使发电机的输出电压逐渐升高，还应同时调节同步发电机 G_1 的励磁以及直流电动机 M_1 的励磁，以保证被试电机 M 的电源电压和频率始终保持额定值，直至被试电机达到额定运行点（U_N、f_N、P_N），这是数据采样的第一点。如果计算机通过采样判断上述条件中有一个条件不满足，就应继续发出调节指令，直至满足给定条件。在计算机的控制下，采集到的这第一组数据中的模拟量（U、I、P_1）将通过模拟量输入通道转换成数字量送入计算机进行处理，检测到的数字量（f、T、n）将通过数字量输入通道直接送入计算机。

然后，程序可按定步长逐次减小功率给定值，每一个测试点均应在计算机的控制下重复上述调节，直至全部测试点数据采样完毕。

为了保证测试的准确性，每个测试点应进行多次采样，取多次采样的平均值作为特性计算的依据。多次采样的平均值计算可由一个平均值子程序来完成。

图 6-31　负载调节、采样及数据处理流程图

（4）热电阻采样：热电阻采样的目的是利用电阻法测量定子绕组的温升。热电阻采样需要在被试电机断电的情况下进行。因此，首先由计算机发出指令，将被试电机电源侧的主接触器分断，然后立即进行热电阻采样，并向计算机申请中断后将数字量的热电阻值送入计算机。

如果还需要测量定子铁心温升和轴承温度，则应设置相应的温度传感器以及数据采集通道，因此，数据采集通道应留有一定的扩展空间。

至此，试验的数据采集工作全部结束。下面将转入电机特性计算程序：

① 电机特性计算　三相感应电动机的特性主要包括工作特性和机械特性。其中，工作特性包括转矩特性 $T_2 = f(P_2)$、转速特性 $n = f(P_2)$、定子电流特性 $I_1 = f(P_2)$、效率特性 $\eta = f(P_2)$ 以及功率因数特性 $\cos\varphi = f(P_2)$；机械特性 $n = f(T_2)$ 可根据转矩特性和转速特性求得。

② 试验结果输出　特性计算结束后，就可以输出试验结果了。试验结果输出主要是指打印试验报告，试验报告的格式可因不同用户的要求而定，如果用户要求，还应输出特性曲线。电机特性曲线绘制一般需要采用曲线拟合的方法，由专门的曲线拟合子程序来完成。

2）子程序的编制

本节开头已经指出，不同试验项目的公共部分可以编制成若干子程序，供各主程序调用。下面介绍部分子程序的编制方法。

（1）模拟量采集子程序：电机自动测试系统中，需要检测的模拟量主要有电流、电压、功率、电阻以及温度等，需要经过模拟量数据采集系统把模拟量转换成数字量送入计算机。

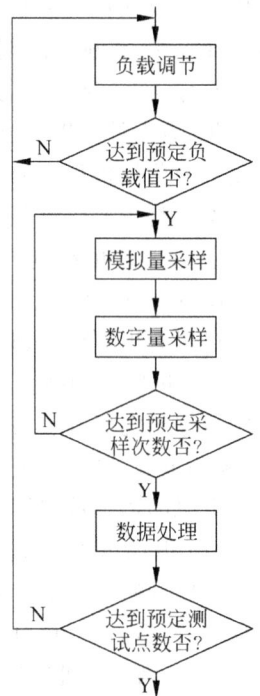

数据采集系统中模拟开关通道的选通，A/D 转换器的启动、转换后数字量的存储等都需要在计算机的统一控制下进行。电机自动测试系统中，模拟量数据采集的工作量较大，编制成模拟量采集子程序，可以使软件编程大为简化。图 6-32 是模拟量采集子程序的流程图。

过程说明：

由计算机发出某通道的选通命令，该通道的模拟量信号经采样保持器送到 A/D 转换器的端口。然后计算机发出 A/D 转换启动命令，A/D 转换器开始进行数据转换。转换过程中计算机不断对 A/D 进行巡检，直至转换结束。最后把转换后的数字量送入计算机内存中。

这一通道的信号采集结束后，即转向下一通道的信号采集，直至全部模拟信号采集完毕后返回主程序。执行本子程序时，应预先设置数据区地址指针以及采集次数、模拟量通道数和模拟量通道初值等。

（2）曲线拟合子程序：电机试验完成后，往往需要绘出各种特性曲线。这些特性曲线的各个测试点的数据均已测出并存储在计算机的内存中，如何利用有关数据绘出相应的特性曲线是一个值得探讨的问题。绘制电机特性曲线时，需要考虑曲线的平滑性以及给定测试点数据的准确性。用手工绘制曲线带有一定的随意性，即使绘制者经验丰富，曲线的准确性也难免要打折扣。采用计算机绘图时，只是把相邻测试点用直线段直接连接起来所得到的折线显然是不能满足要求的，除非测试点数足够多，即使用直线连接，特性曲线也已足够平滑。然而增加测试点数要以延长试验时间和增加数据存储容量为代价，因此是不可取的。

运用误差理论，为一组数据求配一条最佳曲线的方法称为曲线拟合。常用的曲线拟合方法有直线拟合、高次多项式拟合、分段拟合以及样条函数拟合等。用计算机绘制电机的特性曲线时，可根据曲线形状选择合适的曲线拟合方法。电机特性曲线往往不是简单地与某一种函数曲线类似，而是分段地类似于几种不同的函数关系，因此，常常需要采用分段拟合的方法来平滑地绘出整条特性曲线。

例如，对电机的空载特性数据进行曲线拟合时，单独使用直线拟合或高次多项式拟合都不能满足要求。对于 $P_0 = f(U_0^*)$ 曲线，常采用二次多项式与三次多项式两段拟合的方法。其拟合方程式如下：

$$y = f(x) = \begin{cases} ax^2 + bx + c, & x \leqslant x_0 \\ a_1 x^3 + b_1 x^2 + c_1 x + d_1, & x > x_0 \end{cases} \tag{6-13}$$

该方程式的约束条件是，在二段曲线连接点的 x_0 处，两个函数相等、两个函数的一阶导数相等、两个函数的二阶导数相等。通过选取不同的 x_0 值，应用最小二乘法，即可确定方程式中的各待定系数，从而求得一条最佳的拟合曲线。

空载特性 $P_0' = f(U_0^*)$ 的曲线拟合子程序流程图如图 6-33 所示。

利用曲线拟合方法绘制特性曲线时，首先需要根据特性曲线的变化规律选定拟合方程，

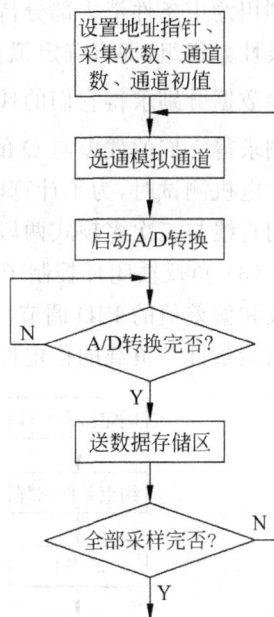

图 6-32　模拟量采集子程序流程图

并利用约束条件消去部分待定系数,然后构造一个关于其他待定系数的线性方程组。求解该线性方程组,即可确定拟合方程中的各待定系数,从而得到曲线方程的一个解。利用已知试验数据分别求得它们的残差 v_i,并计算 $Q = \sum v_i$。选取不同的 x_0 值,可以得到不同的解,分别求得它们的残差与 Q 值,取其中 Q 值最小者即为所求得的最佳拟合曲线方程。

电机测试时,为了计算电磁功率和转子铜耗,经常需要进行铁耗与机械损耗的分离,可采用直线与三次多项式两段拟合。

(3) 负反馈闭环控制子程序:负反馈闭环控制主要有两个环节,即被控量与给定值的比较和偏差值的 PID 调节。电机自动测试时,需要对试验电源及负载进行实时调节,以保证试验条件与负载的稳定性。负反馈闭环控制子程序的流程图如图 6-34 所示。

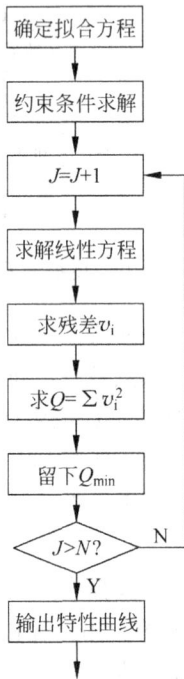

图 6-33 $P_0' = f(U_0^*)$ 的曲线拟合子程序流程图   图 6-34   负反馈闭环控制子程序流程图

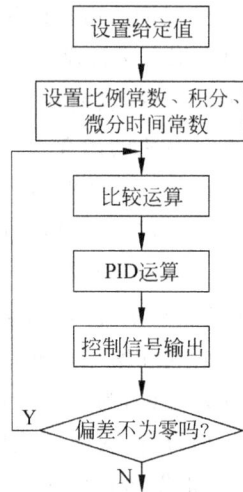

首先设置给定值以及 PID 运算所需的比例常数、积分时间常数和微分时间常数。被控量与给定值比较后,作偏差值的 PID 运算并输出控制信号。只要系统存在偏差,系统就要进行 PID 调节,直至消除偏差,使被控量在给定值上运行。

6.2.5   冰箱性能自动检测线设计

在电冰箱自动检测生产线的设计中,采用分布式计算机自动测控系统、一线总线技术为特征的新型数字式温度传感器工程实施和系统的运行,在投资、施工、运行操作和可靠性等方面显示出明显的优势。

电冰箱的在线自动检测项目有:

(1) 冷冻室与冷藏室制冷特性曲线(包括耗电量测试、储藏温度试验、冷冻能力试验、冷却速度试验、温度回升试验和化霜试验等）；

（2）蒸发器与毛细管等管路器件的管路特性参数与泄漏特性；

（3）各类电气部件电气性能参数；

（4）产品特征的识别信息。

1．系统组成

1）系统结构

系统由上位机（PC）、下位机（包括基于单片机的分布式温度采集模块、冰箱电器性能参数测试模块、冰箱管路特性和泄漏特性检测模块）以及测试管理软件组成，如图 6-35 所示。系统上位机通过 RS-485 串行总线与下位机通信，温度参数测量采用分布式温度采集模块（通过一线式数据总线连接到分布在各个冰箱中的数字式温度传感器 DS18B20），执行在线冰箱制冷特性曲线的数据采集与处理。

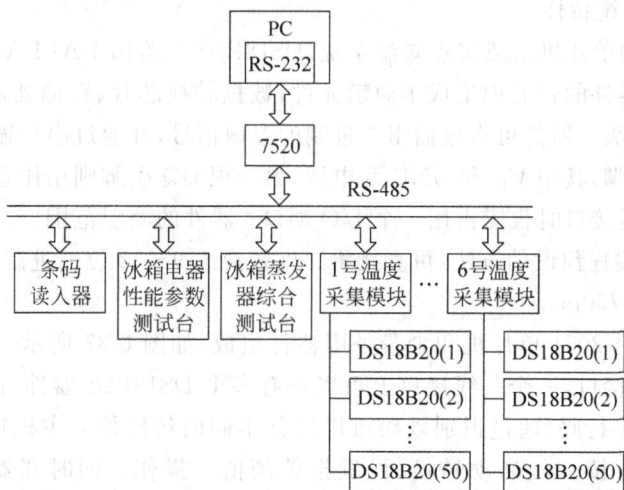

图 6-35　分布式电冰箱性能参数采集与处理系统结构图

2）自动检测线工位介绍

在电冰箱检测线上有条形码读入工位、冰箱管路特性和泄漏特性测试工位、冰箱电气性能参数测试工位以及 6 条制冷特性检测线（每条制冷特性检测线有 25 台冰箱工位，每个工位有 2 个数字式温度传感器），如图 6-36 所示。

待装配的冰箱首先经过条形码读入工位，由条形码读入器读入产品识别信息；此后流经冰箱管路特性和泄漏特性工位，此工位上的冰箱蒸发器（包括毛细管）综合测试台通过对流经蒸发器的气体温度、压力、流量的自动检测，获取实测数据，判断蒸发器是否合格；接着在冰箱电气性能参数测试工位上，电气部件性能测试台对电冰箱中的

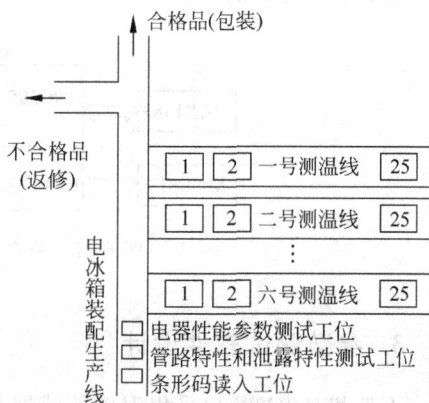

图 6-36　冰箱检测线示意图

全套电气配件(包括压缩机、电磁阀、电风扇、门灯、感温器等 14 个电气配件)的短路、断路和绝缘缺陷进行自动检测。若以上检测全部合格,冰箱方可完成总装,再由上位机根据其条形码中所含的冰箱型号信息,向 PLC(控制器)发出指令,由 PLC 控制传送板链将冰箱送到某一制冷特性测试工位,人工将数字式温度传感器放入冷冻室和冷藏室后,进行制冷特性参数采集。

2. 测试系统

1)冰箱蒸发器(包括毛细管)综合测试台

以 AT89C52 单片机为核心元件,包括电磁阀、测温铂电阻、流量变送器、压力变送器和气动执行单元等外围器件组成。

2)电气部件性能测试台

AT89C52 单片机为下位机,由电子开关和微继电器构成电气部件性能测试台。

3)多点测温系统特性

以 DS18B20 和单片机组成多点测温系统,DS18B20 是美国 DALLAS 公司推出的数字式温度传感器,其器件的管芯内集成了温敏元件、数据转换芯片、存储器芯片和计算机接口芯片等多种功能模块。器件可直接输出二进制的温敏信号,并通过串行输出与单片机通信。其外部只有三根引脚,其中 V_{DD} 和 GND 为电源,另一根 DQ 引脚则用作总线,称为一线式数据总线,与微处理器接口时仅需占用一个 I/O 端口;器件的测温范围 $-55\sim+125$℃;测温精度 0.5℃;通过编程预设的方法,可直接将温度转换成 $9\sim12$ 位二进制数串行输出;最大测温转换时间仅需 750ms。

系统硬件由 89C2051 单片机和少量外围器件组成,如图 6-37 所示。由于 DS18B20 采用独特的一线总线接口,一个一线接口上可以挂有多个 DS18B20 器件,而每一个器件含有一个唯一的 64bit 串行码,通过识别该码可以区分不同的传感器。主机通过识别串行码选择传感器,对其进行读、写、启动转换、设置报警阈值等操作。同时在器件内有 RAM 和 E^2PROM,可对传感器的工作方式进行设置并用来存储检测到的温度,供单片机读出。芯片 MAX813 提供下位机的监控功能,上电、掉电和电网电压过低时都会输出复位信号,同时还能跟踪 1.6s 的定时信号,为软件提供把关定时器保护。MAX1483 实现 TTL 电平与 RS-485 电平之间的转换。

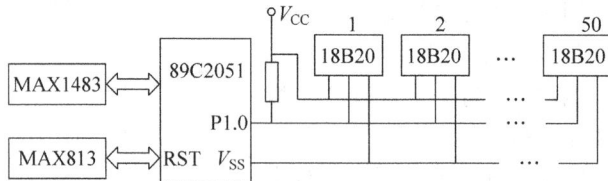

图 6-37　分布式温度采集模块硬件配置图

3. 参数测试软件设计

下位机(89C2051)采集温度传感器数据经过一定的预处理后通过 RS-485 串行总线口将数据送给上位 PC。在 PC 上运行用微软 Visual Basic 6.0 开发的 Windows 环境下检测

软件,接受串行口传来的数据,数据处理结果以图形的形式打印输出。上位机程序设计要点如下:

1) SCOMM 通信控件对串行口的设置

通信协议为:波特率 9600,偶校验,8 个数据位,1 个停止位。由上位机发送开始测试命令,下位机接收到命令后,每隔 1min 向上位机发送检测到的数据。上位机循环接收并处理和显示数据。

2) 数据显示

数据显示采用 VB 6.0 中的 MSFLex Grid 控件,将该控件的行和列定义成数组的形式,从而将下位机发送来的各工位上电冰箱冷冻室和冷藏室的温度数据、冰箱压缩机开停机次数显示出来。

3) 数据存储

系统主要由参数数据库、温度采样点数据库两部分组成。其系统数据结构示意图如图 6-38 所示。参数数据库包括系统参数、用户自定义参数、传感器校准参数、电冰箱型号列表及标准参数等。温度采样点数据库记录了每台被测冰箱的型号、检测日期、检测时间、各时刻温度、开停机次数等。系统开始时从参数数据库中读入设定的各项参数,进行初始化,而且在用户修改参数时可以随时更新系统并保存。进行检测前,系统建立以日期、线号、工位号及序号为名称的新数据表,为本次检测数据保存做好准备。每一台被检测的冰箱都有唯一的编号,在数据检索界面里可以查看任意一台冰箱的检测曲线。数据检索方式灵活,既能以编号定向搜索,也可通过各要素查看一批冰箱的数据。

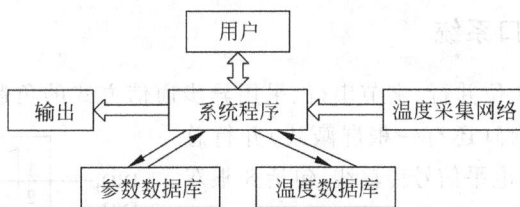

图 6-38　系统数据结构示意图

如查看某天某一型号的检测结果,只要在检索界面输入日期、型号,表格会立即显示符合条件的冰箱各项数据,当前被选中的冰箱制冷曲线在界面下方的作图区域里显示出来。

软件设计上采用清晰模块化的程序设计方法,建立多个功能函数和通用过程,使结构简明,接口方便。这样既避免了大量的代码重复,又有利于软件调试,提高了编程效率,同时还为软件开发及数据库维护提供了方便。

6.3　自动测试系统

计算机自动测量和控制是一门新兴的技术,它是自动控制技术、计算机科学、微电子学和通信技术有机结合、综合发展的产物。计算机技术和现代微电子技术的发展与普及,促进了电子测量仪器的快速发展。同时,工程应用上也越来越需要将测试用的电子仪器设备与计算机连接起来组成一个由计算机控制的智能系统,即自动测试系统(Auto-test System)。

自动测试系统中仪器、仪表种类繁多、独立性强,它们与计算机还要协同工作,采用通用接口把各种仪器与计算机紧密地联系起来,才使得电子测量由独立的、传统的单台仪器向自动测试系统的方向发展。

6.3.1　GPIB 通用接口总线

GPIB 是 HP 公司在 60 年代末和 70 年代初开发的通用仪器控制接口总线标准。IEEE 国际组织在 1975 年对 GPIB 进行了标准化,由此 GPIB 变成了 IEEE 488.1 标准。1987 年,IEEE 推出了 IEEE 488.2 标准。该系统的特点是:积木式结构,可拆卸、易于重建;控制器可以是计算机、微处理器或简单的程序控制器;数据传送、使用灵活,价格低廉。正是由于以上特点,GPIB 广泛应用于对测试仪器进行计算机控制、计算机与计算机之间的通信,以及对其他电子设备的控制。

GPIB 系统是在计算机上插入一片 GPIB 接口卡,通过 24 或 25 线电缆连至仪器端的 GPIB 接口。当计算机的总线变化,例如采用 ISA 或 PCI 等不同总线时,插入计算机的 GPIB 接口卡也有所变更,但其余部分可以保持不变,这使 GPIB 系统能适应计算机总线的快速变化。GPIB 接口高速传输性能以及完整的控制协议,使得基于 GPIB 接口的数据采集、温度监控、波形测量等便携式设备获得了广泛的应用;同时也出现了趋于取代串口和并口的许多设备,如微型打印机。利用 PC 的 GPIB 卡监控所有设备的工作。GPIB 接口应用得越来越广泛,采用面向对象的软件编程使系统功能易扩展、维护,增强了它的生命力。

1. GPIB 通用接口系统

GPIB 总线是一个 8 位并行、字节串行、采用异步通信方式的负逻辑标准电平总线。它是一个数字化的图中为脚(还有一根屏蔽线)并行总线,其中 16 线为 TTL 电平信号传输线,包括 8 根双向数据线、5 根接口管理线、3 根数据传输控制线,另外 8 根为地线。连接器信号线分配如图 6-39 所示。

24 脚并行总线详述如下:

(1) 8 根数据线($DIO_1 \sim DIO_8$)传输数据和命令信息,由注意(ATN)线的状态确定该信息是数据还是命令。所有命令和大部分数据都使用 7 位 ASCII 或 ISO 代码集,第 8 位(DIO_8)闲置或者用于奇偶检验。

(2) 3 根据手线对装置之间的信息字节传输进行异步控制,这一过程成为 3 线内锁定挂钩,可以保证数据线上被发送和接收的信息字节没有传输差错。

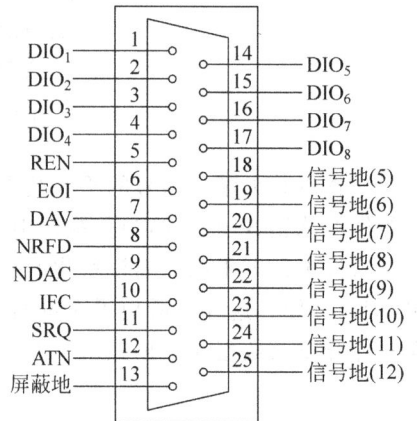

图 6-39　GPIB 连接器信号线分配

① NRFD(未准备好数据)线:用于表示一台装置已经作好(或者未作好)接收信息字节的准备;这条线在接收命令时全部由装置驱动,在接收数据信息时由接收装置驱动。

② NDAC(未接收数据)线:用于表示一台装置已经接收(或未接收)信息字节;这条线在接收命令时全部由装置驱动,在接收数据信息时由接收装置驱动。

③ DAV(数据有效)线：当数据线上的信号稳定(有效)并且能够安全地由装置予以接收时发出通知。

(3) 5 根接口管理线管理通过接口的信息流。

① ATN(注意)线：在控者使用数据线发送命令时，它驱动 ATN 线为真；在讲者可以发送数据信息时，它驱动 ATN 为假。

② IFC(接口清除)线：系统控者驱动 IFC 线使总线恢复出世状态。

③ REN(远地启动)线：系统控者驱动 REN 线用以设定装置的工作方式为远地编程或者本地编程。

④ SRQ(服务请求)线：任何装置都可以驱动 SRQ 线，用于异步的请求控者服务。

⑤ EOI(结束或识别)线：有两种用途，一是讲者使用 EOI 线标志信息串的结束；一是控者使用 EOI 线告知装置于并行轮询时识别它们的响应。

在连接方式上，GPIB 系统既可以是总线形式的连接或者星形的连接，也可以是两种连接方式的组合。GPIB 系统的基本配置要求为：设备间最大距离不得超过 4m 且设备间平均距离不得超过 2m，总长度不得超过 20m，系统中设备个数不能多于 15 个，且有不少于 2/3 的设备通电。

2. GPIB 总线器件工作模式

GPIB 总线系统内各个器件通常在四种模式下工作：

(1) 听者(Listener)模式：可被接口消息寻址，从总线接收数据，可有 14 个听者同时从总线上接收数据。

(2) 讲者(Talker)模式：可被接口消息寻址，向总线发送数据，同一时刻只有一个讲者进行工作。

(3) 控者(Controller)模式：可以控制接口系统的器件，指定系统中其他器件作为听者还是讲者，并管理监视总线，此时的器件可以发送接口消息，命令其他器件进行指定操作，同一总线可有多个控制器，但同一时刻只能有一个控者管理系统总线。

(4) 闲置(Idle)状态：此时的器件不对总线负担任何责任，也不担当任何工作角色。

听者、讲者和控者可以单独或联合地出现在通过接口总线进行互连的自动测试系统中(图 6-40)。

3. GPIB 接口工作过程

当多个设备通过 GPIB 接口相连组成一个自动测试系统时，一般控者为带计算机的设备，控者规定讲者和听者。在控者的控制下，执行用户预先编好的程序，在数据线上通过接口消息协调各仪器的接口操作，从而完成仪器信息的传送。

图 6-41 为测量某放大器的幅频特性及打印测量结果的原理图。计算机(控者)命令信号发生器(听者)产生幅值固定、频率可在一定范围内变化的正弦信号，由频率计测出信号的频率，由数字电压表测出放大器的输出幅值，测量多次并将测量结果送给计算机，计算出幅频特性后送给打印机打印。

工作过程如下：

(1) 计算机通过 C 功能发出 REN 消息，使系统中所有仪器处于控者控制之下。

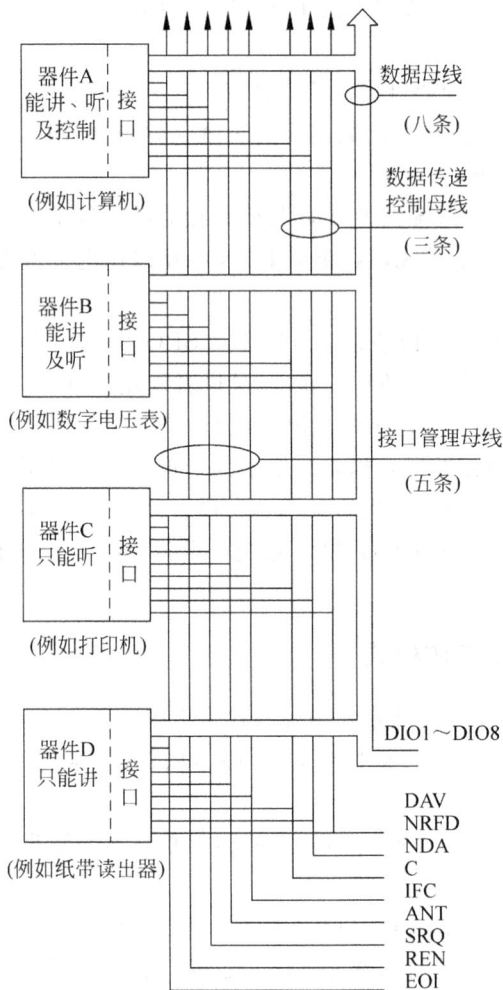

图 6-40　GPIB 系统的组成结构

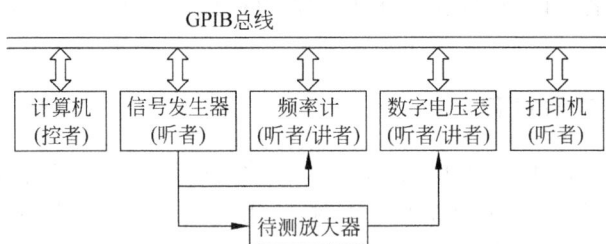

图 6-41　GPIB 连接器信号线分配

（2）计算机通过 C 功能发出 IFC 消息，使系统中所有仪器都处于初始状态。

（3）计算机发出信号发生器的听地址，信号发生器接收地址后成为听者。

（4）计算机通过 T 功能向信号发生器发出程控命令，使信号发生器输出幅值固定的某一频率范围内的正弦信号。

（5）计算机取消信号发生器的听受命状态。

（6）计算机发出频率计的听地址，频率计成为听者后测量输入信号的频率。

（7）计算机发出频率计的讲地址，取消频率计的听受命状态，计算机使自己变为听者，接收由频率计发来的频率测量值。

（8）计算机发出数字电压表的听地址，数字电压表成为听者后测量输出信号的幅值。

（9）计算机发出数字电压表的讲地址，取消数字电压表的听受命状态，计算机使自己变为听者，接收由数字电压表发来的幅值测量值。

上述测量过程可完成一组测量值，不断重复步骤（3）～（9）可得到多组测量值。计算机计算完幅频特性后，发出打印机的听地址，计算机作为控者把数据送给打印机，并命令打印机打出幅频特性。

4. 接口电路

满足 IEEE 488 标准的接口芯片有 NEC 公司的 μPD7210 和 TI 公司的 TMS9914。由于 IEEE 488 接口要求信号线为三态，上述两接口芯片都需要外加专用的驱动芯片（或称收发器）。可用 TI 公司的 SN75160 和 SN75161，一个用于数据总线，另一个用于握手线和控制线。

μPD7210 的主要特性有：内部有 16 个可编程寄存器（8 个只读寄存器和 8 个只写寄存器）、2 个地址寄存器、自动处理寻址和联络规程，可对 EOS（过程结束）消息能自动检测，能与多种标准母线收发器配合，时钟范围 1～20MHz，可与 CMOS 电平兼容，40 脚双列直插或 44 脚 TQFP 封装，其原理如图 6-42 所示。

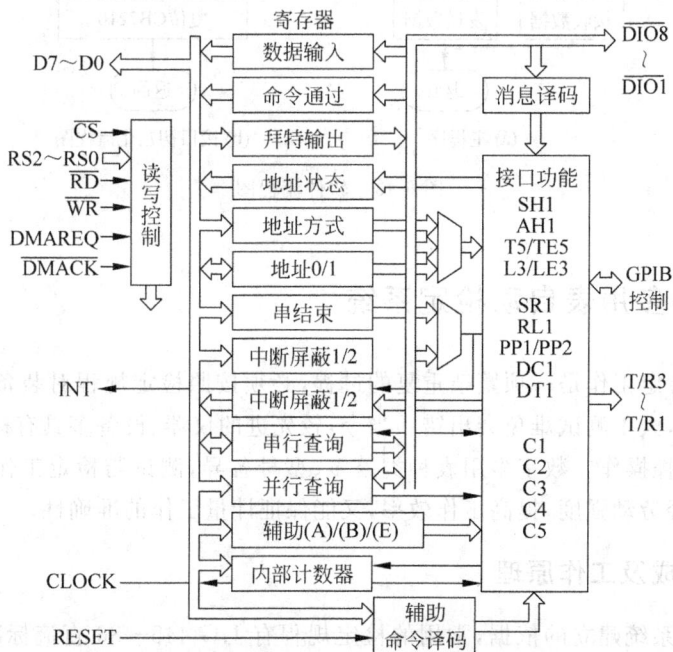

图 6-42　μPD7210TLC 内部原理框图

5. 软件流程图

488 总线上的设备应有一个控者(或没有)、一个讲者、一个或多个听者。下面围绕系统设备所要实现的基本数据传输功能、相对应的软件编程算法实现,为了接口芯片的正常工作,需要正确地初始化设备等功能软件设计,如图 6-43 所示。

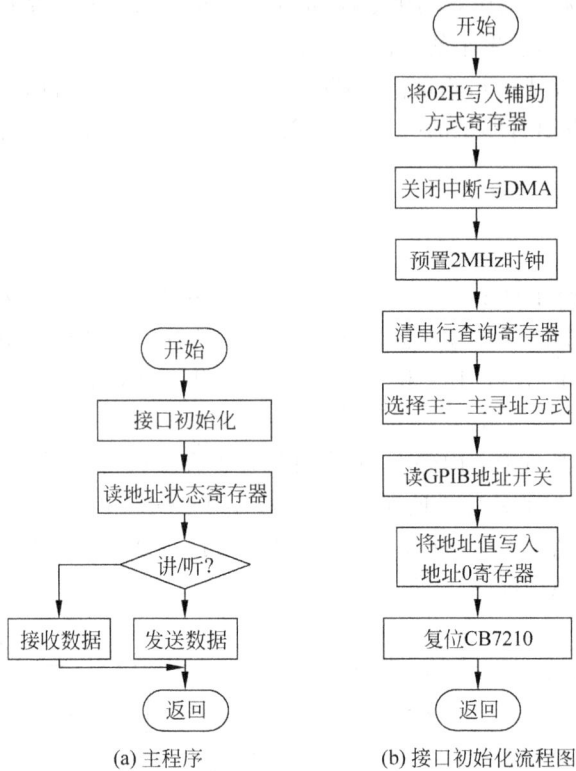

(a) 主程序   (b) 接口初始化流程图

图 6-43   软件流程图

6.3.2   数字多用表自动检定系统

计量测试、检定工作是一项繁杂重复的过程,必须按照检定规程对装备的每个量程、每个挡位进行测试,人工测试难免会出错。当今,较先进的仪器、设备多具有标准总线接口,可用计算机进行程控操作。数字多用表种类繁多、型号各异,测试与检定工作量很大,自动测试系统,既可减轻劳动强度,提高工作效率,又能保证计量工作的准确性。

1. 系统组成及工作原理

检定规程是系统建立的依据,常用的检定规程有 JJG 445—86 直流标准电压源检定规程、JJG 315—83 直流数字电压表检定规程、JJG 598—89 直流数字电流表检定规程、JJG 35—87 交流数字电流表检定规程、JJG 34—87 交流数字电压表检定规程及 JJG 37—87 直流数字欧姆表检定规程。

1) 系统组成

系统主要由计算机、9000A 多功能校准仪、标准接口系统和打印机等组成，其系统的硬件结构框图如图 6-44 所示。

9000A 多功能校准仪带有 GPIB 接口，为仪器的可程控性创造了条件。GPIB 接口卡作为 GPIB 系统的控者，其 Windows 系统下驱动软件，以动态链接库的形式提供给用户，可供 Visual Basic、Visual C、Delphi 三种语言调用进行 32 位编程，也可在 LABVIEW 环境下使用；符合 IEEE 488.2 标准，可执行 488 标准接口命令，能够满足多台仪器之间共享协调等操作要求。

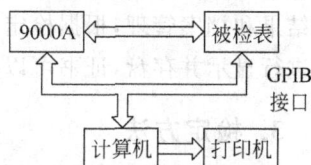

图 6-44　系统硬件结构框图

2) 工作原理

系统通过计算机对可程控的 9000A 型多功能校准仪和高精度的数字多用表进行程序控制，以实现对数字多用表的自动检测。

计算机通过程序控制 9000A 型多功能校准仪发出测量信号，该信号加到被检表的输入端，程序又命令被检多用表采集信号，测量结果经 GPIB 接口送入计算机进行计算并打印测量结果和测量误差。

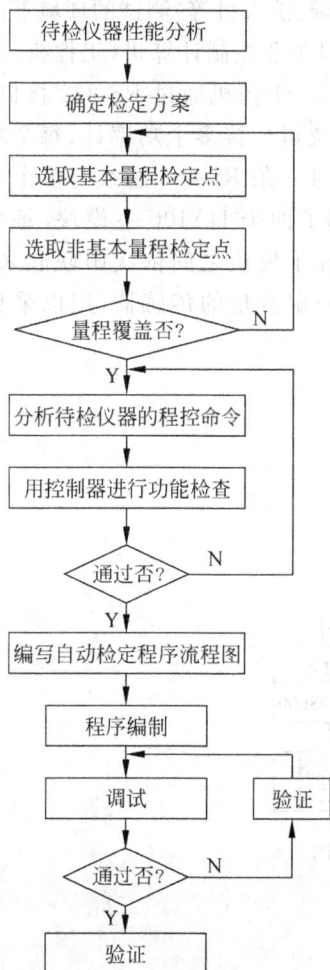

图 6-45　主程序流程图

2. 数字多用表自动检定的实现

系统采用 VB 编程，体现了 Windows 环境下的应用程序的优越性，中文菜单，三维立体外观，操作简单，功能齐全并生成 EXE 文件。

在数字多用表电量测试之前，必须对各程控仪器进行硬件和软件上的设置，GPIB 设备的地址是可以自由设置的，地址设定范围为 1～30，设定 9000A 的地址为 10，被检表的地址为 19。

数字表有直流电压（DCV）、交流电压（ACV）、电阻（R）、交流电流（ACI）、直流电流（DCI）五个电量需要检定，根据检定规程，选定被检表各个电量需要检测点，按照如图 6-45 所示的程序流程图编制程序。程序采用弹出式中文菜单，每个功能测试主菜单根据测试方法，又可分为自动测试和半自动测试两个子菜单，自动检测功能直接由计算机通过 GPIB 总线从被检表 DMM 采集数据并处理，判定仪器是否合格，同时系统有测试报告处理和打印证书功能。另外，还可将原始数据、检定条件、结论等存盘。

在程序的初始化过程中让操作者输入被测表的量程挡位值，采用均匀布点法，在每个挡位采集 10 个点。布点时遵循这样一个原则，也就是挡位值应该从此挡位的满度测取（同时要禁止满度测量，即在检定某一挡位时，不能检定它的最大示值，这样做是为了提高检定的精度，而且也对被检仪器起到了保护作用）。自动检定的测试过程完成后，各检定点的数据存入预先安排好的数组中,计算机即可按不同的要求对其进行数据处理。检定结果和档案管理,根据检定工作的要求,按照检定规程所规定的格式对检测数据和相关信息进行显示并存盘,证书可以按照规程所规定的格式打印。

3. 检定方法

首先进行系统的初始化设置,确定 DMM(被检表)的型号规格是否相同,输入型号、编号及其对应的送检单位、以往检测历史等所有与检测信息相关内容。

按照 DMM 的型号规格,进入自动测试程序。在总线清零后,设备初始化进入遥控(Remote)状态,对 DMM 的交(直)流电源、电阻、交(直)流电压测试功能,每个量程选取 10 个点,由校准源分别输出相应的信号,再由计算机读取 DMM 读数,被检表 DMM 的显示值与实际值进行比较,所有的量程和被检点都测试完后,计算机进入计算和打印程序。

6.3.3 电器产品自动测试系统

在此介绍的数据采集系统,是在家电产品(冰箱、冰柜、空调、洗衣机等)测试的环境下设计开发的,其数据采集的具体设计方式如图 6-46 所示,系统以工业控制计算机(工控机)作为试验室的控制核心,机器上带有 RS-232 接口和以太网接口。工控机通过 RS-232 接口,经 RS-232/RS-485 转换器与多个功率计相连接,数据采集系统可连接多个功率计,每个功率计都分别有各自的通信地址标识,这样一台计算机即能通过一条 RS-485 总线与多个功率计通信,通过功率计采集被测的电参数,同时该系统用到了两个 DA100 主模块,每个 DA100 主模块又分别通过网线与四块 DS600 子模块相连,各子模块之间依次串联起来,DA100 主模块经过 HUB 连接到工控机。DS600 模块连接一定数量的传感器,用以采集温度。

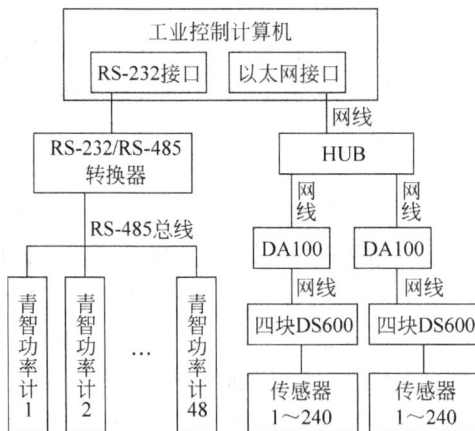

图 6-46　冰箱测试数据采集系统硬件图

1. 硬件电路介绍

图 6-46 所示数据采集系统的工作原理如下:该系统主要用来采集电压、电流、功率、频

率及温度等参数。其中电气参数的采集通过串行接口通信方式进行,因此在采集数据前,需要初始化串行接口的主要通信参数,包括串行接口地址、波特率、校验位、数据位以及停止位等,然后根据仪表通信规约,对数据帧的起始地址、表的地址和读表的命令求校验和,在清空通信接口的缓冲区之后,将求得的校验和发送到仪表,等待一定的时间延迟,仪表将数据送回工控机。温度采集 DA100 模块与工控机通信前,通过 DARWIN DAQ32 软件进行 IP 地址及各传感器通道等的具体设置(在此就不详细给出了),设置完成后,如果 DA100 模块与工控机连接正常,就可以通过软件向仪表发送读取数据的命令,然后接收从仪表返回的数据。

数据采集硬件连接图如图 6-47 所示。工控机与智能仪表之间通过各种通信接口连接,智能仪表连接到被测设备,设备通过各种类型的传感器将数据传送回智能仪表,最终传送到工控机。其中被测设备可以是家电产品、工业通风机以及制冷系统设备等,也可以是其他被测设备。

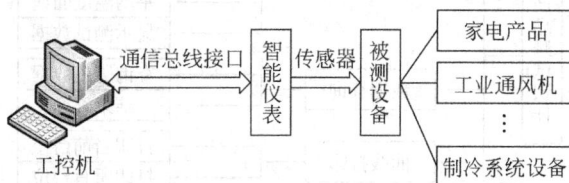

图 6-47　通用数据采集系统硬件图

2. 系统整体设计方案

1) 设计方案

任何一个系统,其整体设计的合理与否,从用户的角度上来说,关系着操作的方便程度,系统性能的优劣等;从软件开发人员的角度来讲,合理化的整体设计有助于软件详细设计和编程的实现,优化系统硬件资源配置。

智能仪表数据采集系统进行数据采集时,将数据采集的实现与测试管理归并在一个应用程序中进行设计开发,数据采集模块与测试管理模块之间通过共享内存的方式传递数据,数据采集模块将采集到的数据存储到共享内存,测试管理模块将数据取出进行曲线的实时绘制。其简要设计结构如图 6-48 所示。

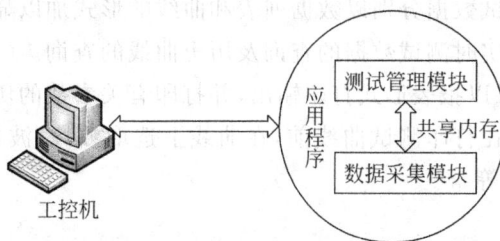

图 6-48　数据采集系统整体设计方案

2) 系统功能分析

首先阐述一下数据采集系统的主要功能,家电产品测试系统主要分为测试管理系统和数据采集系统两大部分,其中,测试管理部分主要实现测试控制、测试数据的实时显示、数据查询、对曲线的特殊操作以及测试曲线的打印等功能;数据采集系统主要包括数据的实时采集、数据处理及数据存储等功能。测试系统的整体功能如图 6-49 所示。

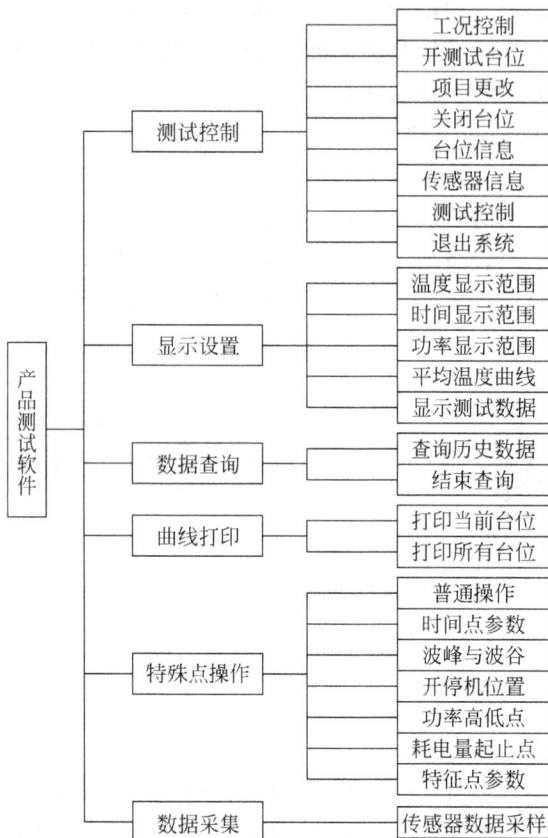

图 6-49　测试系统整体功能

测试系统的整体功能具体包括以下几个方面:

(1) 控制开启和终止测试台位,对工况、测试项目及传感器选择进行设置等。

(2) 显示设置,设置温度、功率及测试时间等的显示范围。

(3) 显示功能,将测试数据分别以数据列表和曲线的形式加以显示。

(4) 数据查询,包括实时测试数据的查询及历史曲线的查询。

(5) 随时将测试结果以报表形式打印输出,并打印有关参数的历史数据和曲线。

(6) 特殊点操作,即在打印测试曲线前,在曲线上选取波峰、波谷、开停机位置、功率高低点,以及耗电量起止点等。

(7) 统计分析。

(8) 实时数据采集,实时地从智能仪表返回数据至工控机,作为测试系统中的重要组成部分为管理分析提供数据。

数据采集系统作为家电产品测试系统的主要组成部分,必须实时、稳定地为测试管理软件提供数据,因此该系统的开发与设计显得尤为重要,数据采集系统的主要功能如图 6-50

所示,主要包括初始化设置、数据采集、数据处理、数据写入数据库共四大部分。各模块实现功能如下:

(1) 初始化设置:设置智能仪表及通信接口相关的通信参数。

(2) 数据采集:将数据实时地从智能仪表送回工控机。

(3) 数据处理:把返回的数据按一定的规则从字符串中分离出来。

(4) 数据写入数据库:进行数据的实时存储。

除了以上各模块的设计,数据采集系统还要实现与管理系统的通信,方便对数据采集开始及结束的控制。该数据采集系统在实时采集到数据、进行数据处理之后,还需实时向管理系统进行数据的传输,供管理系统实时绘制曲线,以及以数据列表的形式进行数据的实时显示。

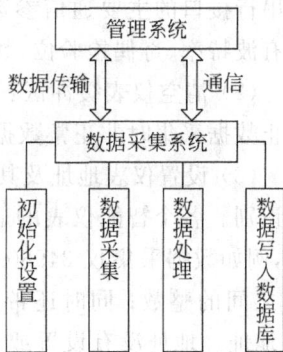

图 6-50　数据采集系统功能

3. 常用的仪表与接口及数据采集流程

1) 常用的智能仪表与通信接口

在开发数据采集软件的过程中,用到的智能仪表主要有三类:控制调节仪表、数据采集仪表和功率表。实际数据采集中用到的智能仪表还有许多,如流量计、频率表及转速表等,为说明问题,图 6-51 具体给出了上述三类仪表中的几种常用且具有代表性的智能仪表。数据采集主要用到的通信接口包括串行接口、GPIB 接口、USB 接口和以太网接口。

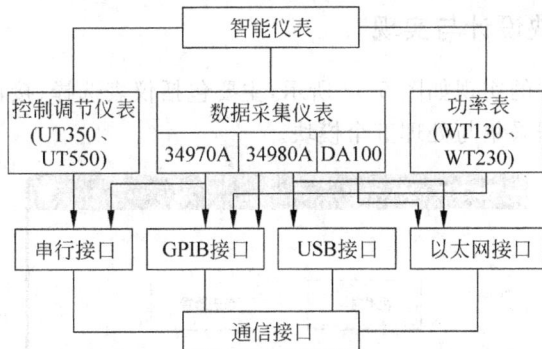

图 6-51　常用的智能仪表与通信接口

2) 通用数据采集流程

计算机与智能仪表通信,智能仪表将从被测设备采集的数据传送到计算机上,图 6-52所示为数据采集系统通用流程。

3) 初始化设置

数据采集之前需要进行智能仪表和通信接口的相关设置,否则会导致数据采集软件与智能仪表通信失败,无法正常采集数据。该部分的初始化设置不一定全部执行,可依据实际数据采集中使用的智能仪表和通信接口选择执行需要的操作。

(1) 初始化接口:使用串行接口通信前,需要通过 VB 中的 MSCOMM 控件,对智能仪表串行接口的主要通信参数进行初始化设置。主要的通信参数有波特率、奇偶检验位、数据位、停止位和缓冲区大小等。

（2）清空仪表缓冲区：在采集数据前清空仪表缓冲区，以防止数据采集时非正常数据的出现。

（3）设置仪表地址及其他参数：通信地址是智能仪表的唯一识别。各个智能仪表的通信地址还与其所带的通信接口有关，例如数据采集仪 34980A，带有 GPIB 接口，地址为从 0 到 30 之间的整数；同时还带有以太网接口，地址为通信接口的 IP 地址。地址没有设置或设置错误，将无法实现智能仪表与数据采集计算机之间的正常通信。

智能仪表参数的设置，有些可以在仪表面板上手动设置，有些需要通过软件设置。经常需要设置的仪表参数有采集数据的单位、精度，仪表的个数以及采集数据所需的通道数目等。

4）数据采集与处理

智能仪表数据的采集采用主从式方法，如果试验中没有需要进行数据采集的被测设备，数据采集系统并不工作。当有被测设备需要数据采集时，在数据采集软件中触发定时器，通过软件控制向智能仪表发送读取数据的命令，等待一定的时间间隔，从仪表读取采集的数据，同时判断数据是否采集完毕，若没有则继续采集；若采集完毕则进行数据处理。

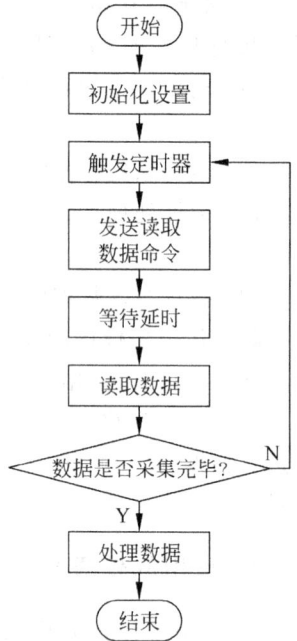

图 6-52　通用数据采集流程

4. 系统主要模块设计与实现

数据采集系统软件的实现如图 6-53 所示，主要包括仪表选择、接口选择、仪表及接口参数设置、仪表设置、数据采集与处理五个模块。

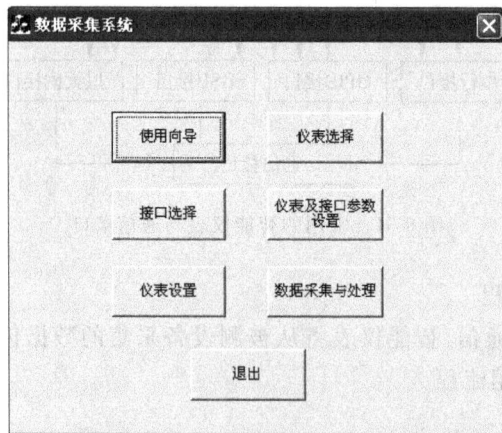

图 6-53　系统主界面

该系统的实现采用模块化的设计方法，系统的五个主要模块相对独立，彼此之间存在的联系非常简单，因此各模块易于组合成一个完整的数据采集软件，同时各模块自身及整个系统都具有良好的可扩展性,下面将分别介绍各模块的具体实现过程。

1) 仪表选择模块

仪表选择模块实现界面给出了三类智能仪表供选择,控制调节仪、数据采集仪和功率表。数据采集时,首先要根据数据采集实际需求进行仪表选择。根据大量实际数据采集的需求,在该界面上给出了两个数据采集仪选择项,当需要采集的数据量很大时,可能会用到两个数据采集仪,而且这两个仪表可能是不同型号的。一般情况下,在数据采集时分别用一种型号的控制调节仪和功率表,所以只给出了一个控制调节仪和一个功率表选择项,控制调节仪的个数、功率表的个数及每个功率表实测的数据数目作为其参数在参数设置时给出。

2) 接口选择模块

对仪表进行接口选择,若仪表已选择,则对应的接口可选,否则对应的接口不可选,一般给出四种通信接口:串行接口、GPIB 接口、USB 接口,以及以太网接口。若仪表选择模块增加了仪表选择项,则接口选择模块中也相应地增加对应该仪表选择项的接口选择。

3) 仪表及接口参数设置模块

数据采集仪表及接口选择确定后,对所有选择的仪表及其使用的接口进行相关参数的设置,如果仪表或接口中的任意一个没有选择,则不允许进行相应的参数设置。选择仪表或接口后,给出该数据采集仪的参数设置,若该数据采集仪使用的是串行接口,则需要设置波特率、检验位、数据位及停止位,另外还设置了串行接口的端口号以及仪表的实用通道数目。一块仪表的实用通道数目的设置方便以后对数据进行存放。

4) 仪表设置模块

若控制调节仪已选择,则进行仪表设置,否则执行下面的数据采集及处理。该部分分别对数据采集中常用的控制调节仪进行模块化设计。一个控制调节仪用来控制一个工况参数,可根据数据采集需求选择仪表的数量。将每一个仪表的地址和需要设定的工况参数值按一定的格式组成命令字符串发送到仪表上,仪表的地址用以标示参数值发送到哪块仪表,仪表设置成功,则可以在仪表面板上显示设置的参数值。

该模块的设计与实现主要用来控制数据采集工况,具体包括环境干球温度、湿球温度、压力和压差等,根据数据采集需求的不同,可以动态地设定需要的工况参数值。

5) 数据采集及处理模块

当初始化配置工作完成后,进入数据采集与处理部分。数据采集之前,在界面上设定数据采集的采样周期,同时保存在 INI 文件中,可以根据数据采集需求更改采样周期的大小。已选择的仪表,即可进行数据采集及处理,对未选择的仪表不执行其数据采集及处理部分。

数据采集及处理模块的设计,又划分为三个子模块:数据采集、数据处理,以及与仪表和总线接口卡相关的动态链接库函数和子程序定义。

(1) 数据采集

每一个仪表,可以通过不同的通信接口实现数据采集。以数据采集仪 34970A 为例,使用串行接口通信,数据采集要利用 VB 中提供的 MSCOMM 控件实现;通过 GPIB 接口通信,由于使用总线接口卡不同,数据采集时发送读取数据命令和读取数据所用到的函数也不同。因此各个仪表的数据采集部分依据通信接口和总线接口卡的不同,分别做成模块,在需要时直接调用,不需要修改或做很少量修改。

同一型号的仪表,如果只用到一个,数据采集按照发送读取数据命令、等待延时、读取数据的顺序执行即可。

(2)数据处理

对返回数据的处理包括数据分离和数据存放。数据分离即从智能仪表返回的一串字符中将代表实际意义的数据分离出来;数据存放是把分离的数据按一定的格式统一存放到一个空间内。

(3)动态链接库函数和子程序定义

该模块主要包括调用仪表动态链接库的函数定义和总线接口卡用到的函数和子程序定义。仪表和接口卡厂商都会提供该模块的程序,在数据采集及处理模块时可直接应用。

6.3.4　电热水器产品自动检测线

1. 自动检测线介绍

在线自动检测系统:产品在完成工序后,经专用检测线上输送,并在输送过程中自动完成产品参数的检测任务的测试系统。一般地,在线自动检测系统配有专用的检测线、各种参数的测试仪,可以在计算机统一控制、管理下对产品各参数进行在线自动测试、数据处理和记录等。在线自动检测系统能提高测试效率,节省了测试仪器,保证了产品的质量,提高了文明生产程度,降低了劳动强度,节省了劳动力。

大、中型工厂每天生产的产品数以万计。为了确保产品的质量,不让不合格的产品出厂,在产品装配好后,必须对产品逐个进行出厂检测。国家标准规定了相应产品出厂必检的项目,特别是安全性能肯定是必检的,有的使用性能也必须检,而一般性能可以抽检。大量产品的出厂检测,用人工手动检测要花费大量人力、物力,而且容易让不合格产品出厂。因此,一些大、中型生产厂中,在产品装配线后还配备有专用的检测线,进行产品的出厂检测,以确保产品合格后才能出厂。

1)检测线系统结构介绍

采用检测线的在线自动测试系统,就是在专用检测输送线上放上被测产品,电源线插在输送板上的插座里,插座的线接通输送板下的三个碳刷与三个带电导轨滑动接触,产品在检测线输送过程中自动完成各种参数的测试任务。

自动测试线要分成许多工位,每个工位有各自的任务:有的工位仅使产品正常工作(如运转或加热等),有的工位测接地电阻,有的工位测功率,有的工位测绝缘电阻,有的工位测热态泄漏电流,有的工位测热态电气强度,有的工位测温度等。

根据各种不同产品的检测项目和各参数的测试条件,考虑各种参数测试仪安排在检测线的不同的工位数,还有的工位要完成预热、冷却、运转等辅助功能,计算出检测线所需的总工位,并根据检测线每天的检测量、工作的节拍和车间的大小决定整个检测线的速度和长度。

根据产品的检测需要和整个车间的生产流程,检测线可做成直线形和水平环形两种常见形式,如图 6-54 所示。

自动检测线的输送方式主要有两种:步进输送式和连续输送式。

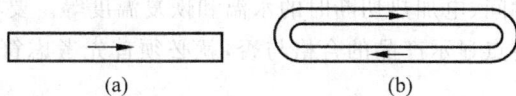

图 6-54　检测线形式

(a) 直线形；(b) 水平形

(1) 步进输送式检测线是每输送前进一个工位后停下来进行测试工作。如一产品停在功率测试工位,则功率测试仪进行功率测试;另一产品停在绝缘电阻测试工位,则绝缘电阻测试仪进行绝缘电阻测试。产品从检测线的上料工位输送到下料工位过程中,完成了全部参数的自动测试。

(2) 连续输送式检测线是不间断匀速输送产品,产品每进入到一个测试工位,自动完成该项参数的测试,最后在整个输送过程中自动完成全部参数的测试。

2) 检测线方案设计

在设计检测线时,要根据产品的出厂检测项目和生产上的具体要求,来考虑系统的方案。

(1) 检测线的节拍和速度:根据单班日生产量可以决定检测线的节拍,如单班日生产量为 5000 台,则检测线的节拍约为 6s,即每个工位输送时间为 6s。每个工位的长宽由产品的大小决定,而检测线的线速度就是工位长度除以节拍时间。

(2) 检测线的长度:根据产品在规定条件下检测参数的全过程所需时间或设置的工位数(下料等辅助工位及机动工位)即可算出检测线的长度。

(3) 参数测试工位的安排:根据产品标准列举需检测的出厂检测项目,并按测试要求安排前后次序。如:冷态测试应在通电前进行,而热态测试则要经预热后才能进行。产品接地不通,则泄漏电流和电气强度测试毫无意义,所以必须先测接地电阻。产品电源内部短路或电源与外壳短路,则在通电时会产生危险,所以必须在通电前测这两项,以便在通电前及时找出不合格项。

(4) 测试仪器配备:测试仪器的种类根据家电产品要检测的参数而定。测试仪器可以放在检测工位附近,也可集中所有测试仪器而制成综合测试系统,面板上可显示或指示测试的数值,并配有声光报警装置。

(5) 电源控制配备:强电部分主要完成常规的强电开关控制(包括系统电源的启动及停止)、保护;检测线电动机的控制(包括启动、停止及保护),如要调速可采用变频调速装置;消除火花的接触器件;各测试工位的配电以及各种控制和照明功能。可集中安装在强电柜中,面板上安装各控制按钮、指示灯和指示的电表。有时还配备一台交流稳压器供测试工位和参数测试柜使用。

(6) 计算机的选配:一般可选用工控机系统(包括主机、键盘、显示器和打印机等)并配以满足测试要求的模拟量和开关量接口板。如要两个显示器(一个在机房,另一个在检测线下料工位处),则还需配备视频分配器。

2. 检测线的总体方案

电热水器的主要参数有:电加热功率、接地电阻、绝缘电阻、热态泄漏电流、热态电气强度(耐压)、电加热通电时间、电加热切断时的水温和恢复温度等。要在一条自动检测线上完成全部检测任务,并在终点显示产品的合格与否,就必须首先考虑符合要求的、周密的总体方案。

1) 参数测试顺序的安排

电热水器各主要参数的检测应符合国家标准的情况,必须考虑各参数的测试顺序。根据国家标准的测试要求,电加热功率、热态泄漏电流、热态电气强度等参数要在充分发热条件下测试。虽然在检测线上不能完全做到充分发热条件测试,但可以做到在接近条件下测试,在测试这些参数前必须对电热水器预加热,让其达到一定的温度。另外,如果外壳没有接地,泄漏电流和电气强度的测试就毫无意义,故必须先测接地电阻,各参数的测试顺序如图 6-55 所示。

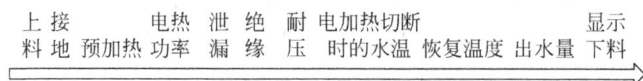

上 接　　　电热　泄　绝　耐　电加热切断　　　　　　　　显示
料 地　预加热　功率　漏　缘　压　时的水温　恢复温度　出水量　下料
→

图 6-55　各参数测试顺序

操作工人在上料工位将检测线上的电热水器中放入定量的温水中,插上电源,先检测接地电阻,然后经过一段预加热后测试电加热功率、热态泄漏电流、绝缘电阻、热态电气强度,然后测量温控器切断电加热功率的时刻和水温,加适量冷水使水温降到 85℃ 以下,再测恢复温度,人工按出水按钮观察出水量是否合格。在下料工位,显示器显示各参数合格与否,操作工人将热水器中的水放掉后,合格品经冷却后包装,不合格品分类返修。

2) 检测线的输送部分

采用水平环形输送方式,长度、生产节拍按单班日检测量设计,输送部分由主传动装置、从传动装置、输送板、铜导轨等部分组成。

主传动的电动机通过带轮、摆线减速器、链传动、蜗轮减速器使主轴大链轮慢速转动,并带动装在链条上的输送板移动,使热水器逐一通过各检测工位。从传动的大链轮主轴装在拖板上,因此链轮能随着拖板移动,以便张紧链条。

输送板上装有热水器的定位装置、装有温度传感器和电源插座。为了检测,在输送板下面装有六个电刷分别与铜导轨滑动接触。输送板一端与链条连接,跟着链条水平移动,用滚轮支承输送板及热水器的重量。

在各加热和测试工位部装有三根或六根铜导轨,各铜导轨分别固定在绝缘条上,铜导轨由不同长度的铜条组成,按测试要求配置。

3) 定量加温供水系统

为了缩短加热时间,在电热水器中不是加满冷水,而是加恒温(如 80℃ 或 70℃ 等)水。供水系统由三个水箱组成,两个为预热水箱,一个为供水的恒温水箱。每个水箱都由一个独立的温控系统组成,如图 6-56 所示。图中控制器为时间比例式输出,预热水箱采用的是电子式控制器,而恒温水箱采用的是微计算机式的控制器。水箱温控系统使水箱内的水温恒定在设定的温度。

由管道泵、电磁阀、时间继电器、供水管道组成定量供水系统,每按一次电磁阀启动按钮,恒温水箱通过定量供水系统供出定量恒温的水,定量的大小是通过调节时间继电器改变供水时间长短来达到的。

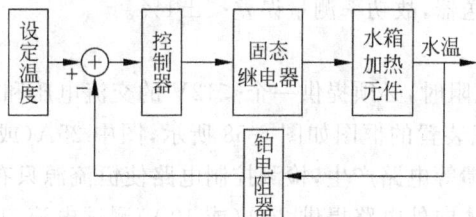

图 6-56 水箱温控系统

4) 检测线的构成

根据电热水器参数的检测要求,检测线包括检测线输送部分、定量恒温供水系统、各参数的变送器、控制柜和计算机等,总体布置如图 6-57 所示。

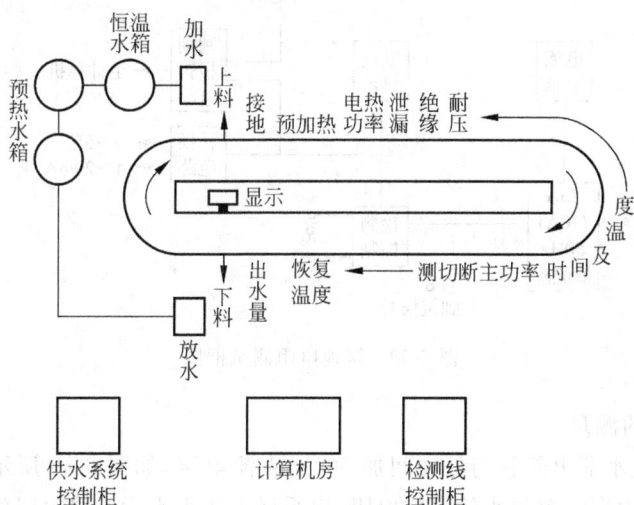

图 6-57 检测线总体布置图

3. 参数的测试方法

1) 功率的测量

由于电热水器是纯电阻负载,如果输入电压为 220V,则只须测量交流电流 I_1,由 $P = 220 \times I_1$ 计算出功率。一般输入电压常有波动,不一定正好是 220V,因而必须测量输入电压 V_1,以便修正成 220V 下的功率值,修正公式为:

$$P_2 = \frac{220V \times 220V \times I_1}{V_1} \tag{6-14}$$

式中:V_1——实测交流电压;

I_1——实测交流电流;

P_2——修正后(折算成 220V)的功率。

交流电压和交流电流的测量采用交流电压变送器和交流电流变送器。交流电压变送器将 0～240V 交流变换成 0～5V 直流,测电加热功率时的交流电流变送器将电流变换成 0～5V 直流,然后送计算机按修正公式运算得功率值。功率的测量误差主要来源于两个变送器,这里采用了 0.5 级变送器,故功率测量误差＜±1%。

2) 接地电阻的测量

按国家标准测接地电阻时,必须提供一个＜12V 的交流电压和 25A(或 10A)50Hz 的交流恒流源。接地电阻测试装置的框图如图 6-58 所示,图中 25A(或 10A)50Hz 恒流源是由正弦振荡器、放大器及反馈等电路产生,检测控制电路使恒流源只有在有被测件到位信号且探头与外壳紧密接触时,才向外电路提供 25A(或 10A)测试电流,1s 后自动切断电源,即测试结束。检测显示电路将检测到的交流电压信号变换成直流电压,以电阻值的形式显示出来。判别报警电路将测到的电阻值与设定值(或如 0.1Ω)比较,大于设定值产生声光报警信号,并送计算机处理。也可经转换电路直接将所测到的电阻转换成 0~5V 直流电压或 4~20mA 直流电流。接地电阻的测量误差主要来源于恒流源的误差,测量误差＜±1%。

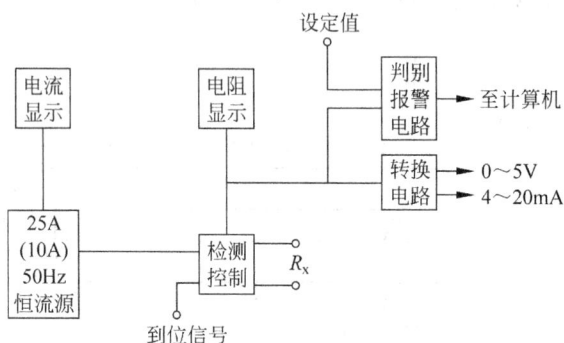

图 6-58　接地电阻测试框图

3) 绝缘电阻的测量

测量时在电热水器电热管与外壳间加 500V 直流电压,如图 6-59 所示(R_x 为被测电器的绝缘电阻)。图中有一个很小的采样电阻,以采样电压来表示绝缘电阻的大小。采样电压通过隔离、滤波等电路,经比较电路与置定值(如 2MΩ 所对应的电压)比较,如大于置定值,则表示绝缘电阻太小,发生声光报警,不合格信号送计算机处理。绝缘电阻的测量精度主要决定于 500V 和采样电阻的精度,测量误差＜±1%。

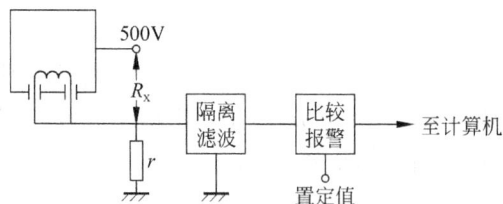

图 6-59　绝缘电阻测试示意图

4) 热态泄漏电流的测量

根据国家标准,要检测火线对外壳和中线对外壳的泄漏电流,以较大者为考核值。检测线中用两段导轨来实现,热态泄漏电流测试如图 6-60 所示。

电流互感器将泄漏电流转换成电压。根据规定,测量回路内阻为(1750±250)Ω,由 RC 网络完成。泄漏电流信号经放大、真有效值转换后变换成直流电压,在比较器中与设定值

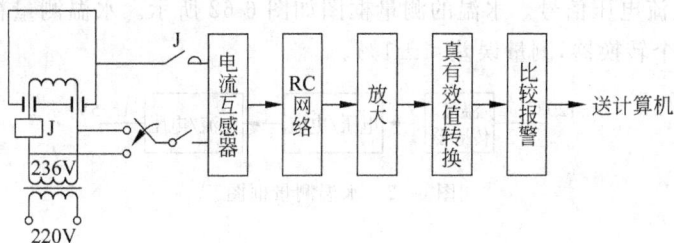

图 6-60　热态泄漏电流测试示意图

（如 0.75mA 所对应的电压）比较，比较后的信号送计算机处理。大于设定值则声光报警，表示此项参数不合格。热态泄漏电流的测量要求所加电压为 1.15 倍的功率，故所加电压为 236V。为了保证安全，则在供电电路中串联一个电流继电器 J，只有当加热电热管有电流时（表示有产品工作），才接通测试回路，以测泄漏电流。

5）热态电气强度的测量

采用 90°移相法测量，如图 6-61 所示。在高压回路中的泄漏电流通过霍尔元件 LEM 转换成交流电压，经过放大、真有效值转换等处理，转换成直流电压，再通过比较电路与设定值比较，判别合格与否。比较后的信号送计算机处理，不合格的现场声光报警。

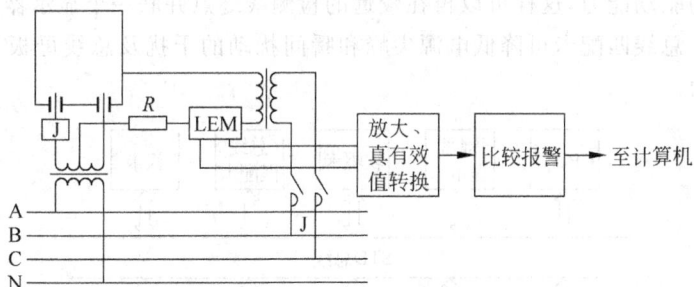

图 6-61　热态电气强度测试图

按国家标准，测量电气强度应施加 1000V 交流高压 1min 无击穿、闪络为合格，一般以泄漏电流小于 10mA 为合格标准。对于出厂检测不可能施加 1min 的高压，一般采用施加 1s 高压代替，但高压的数值须增加 25%。

与测泄漏电流时相同，在电源回路中也串联一电流继电器 J，这是为了避免无产品检测时对电源插座施加高压。

6）水温测量

由于水温的变换信号是通过电刷与导轨滑动接触输送的，故不能用电压信号输送，一是易受干扰，二是滑动接触电阻大小会影响测量精度，必须用电流信号输送。可采用 TC2-C 型温度/电流转换器，将铂电阻（Pt100）温度传感器送来的信号进行放大、线性化校正后转换成与温度呈线性关系的电流信号输出，即 0～100℃转换成 4～20mA，并可通过两个外接微调电位器进行零位和满量程校正。

电流信号经过电刷与导轨滑动接触输送到电流/电压转换器，由精密电阻转换成电压信号，经过阻抗变换、低通滤波器及输出限幅等信号处理电路送给计算机和一个与被测温度成

线性的 $0\sim 5\mathrm{V}$ 直流电压信号。水温的测量框图如图 6-62 所示。水温测量精度主要取决于温度传感器和两个转换器,测量误差$<\pm 1\%$。

图 6-62　水温测量框图

4. 计算机硬件、软件设计

计算机辅助检测是以计算机为核心,在软件管理下采集各个参数经过变送器送来的数据,并对数据进行分析、运算、处理、判断、统计和存储等,最后由显示器显示产品各参数的测量值,也可由打印机打印各测量值及报表。

1) 计算机硬件设计

选用一台 STD 总线的工业控制计算机。根据前面介绍的检测信号共有模拟量 35 个:32 点温度信号、1 个交流电压信号和 2 个交流电流信号;开关量 5 个:1 个到位信号和 4 个电气参数(接地电阻、热态泄漏电流、绝缘电阻和热态电气强度)合格与否信号。计算机硬件框图如图 6-63 所示。CPU 卡有一串一并口,可直接连接打印机,将键盘、显示卡扩充增加显示输出信号的驱动能力,这样可以再在较远的检测线终点并联一个显示器,显示被测产品的参数测量值。总线匹配卡可降低电源尖峰和瞬间扰动的干扰及总线母板上的其他噪声,提高抗干扰能力。

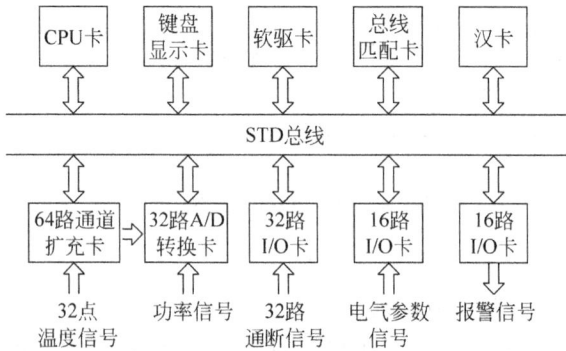

图 6-63　计算机硬件框图

2) 软件设计

软件以中文菜单提示,操作时只要按菜单要求输入参数后即可使用,它具有检测、显示、打印报表等功能。

软件的主要设计思想是采用动态分时检测。动态是指在计算机的内存中开辟一个与整个检测线工位相对应的数据区,由于各个参数的测量安排在检测线的不同工位,因此在某一时刻测到的各个参数对应于不同的电热水器。将测得各电热水器的参数存入相应的数据单元,当检测线运行时,每移过一个工位,将有一个到位信号送到计算机,根据到位信号,数据区内数据移位一次,以求得与检测线保持同步。最后在下料工位,显示一个完整的被测电热水器参数测量值。参数设置时,先显示中文菜单,然后等待键盘设置各项参数,如不需重新设置,程序将自动给出默认参数,随后按流程测量。

由于电热水器的检测要求测量时间的指标,因此软件上采用分时检测来实现,即在程序中设定一个 1s 的定时中断,并处于等待状态,在每 1s 中断时,先测温度信号进行处理,在余下的时间内,根据程序的安排,按不同的时间间隔测量电气参数、功率,进行数据处理、显示、打印被测参数,以保证各项参数不被漏检,软件的流程图如图 6-64 所示。当在 1s 中断过程中判到停测信号时,程序停止检测,进入显示、打印班报表,包括检测总数、不合格数、合格率及各项参数的合格率,然后可将统计数据存盘,以备查询。

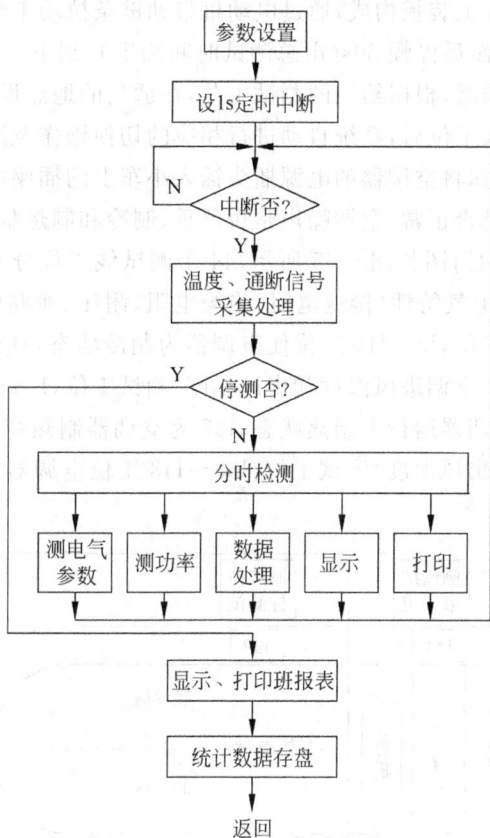

图 6-64　软件流程图

6.3.5　空调器性能自动测试系统

自动测试系统设计需要考虑测试现场电磁干扰很强,传统集散控制系统(DOS)的过程输入/输出(I/O)模块集中在机柜内部的并行总线上,大量的现场信号需要用电缆引入控制站,总线共地的相互干扰使系统可靠性降低等因素。远程智能(I/O)模块可置于生产现场附近处理信号,采用隔离浮空的串行网络总线结构,彻底避免了多 I/O 共地可能引起的地线回流所带来的电磁干扰。因此,设计采用工业控制计算机、智能仪表、智能输入输出模块、智能电量采集模块及测试仪器等构成基于 RS-485 总线的集散控制系统,对空调器厂的测试线上空调器特性进行自动测试。每个智能前端与通信网络在电气上是隔离的,可独立运行,因而任何故障和危险都被限制在局部,可靠性大为增加。系统根据国家标准要求设计,可用于技术监督部门对空调器进行抽样型式试验、生产厂家的出厂检验与产品开发试验。

1. 测试方法及项目

空调器在装配完毕后,通过自动生产线流转到测试线入口处等待进入测试线。测试线的机械部分由传动链条和工装板构成,通过电动机带动链条拉动工装板作循环间隙移动,每次移动一个工位的距离,然后停顿30s(由总测试时间确定),到下一时刻再移动。每块工装板上面放置一台被测空调器,根据给定的测试工艺,在适当的地点设置测试工位。当空调器随着工装板的移动而进入工位后,系统自动进行相应的切换操作及测试(但某些工位仍需要有一定的人工操作配合,如将空调器的电源插头插入小车上的插座内,检查通电状态下压缩机和电风扇等部件工作是否正常、空调噪声是否严重、制冷和制热状态切换是否正常等)。

自动测试生产线结构简图如图6-65所示,44个测试线工位分别命名为I1、I2、…、I44。其中I1为条形码阅读和电气特性(接地电阻、绝缘电阻、耐压、泄漏电流)测试工位,I2为空调器低压启动电流测试工位,I3~I16工位使空调器为制冷状态,I17为空调器制冷特性(电流、电压、功率、环境温度、空调进风温度和出风温度)测试工位,I18~I19工位空调器停止制冷,I20~I36工位冷暖空调器运行为制热状态,I37为空调器制热特性(电流、电压、功率、环境温度、空调进风温度和出风温度)测试工位,I38~I43工位空调器停止制热,I44输出测试结果。

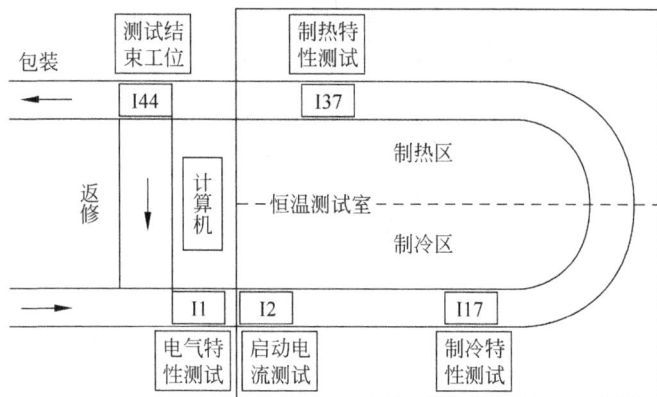

图 6-65　自动测试生产线结构简图

在I1工位中,利用条形码扫描阅读器自动读入该台空调器的编号,并登录在测试系统中,该工装板的位置对应,直到该台空调器从测试线推出,它的编号才从当前测试记录中删去并存入历史记录中。在I44工位中,如果该台空调器所有测试项目全部合格,则不打印,并进入包装线;如果有不合格则声光报警,将不合格空调器的编号、不合格项目及不合格参数值等数据打印出来,为返修提供依据;通过驱动返修气缸将不合格空调器送入返修线。

2. 系统的硬件设计

系统采用基于 RS-485 总线的集散控制系统结构进行设计,各测试工位的测试仪表均采用带 RS-485 通信接口的智能化仪表进行独立测试,通过带光隔的 RS-485 通信转换器与计算机主机相连进行自动测试运行,或现场手动测试运行,系统结构简单,便于操作,而且运行可靠,维护方便。测试系统结构图如图 6-66 所示。

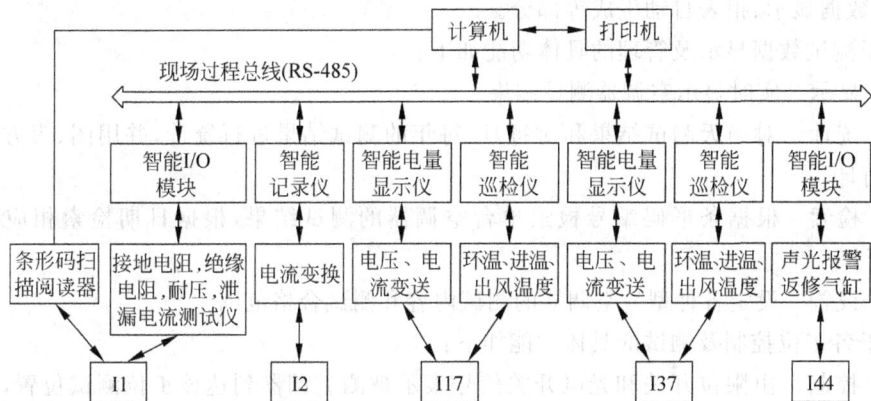

图 6-66 空调器自动测试系统硬件结构简图

在 I1 工位用条形码扫描阅读器读入该台空调器的编号后,计算机通过开关量模块(ADAM4050)输出开关量驱动接触器等执行电器完成电路切换,分别触发耐压、接地电阻、绝缘电阻、泄漏电流测试仪进行测试。计算机通过 ADAM4050 模块(开关量:耐压合格情况)和 ADAM4017 模块(模拟量 $4\sim20mA$:接地电阻、绝缘电阻、泄漏电流)读入测试结果,不合格的空调不进行其余项目的测试。

同时,在 I1 工位由智能记录仪自动记录低压启动电流曲线,计算机读取启动电流数据,判别最大启动电流。在 I17 和 I37 工位,智能电量集中显示仪测量空调器的电流、电压、功率等电能参数(测量电压范围 $5\sim280V$,测量电流范围 $0.01\sim20A$,测量功率范围 $5\sim5000W$),智能温度巡检仪测量环境温度、空调器进风温度和出风温度(配快速 Pt100 传感器,测量精度 $0.3℃$,测量分辨率 $0.1℃$),计算机通过 RS-485 通信口读取测量数据。在 I44 位计算机将该空调器在四个测试工位的测试数据与设定的合格范围比较,判断该空调器是否合格,并通过 ADAM4050 模块输出合格或不合格信号。

3. 系统软件设计

1)系统的软件结构

系统软件采用 Windows 环境下的多进程、多线程管理机制。系统由数据采集与控制进程(称为上进程)和查询进程组成,二者之间通过数据库共享数据(图 6-67)。上进程根据传动同步信号采集数据并进行计算处理,然后存入数据库;查询进程则根据用户的查询条件从数据库中检索数据,并以

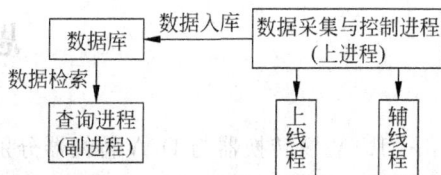

图 6-67 测试系统的软件结构

表格或图形的形式显示查询结果。在上进程中采用了多线程机制,主线程为消息响应循环,辅线程主要进行数据通信采集和输出控制。测试系统软件采用中文 Windows 操作平台和 Visual Basic 6.0 语言,用模块化组态方式编程。

2)系统的主要功能

测试系统软件主要实现两大基本功能:一是测试数据显示及管理;二是各工位控制及测试数据采集。软件包括主控模块及系统管理、测试参数设定、数据通信驱动、数据采集处理、测试数据显示、报表自动生成等部分。

用于测试数据显示及管理的具体功能如下:

(1)显示　实时显示空调器测试结果。

(2)统计　对当天测试结果和对每月、每年的测试结果进行统计,并用图、表方式进行显示或打印。

(3)检索　根据条形码编号检索单台空调器的测试结果,根据日期检索相应的统计结果。

(4)设置　设定各种型号空调器的测试内容和测试合格范围。

用于各工位控制及测试的具体功能如下:

(1)控制　由限位开关和光电开关信号表示被测空调器到达该工位测试位置,发出动作顺序控制信号,完成电路及仪器的切换及通断控制。

(2)通信　完成与智能模块和智能仪表之间的通信和联络。

(3)设置　根据被测空调器的型号确定测试合格范围,并往下装入智能仪表中,作为底层智能仪表判别测试数据是否合格的标准,不合格的进行声光报警。

(4)测试和采集　通过各类测试仪器完成相应项目测试;采集各空调器的条形码编号及各项测试数据存储、判断、指示、打印。

本 章 小 结

(1)简单介绍微型计算机在自动测试技术中应用的一般问题,和测试系统设计中的干扰问题。

(2)介绍了智能仪器系统的一般组成、结构,数据采集系统的几种常用电路和应用。

(3)着重介绍了电机自动测试系统的设计、冰箱性能自动检测线设计。

(4)通过对电热水器产品自动检测线和空调器性能自动测试系统的讲述,充分了解在线自动测试系统的设计和应用。

思 考 题

1. A/D 转换器与 D/A 转换器分别有哪些主要技术指标? 分辨率和转换精度这两个技术指标有什么区别和联系?

2. 数据采集系统主要由哪几部分组成？每一部分的主要功能是什么？

3. 在一个时钟频率为 12MHz 的 8031 系统中接有一片 ADC0809A/D 转换器（地址自定），以构成一个简单八通道自动巡回检测系统。要求该系统每隔 100ms 时间就对八个直流电压源（0～5V）自动巡回检测一次，测量结果对应存于 60H～67H 的八个存储单元中（定时采样可以采用单片机内定时器的定时中断方法）。试画出该系统的电路原理图，并编写相应的控制程序。

参 考 文 献

[1] 中华人民共和国国家质量监督检验检疫总局,中国国家标准化管理委员会.GB 4706.1—2005 家用和类似用途电器的安全 第一部分:通用要求[S].北京:中国标准出版社,2005.

[2] 中华人民共和国国家质量监督检验检疫总局,中国国家标准化管理委员会.GB 4706.6—1995 家用和类似用途电器的安全 自动电饭锅的特殊要求[S].北京:中国标准出版社,1995.

[3] 中华人民共和国国家质量监督检验检疫总局,中国国家标准化管理委员会.GB 4706.12—1995 家用和类似用途电器的安全 储水式电热水器的特殊要求[S].北京:中国标准出版社,1995.

[4] 中华人民共和国国家质量监督检验检疫总局,中国国家标准化管理委员会.GB 4706.21—2002 家用和类似用途电器的安全 微波炉的特殊要求[S].北京:中国标准出版社,2002.

[5] 中华人民共和国国家质量监督检验检疫总局,中国国家标准化管理委员会.GB 4706.27—2003 家用和类似用途电器的安全 风扇的特殊要求[S].北京:中国标准出版社,2003.

[6] 中华人民共和国国家质量监督检验检疫总局,中国国家标准化管理委员会.GB 4706.24—2000 家用和类似用途电器的安全 洗衣机的特殊要求[S].北京:中国标准出版社,2000.

[7] 中华人民共和国国家质量监督检验检疫总局,中国国家标准化管理委员会.GB 4706.26—2000 家用和类似用途电器的安全 离心式脱水机的特殊要求[S].北京:中国标准出版社,2000.

[8] 中华人民共和国国家质量监督检验检疫总局,中国国家标准化管理委员会.GB/T 4288—2008 家用和类似用途电动洗衣机[S].北京:中国标准出版社,2008.

[9] 中华人民共和国国家质量监督检验检疫总局,中国国家标准化管理委员会.GB/T 13380—2007 交流电风扇和调速器[S].北京:中国标准出版社,2007.

[10] 中华人民共和国国家质量监督检验检疫总局,中国国家标准化管理委员会.GB 4706.13—2004 家用和类似用途电器的安全 制冷器具、冰淇淋机和制冰机的特殊要求[S].北京:中国标准出版社,2004.

[11] 中华人民共和国国家质量监督检验检疫总局,中国国家标准化管理委员会.GB/T 8059 家用制冷器具[S].北京:中国标准出版社,1995.

[12] 中华人民共和国国家质量监督检验检疫总局,中国国家标准化管理委员会.GB/T 7725—2004 房间空气调节器[S].北京:中国标准出版社,2004.

[13] 中华人民共和国国家质量监督检验检疫总局,中国国家标准化管理委员会.GB 4706.32—2004 家用和类似用途电器的安全 热泵、空调器和除湿机的特殊要求[S].北京:中国标准出版社,2004.

[14] 中华人民共和国国家质量监督检验检疫总局,中国国家标准化管理委员会.GB/T 5171—2002 小功率电动机通用技术条件[S].北京:中国标准出版社,2002.

[15] 中华人民共和国工业和信息化部.QB/T 4099—2010 电饭锅及类似器具[S].北京:中国轻工业出版社,2010.

[16] 中华人民共和国国家质量监督检验检疫总局,中国国家标准化管理委员会.GB/T 20289—2006 储水式电热水器[S].北京:中国标准出版社,2006.

[17] 中华人民共和国国家质量监督检验检疫总局,中国国家标准化管理委员会.GB/T 18800—2008 家用微波炉性能测试方法[S].北京:中国标准出版社,2008.

[18] 中华人民共和国国家质量监督检验检疫总局,中国国家标准化管理委员会.GB 12021.2—2008 家用电冰箱耗电量限定值及能源效率等级[S].北京:中国标准出版社,2008.

[19] 中华人民共和国国家质量监督检验检疫总局,中国国家标准化管理委员会.GB 12021.3—2010 房间空气调节器能效限定值及能效等级[S].北京:中国标准出版社,2010.

[20] 中华人民共和国国家质量监督检验检疫总局,中国国家标准化管理委员会.GB 12021.6—2008 自动电饭锅能效限定值及能效等级[S].北京:中国标准出版社,2008.

［21］ 中华人民共和国国家质量监督检验检疫总局，中国国家标准化管理委员会.GB 21519—2008 储水式电热水器能效限定值及能效等级［S］.北京：中国标准出版社，2008.

［22］ 范茂兴，等.家用电器测试技术［M］.北京：中国轻工业出版社，2000.

［23］ 中国质量检验协会.家用电器质量检验［M］.北京：中国计量出版社，2006.

［24］ 王益兴，张炳义，等.电机测试技术［M］.北京：科学出版社，2004.

［25］ 丁天怀，李庆祥，等.测量控制与仪器仪表现代系统集成技术［M］.北京：清华大学出版社，2005.

［26］ 杨其华.电器产品质量检验［M］.北京：中国计量出版社，1998.

［27］ 李德明.电工电器产品质量检验［M］.上海：同济大学出版社，2007.

［28］ 柳爱利，周绍磊.自动测试技术［M］.北京：电子工业出版社，2007.

［29］ 杨世元，等.电器质量检测不确定度.北京：中国标准出版社，2001.

［30］ ［美］Ernest O. Doebelin 著（王伯雄等译）.测量系统应用与设计［M］.北京：电子工业出版社，2007.

［31］ 梁嘉麟.家用制冷产品质量检验［M］.北京：中国计量出版社，2002.

［32］ 谢兴红.MSP430 单片机基础与实践［M］.北京航空航天大学出版社，2008.

［33］ 姚卫兴.数字化电参数测量仪［J］.中等职业教育.2008(23)：10～12.

［34］ 吴献忠.制冷空调产品性能试验装置中的测控技术［J］.计量与测试技术.2003,2：28～30.

［35］ 曹红.一种新型多功能电参数测量仪表的设计［J］.中小型电机.2001,28(4)：59～60,69.

［36］ 潘洪华.可配置的智能仪表数据采集系统设计与实现［D］.中国海洋大学硕士论文,2008.

［37］ 杨会民等.基于 GPIB 接口的自动测试系统［J］.微计算机信息.2005,25(1)：93～94,147.

［38］ 史健芳.智能仪器设计基础［M］.电子工业出版社,2007.

［39］ 黄琦志等.基于 GPIB 接口的数字多用表自动化检定系统［J］.计量技术.2005,7：42～44.

［40］ 潘丰.基于智能仪表的空调器性能自动测试系统［J］.仪表技术,2003(1)：7～8,11.

［41］ 张燕红，郑仲桥.基于单片机 AT89C52 的数据采集系统［J］.化工自动化及仪表,2010,37(3)：110～112.

［42］ 李涛，雷万忠.基于 LabVIEW 的数据采集系统研究［J］.工矿自动化.2010(11)：121～124.

［43］ 陈曦，刘艳昉，吕湘晔.基于 ARM9 的分散式数据采集系统的研究［J］.自动化仪表,2010,31(12)：40～42.

［44］ 唐启见，刘娟.基于 8501 单片机的数据采集系统设计［J］.湖南农机,2011,9,38(9)：51～52.

［45］ 佘少华.电器产品强制认证基础［M］.北京：机械工业出版社,2008.

［46］ 中国质量检验协会.电气安全专业基础［M］.北京：中国计量出版社,2006.

［47］ 张建志.数字显示测量仪表［M］.北京：中国计量出版社,2004.